国防科技图书出版基金

高功率微波测量
High – Power Microwave Measurement

王文祥　编著

国防工业出版社
·北京·

图书在版编目(CIP)数据

高功率微波测量/王文祥编著. —北京:国防工业出版社,2022.1
 ISBN 978 – 7 – 118 – 10474 – 5

Ⅰ. ①高… Ⅱ. ①王… Ⅲ. ①大功率-微波测量-研究 Ⅳ. ①TM931

中国版本图书馆 CIP 数据核字(2021)第 219194 号

※

国防工业出版社出版发行
(北京市海淀区紫竹院南路23号 邮政编码100048)
三河市腾飞印务有限公司印刷
新华书店经售

*

开本 710×1000 1/16 印张 19½ 字数 338 千字
2022 年 1 月第 1 版第 1 次印刷 印数 1—3000 册 定价 138.00 元

(本书如有印装错误,我社负责调换)

| 国防书店:(010)88540777 | 书店传真:(010)88540776 |
| 发行业务:(010)88540717 | 发行传真:(010)88540762 |

致 读 者

本书由中央军委装备发展部**国防科技图书出版基金**资助出版。

为了促进国防科技和武器装备发展,加强社会主义物质文明和精神文明建设,培养优秀科技人才,确保国防科技优秀图书的出版,原国防科工委于1988年初决定每年拨出专款,设立国防科技图书出版基金,成立评审委员会,扶持、审定出版国防科技优秀图书。这是一项具有深远意义的创举。

国防科技图书出版基金资助的对象是:

1. 在国防科学技术领域中,学术水平高,内容有创见,在学科上居领先地位的基础科学理论图书;在工程技术理论方面有突破的应用科学专著。

2. 学术思想新颖,内容具体、实用,对国防科技和武器装备发展具有较大推动作用的专著;密切结合国防现代化和武器装备现代化需要的高新技术内容的专著。

3. 有重要发展前景和有重大开拓使用价值,密切结合国防现代化和武器装备现代化需要的新工艺、新材料内容的专著。

4. 填补目前我国科技领域空白并具有军事应用前景的薄弱学科和边缘学科的科技图书。

国防科技图书出版基金评审委员会在中央军委装备发展部的领导下开展工作,负责掌握出版基金的使用方向,评审受理的图书选题,决定资助的图书选题和资助金额,以及决定中断或取消资助等。经评审给予资助的图书,由中央军委装备发展部国防工业出版社出版发行。

国防科技和武器装备发展已经取得了举世瞩目的成就,国防科技图书承担着记载和弘扬这些成就,积累和传播科技知识的使命。开展好评审工作,使有限的基金发挥出巨大的效能,需要不断摸索、认真总结和及时改进,更需要国防科技和武器装备建设战线广大科技工作者、专家、教授,以及社会各界朋友的热情支持。

让我们携起手来,为祖国昌盛、科技腾飞、出版繁荣而共同奋斗!

国防科技图书出版基金
评审委员会

国防科技图书出版基金
2019 年度评审委员会组成人员

主 任 委 员　吴有生

副主任委员　郝　刚

秘 书 长　郝　刚

副 秘 书 长　刘　华　袁荣亮

委　　　员（按姓氏笔画排序）

于登云　王清贤　王群书　甘晓华　邢海鹰
刘　宏　孙秀冬　芮筱亭　杨　伟　杨德森
肖志力　何　友　初军田　张良培　陆　军
陈小前　房建成　赵万生　赵凤起　郭志强
唐志共　梅文华　康　锐　韩祖南　魏炳波

前 言

高功率微波技术由于在军事和民用电子技术上突出的作用而备受重视,成为各主要工业国家的研究热点,而且随着技术的发展,各国对有关高功率微波的应用的保密也越来越严格。

高功率微波技术在发展过程中,必然要涉及其测量问题,只有通过测量,才能了解高功率微波器件的输出、高功率微波的传输、高功率微波的变换及高功率微波元件的特性,判定其是否达到要求,提出改进措施,以满足高功率微波应用的需要。可见,高功率微波的测量将关系到其系统每个环节的性能的确定和提高。因此,高功率微波的研究人员都在各自的工作中采用了各种测量方法进行高功率微波的测量,并发表了大量论文。但是,这些文献目前主要分散在各种学术刊物和学术会议论文集中,各国学者提出的测量方案又各种各样,使得国内外至今都还没有一本综合性的论述高功率微波测量的著作。

由于高功率微波具有极高功率(数百兆瓦至十多吉瓦)、极短脉冲(通常为几十纳秒)以及高次模式工作的特点,对它的具体测量方法、测量手段不同于常规微波的测量。这主要表现在对功率和频率的测量上,常规用于测量微波功率和频率的仪器设备,即接收微波功率后将其变换成可测物理量的变换器——功率探头,和与微波信号频率可进行比较的频率计量装置,一般都难以对纳秒级脉冲作出响应,也难以承受百兆瓦至吉瓦量级的功率电平,因此不适用于高功率微波测量,必须寻求新的测量途径;高功率微波器件的高次模式输出和多模输出,以及高功率微波的过模传输和变换,使得高功率微波必然需要关注模式的测量和分析,以便了解高功率微波器件输出模式的组成和高功率微波传输系统中的模式成分、模式变换的质量等。高功率微波的其他参数,比如脉冲宽度、脉冲波形、重复频率等的测量则与普通微波测量相同,可以利用示波器显示直接计量;而高功率微波放大器件的增益(放大)、带宽则可以根据功率测量结果来判定。因此高功率微波的测量目前主要是指它不同于常规微波测量的功率、频率和模式的测量,其中功率的测量,由于常规回旋管一般也都被归于高功率微波范畴,虽然它的输出是连续波或者连续脉冲(脉冲宽度为微秒、毫秒量级),输出功率电平也要低得多,但从本书内容的完整性考虑,照顾到常规回旋管的测量需求,本书也适当介绍了连续波功率和连续脉冲功率的测量。

作者在从事高功率微波研究工作过程中,深感高功率微波测量的重要性,为此就开始逐步整理一些高功率微波测量的相关资料并开始进行高功率微波测量领域的一些研究,先后在各种高功率微波专业人员的培训班、研究生暑期班和一些学术讲座上介绍过高功率微波的功率、模式和频率的测量,在西北核工业研究所(现西北核工业研究院)、国防科技大学和中国工程物理研究院作过选模耦合器设计及模式识别和高功率微波功率、模式测量的学术报告。在此过程中,逐步丰富、完善了作者关于高功率微波功率、模式和频率测量讲稿的内容。

本书在作者原有多次学术报告的基础上,全面综合总结了国内外各研究单位已提出的高功率微波功率、频率和模式测量的各种方法,以及作者自己在该领域的研究成果。对每种测量方案不仅介绍了其理论基础和原理,而且具体给出了测量系统、测量方法以及适用范围,经过作者的整理、提升和完善,使之具有更高的学术性和实用性。

本书读者以从事高功率微波技术、高功率微波源和高功率微波应用研究的学者、研究人员、工程技术人员和从事高功率微波教学、研究的高校教师、研究生为主,由于高功率微波的发展已引起越来越多学者的重视,其应用领域也越来越广泛,特别是在军事技术领域越来越受到高度关注,所以凡是从事与高功率微波技术及其应用、微波测量等相关工作的人员也都适合阅读本书。

本书的编写参考了大量国内外公开发表的文献和一些研究生论文,在此向这些文献和论文作者表示感谢,没有他们在高功率微波测量领域的贡献,本书是难以成稿的。在这些作者中,应该特别感谢国防科技大学袁成卫教授,本人在编写本书 3.5.2 小节"辐射方向图拟合法"时,曾向他多次请教,袁教授亲自对该小节书稿做了反复修改,使之用词更为严谨、表达更为准确。

作者诚挚感谢电子科技大学电子科学与工程学院蒙林教授,在本书编写过程中,他在多方面都给予了作者极大帮助;电子科技大学电子科学与工程学院段兆云教授以及电子科技大学张兆镗教授、杨仕文教授、李天明教授、邓学高工、陈颖老师,中国工程物理研究院徐翱研究员、国防科技大学张自成教授等也都在本书的编写中给予了各种帮助,作者向他们表示衷心感谢。

美国俄亥俄州芬德利大学余国芬教授对本书目录、内容简介的英文稿进行了仔细的审查和修改,作者向她致以最真诚的感谢。

作者要向西北核技术研究院黄文华研究员、国防科技大学钟辉煌教授、中国工程物理研究院流体物理研究所谢卫平研究员致以崇高的敬意,他们在担任领导工作的百忙中给予了作者极大的支持。

作者在这里也向国防工业出版社编辑表示诚挚感谢,他们在本书的编写和出版过程中,自始至终都给予了莫大帮助和指导,并为本书的出版付出了辛勤工作。

最后,作者要向电子科技大学电子科学与工程学院毫米波太赫兹源技术及应用团队的魏彦玉教授、岳玲娜研究员、徐进付教授、殷海荣付教授、赵国庆高工及杨登伟老师、陈冬春老师,微波毫米波器件及应用团队的宫玉彬教授、巩华荣教授、路志刚副教授、王战亮副教授、黄民智高工、唐涛高工和官晓玲老师表示最衷心的感谢,感谢他们对作者的理解、支持和帮助。

由于涉及高功率微波测量的文献众多,作者难以对所有文献一一收集和阅读,难免挂一漏万,而且高功率微波测量涉及的学科和技术领域十分广泛,本人才疏学浅,对一些测量原理和方法的理解很可能不够深入、准确,因此书中遗漏和错误之处在所难免,敬请各位高功率微波领域的专家和广大读者不吝指教。

王文祥
2020 年 6 月
于电子科技大学

目　录

第1章　概述 ………………………………………………………………… 1
　1.1　高功率微波 …………………………………………………………… 1
　　　1.1.1　高功率微波的定义 …………………………………………… 1
　　　1.1.2　高功率微波及其测量的特点 ………………………………… 1
　1.2　高功率微波功率测量的一般介绍 …………………………………… 2
　　　1.2.1　微波功率测量 ………………………………………………… 2
　　　1.2.2　微波功率的定义 ……………………………………………… 4
　　　1.2.3　微波功率测量系统的基本组成 ……………………………… 6
　　　1.2.4　微波功率计的分类 …………………………………………… 9
　　　1.2.5　功率计的基本特性 …………………………………………… 12
　1.3　高功率微波模式测量的一般介绍 …………………………………… 13
　　　1.3.1　高功率微波模式测量的必要性 ……………………………… 13
　　　1.3.2　高功率微波模式测量的主要方法 …………………………… 14
　1.4　高功率微波频率测量的一般介绍 …………………………………… 15
　　　1.4.1　频率测量基本概念 …………………………………………… 15
　　　1.4.2　高功率微波频率测量 ………………………………………… 17

第2章　连续波、连续脉冲高功率微波功率的测量 …………………… 19
　2.1　引言 …………………………………………………………………… 19
　2.2　热效应功率计——量热式功率计 …………………………………… 21
　　　2.2.1　干式量热计 …………………………………………………… 21
　　　2.2.2　液体量热计 …………………………………………………… 27
　2.3　热效应小功率计 ……………………………………………………… 30
　　　2.3.1　测热电阻功率计 ……………………………………………… 31
　　　2.3.2　热电偶功率计 ………………………………………………… 35
　　　2.3.3　铁氧体功率计 ………………………………………………… 37
　2.4　非热效应功率计 ……………………………………………………… 40
　　　2.4.1　检波小功率计 ………………………………………………… 40
　　　2.4.2　霍耳效应功率计 ……………………………………………… 45

IX

2.4.3　电磁波压力效应功率计 …………………………………… 48
　　　2.4.4　其他电磁效应功率计 …………………………………… 55
　2.5　连续脉冲微波功率的测量 …………………………………… 59
　　　2.5.1　平均功率法 …………………………………………… 59
　　　2.5.2　峰值检波法 …………………………………………… 61
　　　2.5.3　比较测量法 …………………………………………… 63
　　　2.5.4　陷波法 ………………………………………………… 65

第3章　高功率微波功率的辐射场测量 ……………………………… 69
　3.1　引言 …………………………………………………………… 69
　3.2　微波功率辐射场测量 ………………………………………… 70
　　　3.2.1　概述 …………………………………………………… 70
　　　3.2.2　微波辐射场 …………………………………………… 71
　3.3　总衰减量测量法 ……………………………………………… 73
　　　3.3.1　概述 …………………………………………………… 73
　　　3.3.2　测量系统的标定 ……………………………………… 75
　3.4　空间积分测量法 ……………………………………………… 78
　　　3.4.1　单点测量法 …………………………………………… 78
　　　3.4.2　多点测量法 …………………………………………… 79
　　　3.4.3　辐射方向性或天线增益测量法 ……………………… 83
　3.5　数值积分法和拟合法 ………………………………………… 85
　　　3.5.1　数值积分法 …………………………………………… 85
　　　3.5.2　辐射方向图拟合法 …………………………………… 87
　3.6　喇叭有效口径标定与空间积分测量法的特点 ……………… 90
　　　3.6.1　接收喇叭有效口径的标定 …………………………… 90
　　　3.6.2　空间积分测量法的优缺点 …………………………… 94

第4章　高功率微波功率的耦合场测量 ……………………………… 97
　4.1　引言 …………………………………………………………… 97
　4.2　探针耦合法 …………………………………………………… 98
　　　4.2.1　概述 …………………………………………………… 98
　　　4.2.2　探针的耦合功率 ……………………………………… 100
　　　4.2.3　波导中的场与功率 …………………………………… 101
　4.3　探针的耦合度与探针有效截面 ……………………………… 105
　　　4.3.1　耦合度的定义与耦合规则 …………………………… 105
　　　4.3.2　探针的耦合度 ………………………………………… 108

X

4.3.3　探针有效截面的标定 ·············· 112
4.4　小孔耦合法 ····························· 116
　　4.4.1　定向耦合器的技术指标 ·············· 116
　　4.4.2　小孔耦合的基本理论 ················ 118
　　4.4.3　实用定向耦合器 ···················· 124
4.5　定向耦合器的标定 ······················· 130
　　4.5.1　模式激励器 ························ 131
　　4.5.2　模式变换器 ························ 137
　　4.5.3　利用网络分析仪对耦合器标定 ········ 143

第5章　高功率微波功率的其他电磁效应测量 145
5.1　真空二极管功率计和毛细管能量计 ········· 145
　　5.1.1　真空检波二极管测量法 ··············· 145
　　5.1.2　热离子二极管测量法 ················· 146
　　5.1.3　毛细管能量计测量法 ················· 149
5.2　电阻探测器功率测量 ······················· 154
　　5.2.1　电阻探测器 ························· 154
　　5.2.2　电阻探测器功率探头 ················· 157
　　5.2.3　电阻探测器的功率测量 ··············· 161
　　5.2.4　电阻探测器在我国的应用 ············· 164
5.3　电声法功率测量 ··························· 166
　　5.3.1　电声法基本原理 ····················· 166
　　5.3.2　电声法测量高功率微波脉冲功率 ······· 170

第6章　高功率微波模式的模式场测量 172
6.1　引言 ····································· 172
6.2　图像显示法 ······························· 173
　　6.2.1　烧蚀法 ····························· 174
　　6.2.2　热敏纸(膜)法 ······················· 174
　　6.2.3　氖管阵法 ··························· 178
6.3　辐射场测量法 ····························· 180
　　6.3.1　概述 ······························· 180
　　6.3.2　直接判别法 ························· 182
　　6.3.3　数值计算法 ························· 187
　　6.3.4　单模判断法 ························· 192
6.4　热像分析法 ······························· 195

  6.4.1 红外成像分析法 ························ 196
  6.4.2 热电探测分析法 ························ 200
 6.5 波导场测量法 ····························· 202
  6.5.1 基本原理 ···························· 202
  6.5.2 测量实例 ···························· 203

第7章 高功率微波模式的模式谱测量 ················ 207
 7.1 引言 ································· 207
  7.1.1 模式谱与模式场测量方法的不同 ················ 207
  7.1.2 模式谱测量法 ·························· 209
 7.2 色散反射天线测量法 ························· 210
  7.2.1 色散反射天线测量法原理 ···················· 210
  7.2.2 实验结果 ···························· 212
 7.3 选模耦合法 ····························· 213
  7.3.1 交叉耦合法 ··························· 214
  7.3.2 过模波导选模耦合器的理论基础 ················ 215
  7.3.3 选模耦合器的设计 ······················· 224
  7.3.4 选模耦合器设计实例 ····················· 231
 7.4 选模耦合器耦合度的标定和功率测量 ················ 235
  7.4.1 直接标定法 ··························· 235
  7.4.2 背靠背标定法 ·························· 237
  7.4.3 耦合度的标定和模式识别及功率测量 ·············· 243
 7.5 波数谱测量法——小孔阵列天线法 ················· 245
  7.5.1 波数谱测量法基本原理和测量装置 ··············· 246
  7.5.2 波数谱测量法考虑的主要因素 ················· 249
  7.5.3 波数谱测量实例 ························ 251

第8章 高功率微波频率的测量 ···················· 257
 8.1 色散线法 ······························· 257
  8.1.1 常规色散线法 ·························· 257
  8.1.2 环流波导色散线法 ······················· 260
 8.2 混频法（外差法） ·························· 264
  8.2.1 混频法测量原理 ························ 264
  8.2.2 混频法测量系统的实验研究 ··················· 267
 8.3 滤波法 ································ 269
  8.3.1 滤波器测量法 ·························· 269

8.3.2 截止波导测量法 ·········· 274
8.4 其他频率测量方法 ·········· 277
　　8.4.1 示波器直读法 ·········· 277
　　8.4.2 消失模衰减器测量法 ·········· 278
　　8.4.3 基于微波光子学的高功率微波测量 ·········· 282
参考文献 ·········· 285

Contents

Chapter 1 Overview 1
  1.1 High – power microwave 1
    1.1.1 Definition of high – power microwave 1
    1.1.2 Characteristics of high – power microwaves and their measurement 1
  1.2 Introduction to the power measurements of high – power microwave 2
    1.2.1 Microwave power measurements 2
    1.2.2 Definition of microwave power 4
    1.2.3 Fundamental components of microwave power measurement systems 6
    1.2.4 Classification of microwave power meters 9
    1.2.5 Characteristics of power meters 12
  1.3 Introduction to the mode measurements of high – power microwave 13
    1.3.1 Necessity of mode measurement of high – power microwave 13
    1.3.2 Primary methods of mode measurement of high – power microwave 14
  1.4 Introduction to the frequency measurements of high – power microwave 15
    1.4.1 Fundamental concept of frequency measurement 15
    1.4.2 High – power microwave frequency measurement 17

Chapter 2 Power Measurements of High – Power Microwave of Continuous Wave and Continuous Pulse Ware 19
  2.1 Introduction 19

2. 2 Thermal – effect power meters—Calorimetric power meters ······ 21
 2. 2. 1 Dry calorimetric power meter ·· 21
 2. 2. 2 Liquid calorimetric power meter ······································ 27
2. 3 Thermal – effect small – power meters ···································· 30
 2. 3. 1 Thermal resistance power meter ······································ 31
 2. 3. 2 Thermocouple power meter ·· 35
 2. 3. 3 Ferrite power meter ·· 37
2. 4 Non – thermal – effect power meters ······································ 40
 2. 4. 1 Small – power meter using detectioner ······························ 40
 2. 4. 2 Hall – effect power meter ·· 45
 2. 4. 3 Electromagnetic wave pressure effect power meter ············· 48
 2. 4. 4 Other electromagnetic – effect power meters ······················ 55
2. 5 Power measurement of continuous pulse microwaves ············· 59
 2. 5. 1 Average power method ·· 59
 2. 5. 2 Peak detection method ·· 61
 2. 5. 3 Comparative measurement method ···································· 63
 2. 5. 4 Notch method ·· 65

Chapter 3   Radiation Field Measurement of High – Power Microwave Power ·· 69

3. 1 Introduction ·· 69
3. 2 Radiation field measurement of microwave power ················· 70
 3. 2. 1 Overview ·· 70
 3. 2. 2 Microwave radiation field ·· 71
3. 3 Total attenuation measurement methods ······························· 73
 3. 3. 1 Overview ·· 73
 3. 3. 2 Calibration of measurement system ·································· 75
3. 4 Spatial integral measurement methods ·································· 78
 3. 4. 1 Single – point measurement method ·································· 78
 3. 4. 2 Multi – point measurement method ·································· 79
 3. 4. 3 Radiation directionality or antenna gain measurement method ·· 83
3. 5 Numerical integral method and fitting method ······················ 85
 3. 5. 1 Numerical integrating method ··· 85

  3.5.2 Fitting method for radiation patterns ·············· 87
3.6 Calibration of effective horn aperture and characteristics of spatial integral measurement method ·············· 90
  3.6.1 Calibration of effective receiving horn aperture ·············· 90
  3.6.2 Merits and faults of the spatial integral measurement method ·············· 94

Chapter 4 Coupling Field Measurement of High – Power Microwave Power ·············· 97

4.1 Introduction ·············· 97
4.2 Probe coupling method ·············· 98
  4.2.1 Overview ·············· 98
  4.2.2 Coupling power of probe ·············· 100
  4.2.3 Field and power in waveguides ·············· 101
4.3 Coupling coefficient and effective section of probe ·············· 105
  4.3.1 Definition of coupling coefficient and coupling principles ·············· 105
  4.3.2 Coupling coefficient of a probe ·············· 108
  4.3.3 Calibration of effective section of probe ·············· 112
4.4 Small – hole coupling method ·············· 116
  4.4.1 Technical specifications of directional coupler ·············· 116
  4.4.2 Fundamental theory of small – hole coupling ·············· 118
  4.4.3 Practical directional couplers ·············· 124
4.5 Calibration of directional coupler ·············· 130
  4.5.1 Mode exciters ·············· 131
  4.5.2 Mode converters ·············· 137
  4.5.3 Calibration of the coupler by network analyzer ·············· 143

Chapter 5 Other Electromagnetic – Effects Used in High – Power Microwave Power Measurement ·············· 145

5.1 Vacuum diode power meter and capillary energy meter ·············· 145
  5.1.1 Measurement method using vacuum detector diode ·············· 145
  5.1.2 Measurement method using thermionic diode ·············· 146
  5.1.3 Measurement method using capillary energy meter ·············· 149

5.2 Power measurement using resistive sensor ……………… 154
    5.2.1 Resistive sensor ……………………………………… 154
    5.2.2 Power probe of resistive sensor ……………………… 157
    5.2.3 Power measurement method using resistive sensor ……… 161
    5.2.4 Application of resistive sensor in China …………… 164
5.3 Electroacoustic method for the power measurement ………… 166
    5.3.1 Fundamental principles of electroacoustic method ………… 166
    5.3.2 Electroacoustic method for pulse power measurement of high – power microwave …………………………… 170

Chapter 6   Mode – Field Measurement of High – Power Microwave Modes …………………………… 172

6.1 Introduction ……………………………………………… 172
6.2 Image display methods …………………………………… 173
    6.2.1 Focal spot method …………………………………… 174
    6.2.2 Heat – sensitive paper (film) method ………………… 174
    6.2.3 Neon tube array method …………………………… 178
6.3 Radiation field measurement methods …………………… 180
    6.3.1 Overview ……………………………………………… 180
    6.3.2 Direct discrimination method ……………………… 182
    6.3.3 Numerical calculation method ……………………… 187
    6.3.4 Single – mode discrimination method ……………… 192
6.4 Analytical methods of thermal image ……………………… 195
    6.4.1 Analytical method of infrared image ………………… 196
    6.4.2 Analytical method of thermoelectric detection ……… 200
6.5 Measurement method of the field in waveguides ………… 202
    6.5.1 Fundamental principles …………………………… 202
    6.5.2 Practical measurement examples ………………… 203

Chapter 7   Mode – Spectrum Measurement of High – Power Microwave Modes …………………………… 207

7.1 Introduction ……………………………………………… 207
    7.1.1 Difference between mode – spectrum and mode – field measurement methods ……………………………… 207

        7.1.2 Mode – spectrum measurement method 209
  7.2 Measurement method using dispersive reflector antenna 210
        7.2.1 Measurement principles of dispersive reflector antenna 210
        7.2.2 Experimental results 212
  7.3 Mode selective coupling methods 213
        7.3.1 Cross coupling method 214
        7.3.2 Theoretical foundation of mode selective coupler with overmoded waveguide 215
        7.3.3 Design of mode selective coupler 224
        7.3.4 Design examples of mode selective couplers 231
  7.4 Calibration and power measurement of mode selective coupler 235
        7.4.1 Direct calibration method 235
        7.4.2 Back – to – back calibration method 237
        7.4.3 Coupling coefficient calibration, mode discrimination, and power measurement 243
  7.5 Wavenumber spectrum measurement method—Small – hole array antenna method 245
        7.5.1 Fundamental principles and measurement instrument of wavenumber spectrum method 246
        7.5.2 Main factors to be considered in wavenumber spectrum method 249
        7.5.3 Measurement examples of wavenumber spectrum method 251

Chapter 8 Frequncy Measurement of High – Power Microwave 257

  8.1 Waveguide dispersion method 257
        8.1.1 Conventional waveguide dispersion method 257
        8.1.2 Circulating waveguide dispersion method 260
  8.2 Frequency mixing method (Heterodyne method) 264
        8.2.1 Measurement principles of frequency mixing method 264
        8.2.2 Experimentation of frequency mixing method 267
  8.3 Filtering methods 269

       8.3.1 Filter measurement method ……………………………… 269
       8.3.2 Cut – off waveguide measurement method ………………… 274
8.4 Other methods of frequency measurement …………………… 277
       8.4.1 Direct Reading measurement using oscilloscope ………… 277
       8.4.2 Measurement method using evanescent mode attenuator … 278
       8.4.3 High – power microwave measurement based on microwave photonics ……………………………………………………… 282

References ……………………………………………………………… 285

第1章 概　　述

1.1　高功率微波

1.1.1　高功率微波的定义

根据 J. Benford 和 J. A. Swegle 在 *High Power Microwave* 一书中提出的定义，高功率微波（HPM）是指频率在 1～300GHz、峰值功率超过 100MW 的相干电磁辐射。但在实际应用中，这一定义并没有得到严格遵守：既有峰值功率也能达到 100MW 以上的传统微波管，如速调管（但通常情况下，绝大多数速调管的功率小于 100MW），并没有被归入高功率微波器件；也有峰值功率在一般情况下不到 100MW 的微波器件，如普通回旋管，却总是被认为属于高功率微波器件，在论述高功率微波的文献和书籍中，一般亦都包含有普通回旋管的内容。J. Benford 等自己也指出上述定义并不是很严格。

对于绝大多数高功率微波源，都是利用脉冲功率源（加速器）来获得高达数百千伏至兆伏量级的高压，通过爆炸式发射阴极得到数百安至数十千安的大电流的，因此，输出峰值功率达到数十兆瓦以至吉瓦量级完全可能。由于电压很高，这类器件采用的是已具有明显相对论效应的电子注，因而，将它们冠以相对论器件或相对论电子注器件这一名称似乎更为贴切，这其中包括了相对论回旋管。但是，对于普通回旋管来说，它们利用的是热阴极电子枪，工作电流通常只有几安至几十安，电压几千伏至几十千伏，因此，除少数特殊管子外，一般情况下，峰值功率达不到 100MW，但是由于它们的工作原理同样必须考虑相对论效应（弱相对论效应），因此习惯上人们还是将它归入高功率微波器件。

1.1.2　高功率微波及其测量的特点

本书将主要讨论由相对论器件产生的单次或低重频脉冲高功率微波的测量，适当兼顾普通回旋管的连续波或连续脉冲的测量。对相对论器件输出的高功率微波而言，它们有以下主要特点：

（1）峰值功率高，一般都在百兆瓦量级以上，甚至达到 10GW 以上。

（2）脉冲持续时间短，大多只有几十纳秒。

（3）重复频率低，大多数高功率微波器件都是单次脉冲运行，即使重复脉冲工作的器件，重复频率也仅有几十至几百赫。

（4）高功率微波器件输出的都是高次模式甚至是多模输出，加之高功率传输的需要，因此高功率微波传输系统必须采用过模波导，导致在系统中往往存在多模传输。

（5）上述特点决定了高功率微波的平均功率很低，但脉冲功率很高，而以微波脉冲能量与电子束脉冲能量之比定义的能量效率，则由于相对论器件中特有的脉冲缩短现象的存在，导致微波脉冲宽度比高压脉冲（或电流）宽度窄得多，致使能量效率也低。

正是高功率微波的这些特点，使得对它的测量与常规的微波测量有所不同：

首先是测量的参数，高功率微波需要测量的指标主要是指它的功率、频率和模式。至于脉冲宽度、脉冲波形、重复频率等指标的测量则与普通微波测量相同，可以利用示波器显示直接计量。而高功率微波放大器件的增益、工作带宽则可以根据功率测量结果来判定。功率和频率是任何微波器件最重要的参数，因此对它们进行测量的重要性是不言而喻的，但是由于高功率微波的特点，其测量方法与常规微波的功率和频率测量明显不同；至于模式测量，则是高功率微波器件所特有的，这是由于其输出模式一般都是高次模和采用过模波导传输所决定的。因此，我们在本书中所讨论的高功率微波测量将仅限于功率、频率和模式的测量。显然，常规微波测量涉及的测量参数要远比高功率微波测量多得多，比如增益特性、相位特性、噪声特性等，往往在高功率微波测量中尚未开展或者难以进行。

其次，是测量的方法，正是由于高功率微波的脉冲持续时间极短，一般适用常规微波测量的功率、频率测量方法和测量设备对它很难作出响应，因此必须采用其他适合高功率微波这一特点的功率、频率测量方法；而模式测量，其测量方法在一般的微波测量中不会涉及。

最后，既然高功率微波测量的方法与常规微波测量会有所不同，所以它在测量时所用的元器件和设备也就可能不同，往往会要求一些比较特殊的专用测量装置。

1.2 高功率微波功率测量的一般介绍

1.2.1 微波功率测量

1. 微波功率测量的概念

微波功率是表征微波信号特性的最重要的参数之一，因而微波功率测量获得高度重视，出现了很多测量方法。微波的功率测量不同于通常的电功率的测量，在低频或直流电的功率测量中，可以直接通过测量电压和电流的大小来计算出功率，而微波由于没有能严格定义的单一电压和电流，因而也就不能像电功率一样对功率进行直接测量。解决的办法就是通过微波作用于其他媒质或器件所产生的各种效应来进行间接测量，即通过微波的电场、磁场、功率或能量对某些功能材料或器件作用产生的效应，将微波能量转换成可测的电、热、力、声等物理量，通过检测这些可测量，再换算出微波功率。因此，可以说，微波功率的测量都是通过微波效应来进行的测量。

微波功率测量的方法随微波信号的特性不同而不同，影响功率测量的因素主要有微波信号的频率范围、功率的动态范围、功率电平、信号频谱、信号调制方式，特别是它的脉冲宽度、脉冲重复频率等，因此必须熟悉各种微波功率测量方法的基本原理，并对被测信号的调制方式和频谱有深入的了解，选择合适的功率测量方法，才能获得准确的测量结果和测量精度。

高功率微波的功率测量与一般的微波功率测量都是通过微波效应实现的，只是高功率微波的功率测量对产生微波效应的元器件提出了更高的要求，就是它们对微波能量或信号的响应必须非常迅速，即响应时间要非常短，以便能对纳秒级的高功率微波作出反应，从而能准确计量其功率大小，减小由于响应延迟而带来的测量误差。因此，只要对微波脉冲有足够快的响应速度的功率测量方法，就都可以用来进行高功率微波的功率测量。至于高功率微波的极大功率问题，可以采用各种降低功率的措施来使其满足测量方法的要求，这在微波技术领域是不难实现的。

微波功率量值传递的起点是连续波小功率功率基准，其他不论是中、大功率标准，还是脉冲和峰值功率标准，其量值都是连续波小功率功率基准传递而来的。而世界各国的功率基准均采用量热计法或微量热计法建立，因为这种方法的理论研究比较成熟，所获得的准确度也是到目前为止最高的。

2. 功率的单位

大家都熟知，功率的单位是瓦特，简称瓦，以 W 表示。当需要表示更大量级的功率时，常用千瓦（kW，10^3 W）、兆瓦（MW，10^6 W）、吉瓦（GW，10^9 W）作单位，而表示小量级的功率时，则用毫瓦（mW，10^{-3} W）、微瓦（μW，10^{-6} W）、纳瓦（nW，10^{-9} W）作单位。

人们还常常用一个功率对另一个单位基准功率的比值的对数来表示该功率的大小，即

$$A = 10\lg \frac{P}{P_0} \text{(dB)} \qquad (1.1)$$

式中:P 为被计量的功率;P_0 为用作比较的单位基准功率,常常以 1 瓦(1W)或 1 毫瓦(1mW)作为基准功率。这时,A 相应地用 dBW 或 dBm 表示,称作 dB 瓦或 dB 毫瓦,也可称为分贝瓦或分贝毫瓦。dBW 或 dBm 同样经常用来作为功率的单位,比如 0dBm 就表示 $P=1\text{mW}$,13dBW 表示 $P=20\text{W}$,-20dBm 表示 0.01mW 即 10μW 等。

1.2.2 微波功率的定义

由于微波管的工作状态有连续或脉冲之分,因而亦有相应的不同功率定义。

1. 连续波状态的功率

(1) 连续波功率。

如果微波管工作在连续波状态,则在一定的工作电压、电流和输入功率下,其输出功率就是连续波功率(图 1-1),图中 CW 表示连续波。

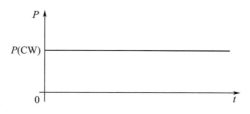

图 1-1 连续波输出功率

(2) 平均功率。

如果微波管输出的是经过信号周期性调制的连续波,则这时我们应该用平均功率来描述微波管的输出功率。它的定义是:调制信号若干周期内的微波(载波)功率的平均值 $\bar{P}$(图 1-2):

$$\bar{P} = \frac{1}{nT}\int_0^{nT} P(t)\,\mathrm{d}t \qquad (1.2)$$

式中:n 为求平均功率所取的周期数;T 为调制信号周期;$P(t)$ 为微波功率随时间变化的函数。

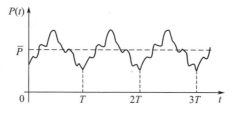

图 1-2 调制波的平均输出功率

2. 脉冲状态的功率

微波管工作在脉冲状态下时,存在多个不同定义的功率(图 1-3)。

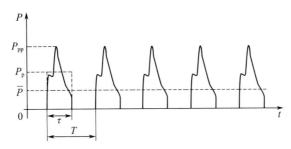

图 1-3 脉冲工作状态下的功率

(1) 峰值功率。

脉冲峰值功率是指脉冲调制信号峰值点的微波功率,由于功率的基本定义是单位时间里做的功,可见功率必须与一定时间间隔联系起来才有意义,而对于峰值点,严格来说,"点"是没有时间间隔的,这样一来,脉冲峰值点的功率就没有意义了,所以,正确地说,峰值功率应该是在脉冲峰值处一个极短时间间隔内的平均功率。它可以通过在负载上的峰值电压来确定:

$$P_{pp} = \frac{\hat{V}^2}{R} \tag{1.3}$$

式中:$\hat{V}$ 为调制脉冲在恒定负载电阻 R 两端的峰值电压,它经常利用示波器来指示该电压大小。

我国国家标准 SJ 20769—1999 对脉冲峰值功率 P_{pp} 给出的定义是:射频脉冲调制信号峰顶处对应一个载波周期内的平均功率,即

$$P_{pp} = \frac{1}{T_0} \int_0^{T_0} P(t) \mathrm{d}t \tag{1.4}$$

式中:T_0 为脉冲载波的周期,即微波的周期。

显然,国家标准所定义的峰值功率就不再存在没有时间间隔、与功率本身的定义不符的矛盾,它以一个载波周期作为时间间隔来取平均值,因而严格来说,式(1.4)才符合功率是单位时间里所做的功的定义。但在实际测量中,由于微波周期 T_0 远比调制脉冲的持续时间 τ 小,在一个 T_0 时间里的 $P(t)$ 一般是无法精确确定的,因此,式(1.4)只是理论上的定义,在测量上没有实际意义,所以就是在国家标准 SJ 20769—1999 中,所推荐采用的脉冲峰值功率的具体测量方法,也不是根据式(1.4)的定义进行的测量。

(2) 脉冲功率。

脉冲功率则是在一个调制脉冲的持续时间 τ 内微波功率的平均值,即

$$P_\text{p} = \frac{1}{\tau}\int_0^\tau P(t)\,\mathrm{d}t \tag{1.5}$$

显然,如果调制脉冲是理想的矩形脉冲,则 $P(t)$ 为恒定值,$P(t)=P_\text{p}$,而且其峰值功率 P_pp 就等于脉冲功率 P_p。对于常规脉冲微波管,它输出的一般都是接近理想的矩形脉冲,因而只需要考虑它的脉冲功率就可以了,不再存在另外的峰值功率;而对于相对论器件,由于其脉冲调制电压是由加速器产生的,较难获得理想的矩形脉冲,因此往往用峰值功率和一个脉冲包含的能量($W=P_\text{p}\tau$)来同时表示其输出能力。

对于理想矩形调制脉冲,$P(t)$ 成为常数,这时,脉冲功率 P_p 与脉冲峰值功率 P_pp 相等。

$$P_\text{p} = P_\text{pp} \tag{1.6}$$

(3) 平均功率。

一般情况下(单次脉冲相对论微波管除外),微波管输出功率的脉冲调制都是重复的,对于重复脉冲调制的微波,同样可以引入平均功率的概念。

$$\bar{P} = P_\text{p}\frac{\tau}{T} = \frac{P_\text{p}}{Q} \tag{1.7}$$

式中:T 为脉冲重复周期

$$T = \frac{1}{F} \tag{1.8}$$

F 为脉冲的重复频率。我们定义

$$Q = \frac{T}{\tau} = \frac{1}{F\tau}, \qquad Q^{-1} = \frac{\tau}{T}$$

Q^{-1} 称为脉冲占空系数或占空比。

对于理想的矩形脉冲,显然,平均功率与脉冲功率之间存在简单的关系:

$$\bar{P} = P_\text{p}Q^{-1} \quad \text{或者} \quad P_\text{p} = \bar{P}Q \tag{1.9}$$

在相对论器件的功率测量中,由于其单次脉冲或低重频脉冲的特点,所以很少用到占空比这一参数。

1.2.3 微波功率测量系统的基本组成

微波功率测量的测量系统(功率计)一般都应包括功率变换器、测量装置和指示器三部分,它们组合在一起构成功率计,它又可以分为吸收式测量(终端式测量)、通过式测量(在线测量)、辐射式测量三种测量方式。

1. 测量系统的基本组成

微波功率的测量系统一般都由变换器、测量装置和指示器组成。

(1) 变换器。

在微波功率测量系统中,首先应该将微波信号转换成可测量的物理量,变换器正是实现这一目的的装置,其功能就是将微波能量、或功率、或场强变换成可测物理量。这部分也经常被称为功率座、功率探头,它大致包含以下几类。

① 热变换器:如干式热负载、水负载、测热电阻、热电偶、电阻探测器等。

② 电子变换器:主要有晶体检波二极管、真空二极管。

③ 电磁效应变换器:如微波压力变换器、霍耳效应变换器、克尔效应变换器、磁阻效应变换器等。

对于高功率微波来说,由于其脉冲持续时间仅有几十纳秒,热惯性的存在使得一般热变换器都来不及对它作出及时的反应,也就不能准确反映出脉冲功率的大小。因此,高功率微波的功率测量绝大部分都采用电子变换器或电磁效应变换器,只有少数特殊的热变换器能得到应用,比如电阻探测器。当然,对于连续脉冲(高重复频率脉冲)或连续微波来说,一般都还是采用热变换器进行功率测量,这种测量实际上是在热变换器达到热平衡后完成的,只是这一平衡过程时间远小于人员测量过程的操作时间,测量人员不会明显感觉到,所以在这种情况下采用热变换器会更方便和可靠。

(2) 测量装置。

从变换器输出的物理量往往还不能或难以直接测量或直接指示,测量装置的功能就在于将变换器输出的信号经过放大、比较或进一步变换等变成更便于测量和指示的信号输出。

通常这种测量装置可能会包含热电偶、平衡电桥、放大器、校准器和其他二次变换器等。

(3) 指示器。

指示器的功能就是指示测量装置输出的物理量,经过变换电路和校准,也可以直接指示微波功率。这时指示器也就常直接称为功率指示器。

指示器一般有模拟式和数字式两种,在高功率微波测量中,常用示波器。

2. 测量系统的分类

微波功率测量系统根据测量方式可以分成三类。

(1) 吸收式测量(终端式测量)。

这种测量系统的框图如图1-4所示。在这种测量系统中,微波功率将全部进入变换器并为变换器所吸收,变换成其他物理量并由指示器指示功率大小,功率测量系统(功率计)本身就成为微波系统的终端,系统不再有微波输出到负载,所以又称为终端式测量。显然,这种测量系统终端不能再接原有的工作负载,也就是说,系统为了测量功率必须专门单独开机工作。

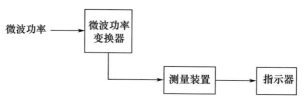

图 1-4 吸收式功率测量系统框图

为了扩展吸收式测量的功率范围,也可以在变换器前加入衰减器以减少进入变换器的微波功率,测得经衰减后的微波功率后,再对衰减器的衰减量进行换算,就可以得到原来输入的微波功率,这种方法在吸收式测量中经常被使用,但功率测量的准确性受衰减器衰减量标定精度的限制,能够扩展的功率范围也会受到衰减器容许的功率电平限制。

(2) 通过式测量(在线测量)。

在通过式测量的测量系统中,微波功率只是通过耦合装置被耦合出一小部分来进行测量,被耦合出来的功率由于很小,所以可以直接用小功率计测量,必要时也可以利用精密衰减器进一步把功率降低,以适合小功率计测量范围(图1-5)。很明显,在这种情况下,由于被耦合出来的功率只占系统传输的总功率的很小一部分,测量系统仍然可以连接终端负载,进行正常工作。因此,这种测量是一种在线测量,测量与系统正常工作可以同时进行,并且可以利用耦合装置的耦合度和衰减器的衰减量,根据测量得到的耦合功率换算出系统中的总功率,即实现用小功率计进行大功率测量。但测量时必须对耦合装置的耦合度和衰减器的衰减量进行严格的标定,标定误差也往往是这种功率测量误差的主要来源之一。

通过式测量方法中的耦合装置可以是探针、定向耦合器、功率分配器等。

高功率微波由于其功率电平很高,所以功率测量时都要通过耦合装置从高功率传输系统中耦合出极小一部分功率来进行测量,如果耦合出来的功率还是过大,超出了变换器和测量装置或指示器的量程,则往往还要在适当位置接入衰减器,可见高功率微波的功率测量一般只能采用通过式测量,这种测量方法也可以称为耦合式测量。

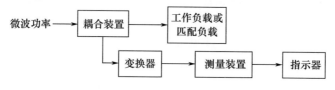

图 1-5 通过式功率测量系统框图

8

（3）辐射式测量。

对于高功率微波,由于功率量级太高,即使利用耦合式测量,受耦合装置的耦合度的限制,被耦合出来的功率还是太大,利用大功率衰减器时又将受制于其功率容量和对其在大功率状态下衰减量标定的困难,因此,高功率微波的功率测量最常用的是辐射式测量方法,其原理框图如图 1-6 所示。在辐射式测量中,高功率微波经由辐射喇叭向空间辐射,在相隔辐射喇叭一定距离的位置上放置接收喇叭接收辐射功率,接收到的辐射功率将远比辐射喇叭向空间辐射的功率小,因此该功率就可以方便地通过常规衰减器、变换器、测量装置和指示器进行测量。

图 1-6 辐射式功率测量系统框图

辐射式测量最大的困难来自于接收喇叭接收功率与辐射喇叭辐射功率之间的耦合度(或者称为衰减量)的标定,由于该耦合度(衰减量)十分大(以正值表示的分贝数很大),因而标定误差也会相对较大。类似于通过式测量,必要时还需要利用衰减器进一步把功率降低以保证变换器不会被损坏,导致总衰减量的标定可能产生的误差也更大。

1.2.4 微波功率计的分类

微波功率测量系统中的变换器、测量装置和指示器三部分经常被组装在一起成为独立的一台设备,称为功率计。如果变换器已经将微波功率转换成电信号输出,也就可以将变换器部分与测量装置及指示器部分分开,以电缆连接,这时变换器部分就称为功率探头,其余两部分组合在一起则成为功率计指示器,显然这样的功率计使用就更加方便、灵活,一般测量小功率微波用的小功率计都采用这样的功率计。在高功率微波的测量中,高功率微波源输出的高功率微波经过各种方式的耦合和衰减后,最终被测量的也已经只是很小功率了,因此这时就也可以直接用小功率计测量。

既然微波功率的测量都是利用微波效应来实现的,因此微波功率计也就首先可以根据效应的不同来进行分类,主要可分成热效应功率计和非热效应功率计两大类。

1. 热效应功率计

利用微波对变换器中的微波吸收材料的热效应,即吸收材料吸收微波后发热引起温度升高或电特性改变的效应做成的功率计,称为热效应功率计。这种功率计又有以下几种形式。

（1）干式量热计。

在干式量热计中，作为吸收微波功率的热变换器是某种固体材料，所以称为干式量热计。

（2）液体量热计。

如果用某种液体作为吸收微波功率的热变换器做成的功率计，则称为液体量热计。

① 静止式量热计。

变换器中的液体静止不动的液体量热计，称为静止式量热计。

② 流动式量热计。

变换器中的液体不断流动的液体量热计，称为流动式量热计。

不论是干式量热计，还是液体量热计，它们都是通过微波吸收材料吸收微波后的温度变化，根据温升的大小间接换算出微波功率的大小的，所以一般又被称为量热计。

（3）测热电阻功率计。

① 测辐射热电阻功率计。

② 热敏电阻功率计。

③ 电阻探测器功率计。

测热电阻功率计中的变换器是一种电阻材料，这种电阻材料在吸收微波后将引起电阻值的改变，从而引起输出电流或电压的变化，由此换算出微波功率。

（4）热电偶功率计。

热电偶功率计是利用热电偶的一端吸收微波后温度升高，与热电偶的另一端——冷端之间产生温差电动势，测量输出的电动势大小而换算出微波功率的一种功率计。

（5）铁氧体功率计。

铁氧体具有对高频电磁能量产生谐振吸收的特性，从而使铁氧体元件的电阻值因吸收微波能量发热而改变，利用这一现象，我们就可以像测热电阻一样进行微波功率测量。但这种测量方法中测量仪器的控制和测量过程比较复杂，影响测量精度的因素多，较难控制，因此很少得到推广应用。

（6）热释电功率计。

压电材料的自发极化强度是温度的函数（在居里温度以下），随吸收微波能量后温度升高而下降，这种变化导致在垂直于自发极化强度方向的晶体外表面上极化电荷的变化，从而产生电流，其结果是在晶体两端出现随温度变化的开路电压，利用这一现象，就可以进行温度测量，并换算出功率大小。

2. 非热效应功率计

如果不是利用微波功率作用于变换器时引起的热效应来测量功率,而是利用变换器的各种电磁效应,如检波、磁阻效应、克尔效应、电声效应、霍耳效应以至机械压力效应等实现功率测量的功率计,就统称为非热效应功率计。

(1) 检波功率计。

检波功率计是最方便和最常用的一种小功率计,它利用的就是微波检波二极管在加到二极管上的微波电压的一定范围内的平方律检波特性,使它的输出直接正比于功率。或者,即使检波器检波范围并不严格符合平方律检波特性,也可以通过对检波器事先标定后,利用标定结果由检波输出换算出微波功率,因此,经过校准后的示波器刻度可以直接指示功率大小。

由于微波晶体检波器响应时间小于 1ns,因此在示波器上可以直接显示出微波脉冲波形以及脉冲占空比,从而也就可以测出脉冲功率、峰值功率和计算出平均功率,同时还可以测量脉冲宽度、重复频率。

(2) 有质功率计。

电磁波对传输线的壁和处于传输线内或外部空间的反射元件存在机械作用,即压力效应,说明电磁波虽然是无形的,但是是有质的,压力的大小与电磁波的功率相关,因此测量波导壁或波导内、外的反射元件所受到的微波压力大小,即可以以此来换算出微波功率。

(3) 霍耳效应功率计。

处在磁场中的半导体霍耳片,若在垂直于磁场的方向通过电流,则在既垂直于磁场、又垂直于电流的第三个方向上将出现电位差,这一现象就称为霍耳效应,产生的电位差称为霍耳电动势。电磁场的电分量与磁分量之间的空间正交性,便有可能利用它们来获得半导体中的霍耳效应,且霍耳电动势的大小与电磁波功率流直接相关。利用半导体霍耳片的这一性质做成的功率计就称为霍耳效应功率计。

(4) 其他电磁效应功率计。

只要在微波场作用下能产生电压、电流、电阻、极化面偏转等变化的电磁效应,我们几乎都可以用来进行功率测量。

① 磁阻效应。

电磁物质在磁场作用下引起电阻变化,称为磁阻效应或高斯效应,其输出信号将正比于电磁场电场分量与磁场分量乘积的有功分量,亦即有功功率。

② 克尔效应(磁光效应)。

一束线偏振光入射至磁性介质,经过透射和反射,偏振方向会发生改变,并且会由线偏振光变成椭圆偏振光。透射光的这种现象称为法拉第效应,反射光的这种现象则称为克尔效应,利用它可以测量出脉冲波形,经过校准后就可以得到功率大小。

③ 电声效应。

当外加交变电场通过电声换能器作用于压电材料时,就会在压电体中激发起材料变形引起弹性波,该弹性波沿压电体表面传播,称为表面声波,表面声波通过输出电声换能器又会激发起电磁脉冲。压电体的压电形变与电场强度成正比,因此可以用来测量功率。

1.2.5 功率计的基本特性

1. 输入阻抗和匹配

为了使功率计接入微波系统时能够匹配连接,不致引起微波的反射而导致测量不准确,以及影响微波源的输出,应该要求功率计的阻抗尽可能与系统匹配,即驻波系数应尽量小,一般应控制在1.5以下,要求较高的功率计则应在1.2以下。

2. 工作频段

功率计的工作频段是指功率计的特性指标,尤其是基本误差不超过规定数值的工作频率范围。当然,通过对变换器的重新校准,甚至采取更换功率探头的办法可以在很大程度上扩展功率计的工作频率范围。

3. 测量范围

测量范围是指功率计能测量的微波功率大小的范围,它可以直接以功率单位来表示,有时也可以用毫瓦的分贝数表示,即多少dBm。对于最常用的量热式功率计,按测量范围来分,一般可分成以下几种。

(1) 大功率计:测量功率大于10W,目前最高可测量到2000W,其功率探头大都采用流动式液体量热式探头,功率在数百瓦以下时,也可以用带散热器的干式量热探头。

(2) 中功率计:测量范围10W~10mW,其功率探头可用干式量热探头。

(3) 小功率计:测量范围10mW~1μW,功率探头一般都是测热电阻或热电偶变换器。

(4) 超小功率计:测量范围小于1μW,它是由微波晶体检波二极管功率计经改进后形成的新型功率计,其量程下限可到100pW(-70dBm)。

4. 基本误差

功率计的基本误差是指仪器在正常工作条件下的测量误差,包括系统误差和偶然误差。基本误差以正负百分比允许值来表示,如±1%、±2.5%等。

根据基本误差允许大小,还可以划分功率计的精度等级,常用的有1.0级、1.5级、2.5级、4.0级、6.0级、10.0级等。功率计的基本误差不应超过它的精度等级。

1.3 高功率微波模式测量的一般介绍

1.3.1 高功率微波模式测量的必要性

模式测量之所以对于高功率微波来说是十分重要的测量内容之一,主要是因为其存在以下作用。

(1) 了解高功率微波源输出的模式组成成分。

由于高功率微波器件一般都是工作在高次模式上的,容易在器件内部电子注与高频结构互作用过程中,和在器件输出机构中激励起多个模式,这将导致高功率微波源的输出模式往往会含有多个甚至大量的寄生模式,这些寄生模式的输出,将十分不利于高功率微波的传输,给传输系统中的各种功能元件的设计带来困难,也给某些传输系统和模式变换器的设计造成困难,从而降低系统的传输效率和天线的辐射效率。所以,了解微波源输出模式的组成成分,以便改进器件的设计或采取对寄生模式的抑制措施,在高功率微波系统中是十分必要的。

(2) 确定高功率微波多模传输系统中的模式组成。

除了微波源本身输出模式会不纯外,高功率微波在传输过程中还会产生寄生模式。由于高功率微波的模式次数高、功率量级高,因此,几乎无例外地都是采用过模波导系统进行传输。过模系统中的任何不均匀性,比如波导的截面改变、波导的弯曲、圆波导的椭圆度、波导类型的变换、在波导中引入的探针、耦合孔、匹配元件等都将在系统中激励起寄生模式,而且其中一些模式能在过模系统中得到传输,这些模式的存在,同样会导致功能元件的设计和模式变换器设计的困难,可见,我们不仅要了解高功率微波源输出的模式组成成分,还应该分析掌握高功率微波多模传输系统中的模式组成。

(3) 确定各模式成分的相对或绝对含量。

仅仅知道模式的组成成分还是不够的,我们还应进一步知道各模式成分的相对或绝对含量,这样,我们才可能确定哪些模式含量在我们允许范围内,可以不予考虑,哪些模式的含量已经达到了必须采取措施进行抑制的程度。如果我们不仅能测出各模式之间的相对值,进而还能测定出各模式成分的绝对含量,即各模式的功率大小,则由此就可以直接得到系统中的总功率,从而同时完成高功率微波的功率测量。

(4) 标定模式变换器性能。

为了将高功率微波源的输出模式或者系统中的传输模式变换成更便于传输

系统传输的模式或者能满足天线辐射要求的模式,就必须采用模式变换器。模式变换器是高功率微波系统中十分重要的一种元件,它能将一种模式变换成另一种模式,并最终变换成我们需要的模式。衡量模式变换器的好坏(即输出是否就是我们要求的模式),以及它将多少输入模式变换成了我们需要的模式(即变换效率的大小),就都要进行模式的测量,包括定性的和定量的测量。

(5) 进行功率测量。

在上面第(3)点中,我们实际上已经说明了在进行各模式成分的绝对含量测量时,同时就完成了高功率微波的总功率测量。当然,高功率微波功率测量的方法很多,具体方法我们会在后面介绍,利用模式测量实现功率测量只是其中的一种方法。

1.3.2 高功率微波模式测量的主要方法

高功率微波模式测量的方法主要有模式场测量法和模式谱测量法两大类。

1. 模式场测量

不同的模式具有不同的场结构,因此,直接测量微波场的分布,从而确定其模式是最简单也是最直接的模式测量方法,这种测量既可以在波导内部进行,也可以用喇叭辐射到空间后进行;既可以通过场强或功率的测量来得到场分布,也可以直接显示场分布图像。

(1) 辐射场或波导场测量法。

在微波传输波导中利用移动探针测量波导场的电场分布,或者将微波场通过喇叭辐射到空间,利用接收喇叭测量空间场的分布,经过分析就可以得到该场分布的模式组成。

进行辐射场测量时,接收喇叭一般都是与标准矩形波导相连接的,在标准矩形波导中传输的都是 TE_{10} 基模,它的电场与波导宽边垂直,而磁场则与波导宽边平行,因此,在辐射场的球坐标系中,接收喇叭的宽边应该与辐射场的电场分量相垂直而与磁场分量相平行。

(2) 图像显示法。

微波照射热敏纸板或普通纸张、或发光二极管阵、或热电探头阵,将会形成直接反映电场分布的热图像或光图像,并根据图像即可直接判断模式组成,或由热释电效应输出反映场分布的电压或电流,经过计算机处理,就可以得到模式场的二维或三维图,从而判断其模式组成。

2. 模式谱测量

不直接测量模式场的分布,而是将不同的模式在空间分离开来,形成模式谱,这时,只要在空间对每个模式对应位置进行功率或热像测量而不再测量场分布,就可以知道该模式存在与否,甚至可以知道该模式的相对强弱。或者将不同的模式通过不同的耦合装置输出,从而可以把不同模式分别输出组成模式谱,对每个模式的输出进行测量,同样可以不再需要测量场分布而确定模式是否存在及其相对大小。这类模式测量方法称为模式谱测量。

(1) 色散反射天线测量法。

色散反射天线能够将投射到它表面的微波波束向空间反射,不同的模式反射方向不同,因而在空间就会将不同的模式区分开来,利用微波吸收板接收反射场,得到模式在空间分布的热图像,根据每个模式在对应该模式的反射方向上有无热像以及热像温度的高低,就可以识别模式的存在及功率相对强弱,这种方法称为色散反射天线测量法。

(2) 选模耦合法。

基于选模耦合器的模式选择性耦合作用而实现模式识别和分析的方法,称为选模耦合法。选模耦合器将只耦合指定的某一个模式使其在副波导输出,而其他模式不被耦合,也不会在副波导中有输出,这样,我们只要针对在高功率微波传输系统中可能存在的每一个模式,设计一个对应该模式的选择性耦合臂,根据每个耦合臂有无输出及输出大小,就可以判定主波导系统中存在哪些模式及其相对含量。

(3) 波数谱测量法。

在传输高功率微波的过模圆波导壁上按一定规律开一系列小孔,形成小孔阵列天线,微波将通过小孔阵向空间辐射,辐射方向取决于传输模式的波数,不同模式(不同波数)具有不同的辐射方向角,从而同样可以将不同模式在空间分散开来,在这些模式对应的辐射方向上用接收喇叭进行测量,根据接收到的功率大小,就可以判断有哪些辐射模式存在及其功率大小,这就是波数谱测量法。

1.4 高功率微波频率测量的一般介绍

1.4.1 频率测量基本概念

频率是表征微波信号特性的最重要的参数,因此频率 f 的测量是最基本的微波测量项目之一,频率测量也常常会以波长 λ 的测量来代替,因为它们之间有着最简单的关系:

$$f = \frac{c}{\lambda} \tag{1.10}$$

式中:c 为自由空间的光速。因此,波长测量与频率测量两者完全可以等效。

测量频率的基本方法是比较法,也就是设法将被测频率直接或间接地与标准频率进行比较,频率与时间在概念上是统一的,所以时间标准是比较法的原始基准。

比较方法分为有源比较法和无源比较法两类:前者以标准频率源作为待测频率比较的标准,即将待测频率的信号与仪器内部产生的或外加的频率已知的信号直接比较,外差法(混频法)频率测量就是这种测量方法的代表;后者用已知频率特性的无源元件作为比较标准,使待测频率的信号通过该无源元件,与元件的已知频率特性相比较,从而求出被测频率。在常规微波测量中我们最常用的谐振式波长计频率测量和在高功率微波频率测量中使用最普遍的色散线频率测量,就都是无源比较法的典型代表。

(1) 有源比较法。

有源比较法常用的方法是外差法(混频法)和计数法。外差法是将待测频率的信号与外加振荡器产生的频率已知的信号一起输入混频器,在混频器输出端取出中频,测量中频信号的频率,根据得到的中频频率推算出待测频率。外差式频率计曾经是测量高频直至微波频率的最主要的精密仪器,但由于更加精确而且使用更为方便的计数式频率计大量问世,外差式频率计已有逐渐被淘汰之势,但在高功率微波的频率测量中,外差式测量法仍是最主要的测量方法之一。

计数法是指以数字式频率计为代表的计数式测频方法,实质上仍是将待测频率与标准频率相比较:将待测脉冲微波的频率的每一个周期变为一个脉冲,再用电子计数器统计出通过一个闸门的脉冲数目,闸门开闭的时间由标准频率 f_b(周期 T_b)控制的信号管理。假设使闸门开启的时间 τ 等于标准频率 f_b 的 m 个周期 T_b,即 $\tau = mT_b$,在闸门开启的时间内通过闸门且被计数到的待测频率信号的脉冲数为 n,待测信号的频率设为 f_s,周期为 T_s,显然 $nT_s = mT_b$,由于 $T_b = 1/f_b$、$T_s = 1/f_s$,所以 $f_s = nf_b/m$。在实际测量系统中,所有微波计数式频率计都是靠预分频技术和各种下变频技术,将被测微波频率变成数百兆赫以下的频率,再由电子计数器测量的,并能直接换算成被测频率显示。

(2) 无源比较法。

大家最熟悉的采用无源比较法进行频率测量的装置是谐振式波长计,这种波长计采用的圆波导谐振腔,其主要的工作模式有 TM_{010} 模、TE_{111} 模和 TE_{011} 模(其中以 TE_{011} 模能获得最优良的性能:最小的高频损耗,最高的品质因数以及相对较低的加工精度要求),它们的谐振波长与腔长相关,因此,当将一个带有可移动短路活塞的圆柱腔与微波传输系统耦合时,调节短路活塞,就改变了谐振腔长度,从而改变了其谐振波长。当谐振波长调节到与微波波长相等时,即发生谐振时,谐振腔吸收微波,微波系统终端输出就会在示波器上出现一个吸收凹峰,或者谐振腔就会输出一个谐振峰。由于谐振腔的谐振波长是可以根据其尺寸(半径和长度)和模式严格计算得到的,而谐振腔半径和工作模式是已经给定不变的,这样就只有谐振腔长度与微波波长相关了,而该长度可以利用调节短路活塞来改变,因此通过计算就可以事先根据谐振腔长度直接标示出波长或者频率,微波与谐振腔达到谐振时,在谐振腔外壁上可以直接读出频率或波长大小。这就是谐振式波长计的工作原理,可见它是通过把微波频率(波长)与谐振腔的谐振频率(波长)进行比较测定频率的。

1.4.2 高功率微波频率测量

1. 高功率微波频率的有源比较法

有源比较法中虽然计数法有取代外差法(混频法)之势,致使现代常规微波频率测量都已经用数字式频率计,但是对于高功率微波脉冲来说,由于其单次(或低重频)极短脉冲的特点,数字式频率计一般还难以进行测量,目前还没有形成能适用于高功率极短脉冲微波频率测量的成熟产品。另外高功率微波信号往往含有丰富的谐波和寄生分量,这同样限制了计数法在高功率微波频率测量中的应用,除非在测量前先将干扰信号和噪声抑制掉。

因此,众多高功率微波研究单位在有源比较法频率测量方面,目前一般都还是采用自己组建的混频系统测量频率。混频法(外差法)测量的误差主要取决于外加标准信号频率的精度,在标准信号频率精度很高时,测量频率的误差很小,灵敏度也可以很高。由于微波信号本身带有谐波,而且信号频率经过混频后也很容易产生谐波,导致混淆对测量结果的判定。另外,外差法频率检测的电路比较复杂,使用的标准频率振荡器要求频率连续可调,其频率稳定性和指示精确度将影响微波频率瞬时测量的精度。

如果示波器的采样速率足够高、模拟带宽足够宽,就可以利用这样的示波器直接显示出高功率微波的波形,并直接算出频率,或者再利用快速傅里叶变换,在频域上直接读出频率。

2. 高功率微波频率的无源比较法

常规微波波长测量普遍采用上面提到的谐振式波长计,这是一种无源元件,虽然测量时一般需要人工进行调谐,但它结构简单,成本低,使用方便,所以在要求精度不很高的测量中,它还是得到了广泛应用,而且,在波长计上,往往会直接刻成频率数值而不是波长大小。谐振式波长计的谐振腔的品质因数 Q 值越高,谐振曲线越尖锐(或半高宽越窄),则频率测量精度越高。由于对于一般的谐振腔来说,Q 值较难做到非常高,因而谐振曲线比较宽,即意味着在一定宽度频率范围内的频率都能够发生谐振,从而导致频率测量精度的降低。

进行高功率微波的频率测量,谐振式波长计显然不再适用,因为对于高功率微波的单次或低重频脉冲,在极短的脉冲总持续时间内对波长计进行人工调谐找到谐振频率是完全不可能的,因此除了工作在连续波状态或连续脉冲状态下的常规回旋管可以使用谐振式波长计进行频率测量外,其他高功率微波的频率测量都不能使用谐振式波长计。

　　目前高功率微波中无源比较法的频率测量,最广泛地采用色散线进行,即利用在传输波导中微波脉冲包络的群速与频率相关的特性,也就是色散特性,通过微波脉冲在一段波导中传输的延迟时间,就可以计算出微波频率。也可以利用滤波器阵列测量频率,这种方法也是无源比较法,但只能确定频率的一定范围,而不能精确确定出频率数值,或者说这种方法的测量分辨率比较低。

第 2 章　连续波、连续脉冲高功率微波功率的测量

2.1　引　言

前已指出,普通回旋管也被归入了高功率微波范畴,而普通回旋管主要输出连续波或连续脉冲微波,因此,我们还是有必要对连续波或连续脉冲状态的微波功率测量给予一定关注,本章就将讨论它们的测量问题。应该指出,连续波和连续脉冲微波的功率测量在普通的微波测量中也会涉及,并不是高功率微波特有的测量,但我们将会更多地从高功率微波的角度上来讨论它们的测量。

1. 测量连续波或连续脉冲微波功率的基本方法

工作在连续波、连续脉冲状态下的微波器件,其输出功率主要是指平均功率(包括连续波功率)和脉冲功率,其中平均功率既可以是调制状态下的连续波的平均功率,也可以是连续脉冲状态下的平均功率。在连续脉冲状态下的微波,其脉冲一般都以矩形脉冲为主,峰值功率与脉冲功率相等,所以不必测量峰值功率。

连续波、连续脉冲微波的平均功率测量最主要的方法是利用热效应功率计,因为这是最基本、使用最广泛的微波功率计。而由于吸收微波功率的变换器元件本身的热惯性和整个变换器的热平衡过程,导致一般的热效应功率计响应时间往往比脉冲持续时间长得多,所以测到的功率只能是平均功率而不可能直接是脉冲功率,当然也就更不可能用作单次或低重复频率的高功率脉冲微波的功率测量。但也有少数响应时间相对较快的热效应功率计,比如电阻探测器功率计,就可以进行高功率微波的脉冲功率测量。

这里所说的热效应包括两种物理现象:一种是物体吸收外来微波辐射后,分子或晶格振动加剧,粒子运动动能增加,从而使微波能转换成热能使物体温度升高的效应,发生这种物理现象的材料如干式微波吸收负载、微波水负载等;另一种是物体吸收外来微波辐射温度升高后,导致物体某种电或磁的性能的改变的效应,能产生这种效应的材料如引起电阻值改变的测热电阻、热敏电阻、引起输出电动势变化的热电偶、产生热释电现象的热电体等。前者根据温度的变化来

探测辐射功率大小,因此我们只要直接测量物体温度的改变量就可以换算出微波功率,所以这种功率计可称为量热式功率计;后者则应通过对产生的电或磁的物理量变化进行度量来探测微波辐射的强弱,进而换算出微波功率。这两种功率计统称为热效应功率计。

2. 平均功率与脉冲功率

利用吸收式(终端式)方法测量连续波、连续脉冲的连续波功率或平均功率,一般都采用量热式功率计,而利用通过式(在线式)方法测量时,则通常就可以采用测量小功率的热电阻功率计、热敏电阻功率计、热电偶功率计等,也可以用检波功率计直接测量脉冲功率或峰值功率。

对于连续脉冲状态下的脉冲微波,如果想通过热效应功率计测到的平均功率来换算出脉冲功率,可以根据式(1.9)很方便地进行计算,这时

$$P_p = \bar{P} Q \tag{2.1}$$

对于非理想矩形脉冲波,严格说来,就不存在一个准确的脉冲功率值,我们只能通过波形系数 K 定义一个等效的脉冲功率。经过标定的示波器可以指示出脉冲峰值功率 P_{pp} 的大小,而不能确定脉冲功率 P_p 的值,这时,如果想利用微波脉冲的峰值功率而不是平均功率来求得等效脉冲功率,则应当对上式修正为

$$P_p = P_{pp}/K; \quad P_{pp} = \bar{P} Q K \tag{2.2}$$

式中:K 为波形系数,K 的大小等于以实际脉冲的峰值功率构成的具有相同的脉冲持续时间 τ 的矩形脉冲,与一个等效的矩形脉冲功率之比,该等效矩形脉冲与实际脉冲具有相同的脉冲持续时间 τ 和相同的脉冲波形所包围的面积,显然,这时 $K>1$。在电子行业标准 SJ 20769—1999 中,K 的定义则相反,是实际脉冲波形所占的面积与具有相同脉冲持续时间 τ,以脉冲峰值构成的矩形脉冲的面积之比,这时 $K<1$,$P_p = P_{pp}K$。在实际测量中,由于非理想矩形脉冲的实际脉冲波形可能比较复杂,其脉冲功率没有一个确定的值,因此 K 值常常是估计的。对于理想的矩形脉冲,显然 $K=1$。

但在多数情况下,脉冲功率的测量,则更多地采用检波功率计方法,也曾经提出过其他一些测量方法,比如积分-微分法、取样比较法、陷波技术法等,这些方法现在已经较少应用。

检波功率计是利用晶体或真空二极管的检波特性,将微波脉冲的包络由示波器显示出来,事先对示波器的指示刻度用标准信号源(一般都是连续波信号源)进行校准,就可以从示波器上直接读出脉冲功率(对矩形脉冲情况)或者峰值功率的大小。

2.2 热效应功率计——量热式功率计

量热式功率计是典型的微波热效应功率计,顾名思义它是测量热量或热能的一种仪器,实际上是一种将微波能量转换成热能来测量微波功率的仪器,即利用微波加热变换器中的微波吸收材料使之吸收微波能量后升温,通过直接测量温度的变化或者与用于对比的吸收材料的温度比较,经校准得到微波功率的功率计,一般又称为量热计。世界各国的微波功率基准均是采用量热的方法,即采用量热计来建立的,因为这种方法的理论研究比较成熟,而且被认为是测量微波功率的最精确方法。

量热式功率计有干式量热计和液体量热计两种基本型式,液体量热计按照吸收微波能量的液体是否流动又可分为静止式量热计和流动式量热计。

流动式液体量热计主要用于中、大平均功率($10^{-2} \sim 10^3$ W)测量,而干式量热计则主要进行中、小功率($10^{-7} \sim 10^{-2}$ W)的测量,采用良好的散热措施,现代的干式量热计的测量范围已经扩展到了百瓦量级。

采用替代法测量(见本节2.2.1小节中的2.中(2)点)的量热式功率计具有精确度高(达0.5%或更高)、工作频带宽、驻波比小(一般小于1.05)、功率测量范围宽等优点,是应用比较多的一种功率计。

量热计在测量微波功率时多数采用终端吸收式测量法。

2.2.1 干式量热计

由于量热计是通过对温度变化及一些电学基本量,如电压、电阻的计量来求得功率的,它的测量不确定性较小,所以干式量热计可以被用作微波小功率的国家计量基准。

1. 干式量热计的工作原理
(1) 热变换器基本结构。

在干式量热计中,热变换器是固态材料,比如,结构型吸波材料和涂覆型吸波材料,它们的功能都是将电磁能转换为热能。干式量热计受吸波材料功率容量和热量传递(散热)能力的限制,一般都只适用作为中、小功率计应用。

我们最常用的结构型吸波材料,在中功率计中主要是羰基铁粉为主的铁氧体和碳化硅陶瓷、石墨粉与氧化铝瓷粉混合烧结陶瓷等,在小功率计中则常用热电偶和热敏电阻。涂覆型吸波材料则往往是在胶木、玻璃纤维板、有机玻璃板、陶瓷薄片等表面涂刷一层碳粉,比如石墨乳,或者利用真空镀膜法蒸镀一层金属电阻膜,如钛膜、钽-铌合金膜或镍-铬合金膜形成。膜的厚度取决于最有效吸收微波所要求的表面电阻率,一般为几十到几百欧/□(□为单位正方形,与边长大小无关)。涂覆型吸波材料主要用在小功率计中,也广泛用作吸收负载,比如,波导型小功率匹配负载几乎都是采用涂覆型吸波材料做成,在微波电真空器件中往往在陶瓷表面蒸镀电阻膜来作为衰减器,可以承受数十瓦量级的功率。

为了得到良好匹配,吸收材料一般在微波传输方向都应做成斜劈状,由于斜劈的尺寸改变缓慢,对微波的反射很小,可以在宽频带内得到良好的匹配,以尽量使吸收材料能将微波能量全部吸收,提高功率测量的准确性。

(2)热变换器的热平衡。

量热计是利用变换器中的微波吸收材料(热负载)吸收微波能量后的升温来测量功率的,但是热负载吸收微波能量后的升温过程是可以累积的,如果放置变换器的容器理想绝热,即与周围环境完全没有热量交换,则随着微波能量的持续输入,变换器的升温就将持续进行下去,显然这在实际中是完全不可能的。因为变换器的温度提高后将会将热量通过传导、辐射和空气对流的方式向外扩散,尽管为了提高测量精度,人们采取了各种各样的措施来使容器隔热,减少变换器热量的损失,但不可能做到完全没有,经过一段时间,当微波在单位时间里加到变换器上的能量与变换器在同一单位时间里散失的热量达到平衡时,温度将不再升高,这时即可测出微波功率。

干式量热计中变换器的热平衡过程可以这样来描述:

当变换器的热负载接收到微波功率 P 时,设变换器的温度为 θ_1,它的热容是 C_1,放置变换器的隔热容器的温度为 θ_2,热容为 C_2,且 $C_2 \gg C_1$,热负载(变换器)对周围的热导为 G(热阻 R 的倒数)。由热传递原理,该系统的热平衡方程可写为

$$P = C_1 \frac{d\theta_1}{dt} + G(\theta_1 - \theta_2)$$
$$C_2 \frac{d\theta_2}{dt} = G(\theta_1 - \theta_2) = -G(\theta_2 - \theta_1) \tag{2.3}$$

式中:P 的单位为 W,C 的单位为 J/℃,G 的单位为 W/℃。$C_1 d\theta_1$ 为热负载吸收的微波能量,$C_1 d\theta_1/dt$ 就是它吸收的微波功率;$G(\theta_1 - \theta_2)$ 为热负载传递给容器的功率;$C_2 d\theta_2/dt$ 则为容器散失到环境的功率,由于容器本身不是热源,显然它实际上就应该等于热负载传递给容器的功率 $G(\theta_1 - \theta_2)$。

求解式(2.3),并利用 $C_2 \gg C_1$,可得

$$(\theta_1 - \theta_2) = \frac{P}{G}\left(1 - e^{-\frac{G}{C_1}t}\right) = \theta_0 \left(1 - e^{-\frac{t}{\tau}}\right) \tag{2.4}$$

式中:

$$\theta_0 = P/G$$
$$\tau = C_1/G \tag{2.5}$$

θ_0 为稳态温升,τ 为系统的热时间常数,是表征系统达到稳定状态的快慢程度的一个常数。若在微波功率 P 加入前,系统已处于热平衡状态,即 $\theta_1 = \theta_2$,在微波功率接入后,θ_1 将不再与 θ_2 相等,则式(2.4)就是负载在吸收微波功率 P 后的温度变化。在量热计达到热平衡后,则可以认为 C、G 为常量,经过校准,利用式(2.3),稳态温升就可以用来作为被测功率的量度。当所加功率一定时,量热计的绝热程度越好,即热导 G 越小,θ_0 越大,功率灵敏度就越高;但热导越小,时间常数越大,量热计平衡时间也会越长,给使用带来不便。

从式(2.4)不难看出,对于稳定的功率,温度上升服从指数规律,如图 2-1 所示。当测量在热时间常数的 4、5、6 倍的时刻进行时,温升将是最终稳定温度的 98.2%、99.3%、99.8%。由于热时间常数相对测量时人员对量热计的操作过程要短,所以,在一般情况下,对于连续波或连续脉冲微波,我们测到的将是温升完全稳定的功率。

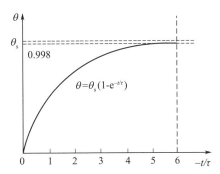

图 2-1 在稳定的微波功率 P 下量热器的温升与时间的关系

在实际测量中,我们并不需要根据式(2.4)和式(2.3)来计算功率,而只需要事先用标准功率计对测量用功率计进行校准,或者用一个可直接指示出功率大小的直流(或交流)功率引起的温升与它进行比较,就可以指示微波功率大小了。

2. 干式量热计的测量方法

(1) 直接测量法。

直接测量法的原理示意图如图 2-2 所示,在工作负载和参考负载之间安装有热电偶。

图 2-2 中工作负载与参考负载的材料、大小及周围的环境都应尽可能相同,以保证它们的热惯性和热平衡过程尽可能一致,整个量热计亦应尽可能处于

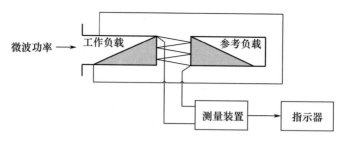

图 2-2 干式量热计测量微波功率的直接测量法

绝热条件下,即尽可能减少整个热变换器与其周围环境的热交换。

在工作负载与参考负载的热性能如上所述完全相同的条件下,我们就可以认为,在微波功率还没有输入前,两者的温度是完全一样的,这个温度称为负载的本底温度。输入微波功率后,工作负载将因吸收微波能量而温度升高,而参考负载没有吸收微波能量,因此温度保持不变,这样两个负载之间就会有温度差,这一温差使热电偶产生温差电动势,并经由连接在热电偶的冷端的引线输出。如果在这一测量过程中,由于其他因素,比如周围环境温度的变化,引起了负载的本底温度改变,显然,这种改变对两个负载将是完全相同的,并不会影响两者之间的温度差,也就是不会影响输出的温差电动势的大小。因此,我们就完全可以认为,这个温度差仅仅只是由于工作负载吸收了微波功率而引起的,所以,我们只要根据热电偶的输出,经过换算就可以得出微波功率的大小,换算的方法应由事先标定的热电偶的输出大小与微波功率之间的关系来实现。

但是,对热电偶输出与微波功率之间关系的校准,除了用标准功率计进行校准外,更为方便的方法是:用直流或交流电代替微波对变换器的工作负载加热,根据其热电偶输出,与直流或交流电功率对比,就可以得到热电偶输出所对应的功率大小,这种方法在实质上就是下面我们将介绍的替代测量法,所以,直接测量法几乎只是一种理论上的方法,在实际应用中更多地采用替代测量法。

(2) 替代测量法。

图 2-3 给出了替代测量法的原理图。用以建立国家小功率计基准的量热计多数也都采用这种方案,这种量热计是建立在直流(或低频交流)功率替代微波功率基础上的,它的基本结构同样由热学性能完全相同的工作负载和参考负载组成,它们一起放在一个隔热容器内。与直接测量法测量时所用结构不同的是,在工作负载中还放置有用于替代微波功率的直流(或交流)功率加热器。

用替代法测量时,首先采用直流或交流电源对微波功率指示器的指示进行校准,方法是:用一个直流或交流电源代替微波功率对工作负载加热,这一加热

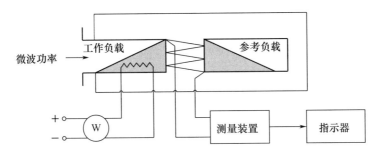

图2-3 干式量热计测量微波功率的替代测量法

功率可以根据电压和电流很方便地算出,实际上,该功率可以直接在电表上得到指示。工作负载在被加热后就会引起热电偶输出,使微波功率指示器有一定指示,这时应调整指示器的调节旋钮,使微波功率指示器的读数与加热功率电表的读数一致,改变直流(或交流)加热功率的大小,再次调整指示器的读数使之与加热功率电表的读数一致,这样反复校准几次,使微波功率指示器的读数在各种不同加热功率电平下的指示都能与加热功率的大小完全一致,这样就完成了指示器读数的校准。但如果加热功率电表或者微波功率指示器改变了量程,则校准就应该重新进行。微波功率指示器读数校准到与加热功率指示器相同后,关闭加热电源,就可以进行微波功率测量了,这时热电偶的输出将会在指示器上直接显示出微波功率的大小。

替代测量法的工作原理可以如下理解:

设 C_1 和 C_2 分别为工作负载和参考负载的热容,θ_1 和 θ_2 分别为其温度;G_1 和 G_2 分别为它们对隔热容器的热导;G_m 为两个负载之间的热导;θ_c 则为容器的温度。当对工作负载加上有微波功率 P 时,系统的热平衡方程式可以写成

$$P = G_1(\theta_1 - \theta_c) + C_1 \frac{d\theta_1}{dt} + G_m(\theta_1 - \theta_2)$$
$$C_2 \frac{d\theta_2}{dt} = G_m(\theta_1 - \theta_2) - G_2(\theta_2 - \theta_c)$$
(2.6)

解方程式(2.6),得到

$$\frac{P}{C_1} = \frac{d(\theta_1 - \theta_2)}{dt} + \left(\frac{G_m + G_1}{C_1} + \frac{G_m}{C_2}\right)(\theta_1 - \theta_2) + \left(\frac{G_1}{C_1} - \frac{G_2}{C_2}\right)(\theta_2 - \theta_c) \quad (2.7)$$

如果量热计满足热对称条件,即 $G_1/C_1 = G_2/C_2$,则由式(2.7)可求得两个负载的温差为

$$\theta_1 - \theta_2 = \frac{P}{C_1}\tau\left(1 - e^{-\frac{t}{\tau}}\right) \quad (2.8)$$

热稳定后的稳态温差 θ_0 就为

$$\theta_0 = \theta_1 - \theta_2 = \frac{P}{C_1}\tau \qquad (2.9)$$

式中：时间常数 τ 为

$$\tau = \frac{1}{\dfrac{G_m + G_1}{C_1} + \dfrac{G_m}{C_2}} \qquad (2.10)$$

由式(2.9)可见，稳态温差 θ_0 与所加微波功率成正比，因此，可以作为被测功率的量度。当微波功率一定时，热导 G_m 越小，则稳态温差越大，但热导的减小，也就是热阻增大，使得量热计达到热稳定的时间也就会增加。

在用直流功率替代微波功率对量热计进行校准时，直流功率 P_{dc} 加到工作负载上后，热电偶产生的稳态电动势 E_{dc} 与工作负载吸收的直流功率 P_{dc} 成正比，即

$$E_{dc} = K_{dc} P_{dc} \qquad (2.11)$$

式中：K_{dc} 为热电偶对直流功率 P_{dc} 的响应系数。

当断开直流功率进行微波功率测量时，工作负载受到微波功率加热，热电偶两端产生的稳态电动势 E_{rf} 则为

$$E_{rf} = K_{rf} P \qquad (2.12)$$

式中：K_{rf} 为热电偶对微波功率 P 的响应系数。

一般来说，可以认为热电偶对直流校准功率和微波功率有相同的响应，$K_{dc} = K_{rf} = K$，则由式(2.11)和式(2.12)就可以得到

$$P = P_{dc} \frac{E_{rf}}{E_{dc}} \qquad (2.13)$$

式(2.13)是替代法量热计测量微波功率的基本公式。我们一开始对微波功率指示器进行的校准，实质上就是使替代法量热计的测量满足上式，从而使微波功率指示器能直接读出微波功率的大小。

替代法测量的好处是可以不必对热电偶的输出与微波功率的关系进行换算，减少了换算带来的误差，因此，它的测量误差小。另外，它的过载能力强，动态范围大，可达 30～40dB，阻抗匹配好。

替代法测量也称为比较法测量，它大大提高了测量的方便性，而且测量精度高，因此不仅在干式量热计测量中，也在液体量热计测量中得到广泛应用，所以现代量热式功率计都是采用替代法实现功率测量的。它的缺点是结构复杂，时间常数大，对环境温度要求高，它更适合厘米波段及以上的高频段功率测量，因为频段越高，负载的热容量越小，越容易达到热平衡。

2.2.2 液体量热计

1. 基本原理与变换器

(1) 液体量热计的工作原理。

干式量热计的主要缺点是时间常数大,达到热平衡需要一定时间,更主要的是它的功率容量有限,微波功率太大容易引起热负载的损毁,因此不适宜作大功率测量。如果以某种液体作为微波的吸收负载来做成功率计,就称为液体量热计。一般来说,液体对微波的吸收效率优于固体微波吸收材料,但是液体具有流动性,这既是它的优点,也是它的缺点,优点是流动的液体可以迅速带走微波加热产生的热量,提高功率计的功率容量;缺点是液体必须有专门的容器容纳,而且这种容器既要能让微波尽量不受衰减地穿过容器壁进入液体中被液体所吸收,又要有足够的强度,不容易破损。

对于中、大微波功率的测量,普遍使用流动式液体量热计,其中所用液体一般都是水,这不仅是因为水的相对介电常数达到81(水温20℃时),对微波的吸收效率很高,而且是由于水吸收功率的计算公式简单,相对而言还比较精确。

以水作为微波吸收材料时,如果水是流动的,则水所吸收的功率显然与水吸收微波后的温升、水的流量、水的比热容、水的密度等相关。可以简单地表示为

$$P = 4.18 c_p \rho V \Delta T \tag{2.14}$$

式中:P 为水所吸收的功率(W);c_p 为水的比热容(Cal/g·℃);ρ 为水的密度(g/cm³);V 为水的流量(cm³/s 或 L/min);ΔT 为水的温升(℃)。对水而言,在一个标准大气压下,我们可以近似取

$$\rho = 1 \text{g/cm}^3$$

$$c = 1 \text{Cal/g} \cdot \text{℃}$$

这样功率计算公式(2.14)就可以得到很大简化,成为

$$\begin{aligned} P &= 4.18 V \Delta T (\text{W}) \quad (V \text{ 的单位为 cm}^3/\text{s}) \\ &= 69.67 V \Delta T \approx 70 V \Delta T (\text{W}) \quad (V \text{ 的单位为 L/min}) \end{aligned} \tag{2.15}$$

式中:数字 4.18 为水的热功当量,即单位热量卡(Cal)相对应的功的焦耳值(J),即

$$1 \text{Cal} = 4.18 \text{J}$$

这样,由式(2.14)计算得到的将是 J/s 的大小,但由于

$$1 \text{W} = 1 \text{J/s}$$

所以,式(2.14)的结果就是功率 W 的大小。

但我们必须指出,在一个标准大气压下(101.325kPa),水的比热容和密度都是温度的函数,不同的水温下它们的数值是不同的,并不始终等于1。因此,

更严格的计算应该考虑到比热容和密度的这种在不同温度下的改变,在工程计算中,则可以近似取为1。

(2) 液体量热计的变换器——水负载。

液体量热计的变换器顾名思义就应该是某种液体,通常都是水,因此它也习惯上被称为水负载。对水负载的要求首先当然是要能承受足够的功率容量,这主要取决于水负载的容积大小和水的流量大小;其次,水负载应尽可能与微波传输系统匹配,防止微波功率被反射而导致测量不准,为此,水负载相对微波电场方向总是倾斜放置的,可以是水负载的容器壁成锥形倾斜,也可以是水负载整体倾斜放置,还可以是水负载成锥形或曲线分布;再次,构成水负载的水容器的材料必须对微波有足够的透明度,亦即要能让微波尽可能不被反射和不受损耗地通过容器壁而被水所吸收;最后,容器材料还应具有一定结构强度和黏结强度(当水负载需要与波导壁黏结才能形成水容器时),不易破损和脱胶。水负载的容器通常用石英玻璃做成,也有用普通硬玻璃、玻璃纤维-环氧树脂材料、有机玻璃、聚四氟乙烯等做成的,应根据具体使用场合、使用条件进行选择。

图2-4给出了几种常见的流动式液体功率计用水负载,其中图2-4(c)、(d)是水容器需要与波导壁黏结的水负载。

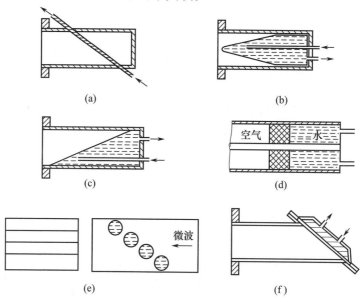

图2-4 几种常见的流动式液体功率计用水负载
(a)插管式水负载;(b)锥体式水负载;(c)斜劈式水负载;(d)同轴水负载;
(e)多管分布式水负载;(f)辐射式水负载。

① 吸收式水负载。

这种水负载的水容器都是直接放在波导内电场最强处的(图2-4(a)~图2-4(e)),微波功率直接被水负载所吸收。

② 辐射式水负载。

辐射式水负载的水容器不直接放在波导内部,而是放在波导端口上,所以微波功率是通过端口辐射进入水负载并被吸收的(图2-4(f))。

当然,还有各种不同类型的水负载,它们水容器的形状不同,排列方式不同,功率容量不同,容器材料不同,进、出水方式不同,在波导中放置方式不同等。

2. 液体量热计的工作方式

液体量热计又可以分为静止式和流动式两种。

(1) 静止式量热计。

液体量热计中的液体如果并不流动,则实际上就完全类似于干式量热计,显然,其能够吸收的微波能量也是有限的,会受到液体容积大小的限制,同时,液体所吸收的微波热量也不能被液体带走,所以功率容量不大,一般仅做成小功率计,在中、小功率系统中作为通过式测量或者在大功率系统中作为辐射式测量时的功率测量用。测量时,跟干式量热计一样,可以采用直接测量法或替代测量法。这种量热计在实际上很少得到使用,在5.1节中将介绍的毛细管能量计就是一种静止式量热计。

(2) 流动式量热计。

如果微波功率足够大,特别是大平均功率的情况,超出了干式量热计的测量范围,则应该用流动式液体量热计来测量功率。由于液体的不断流动,能随时将吸收微波所产生的热量带走,并在量热计冷却室中进行冷却以便循环利用,或者作为废水直接排掉,因而它可测的功率量级很大。流动式液体量热计的结构示意图由图2-5给出,它主要由水负载、放置在水负载出水管中的加热电阻丝、加热电源及其功率指示电表、热电偶及温差电动势指示电表(其刻度经校准已直接指示微波功率,所以通常直接称为微波功率电表)、水流量调节阀门、水泵和

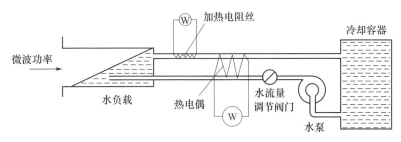

图2-5 流动式量热计测量原理图

冷却容器等组成。

利用流动式液体功率计进行功率测量时，首先启动功率计使水负载中的水开始流动，这时要关闭微波功率，以便对功率计指示进行校准。校准时，开启加热电源，利用直流或交流电对水流进行加热，调节加热功率大小，通过加热电表的指示使加热功率达到某一读数，由于加热功率对水进行的加热，热电偶就有了输出，使微波功率电表也有了指示。这时再调节水流量的阀门，由于水流量的大小将引起水的温升的不同，也就改变了热电偶的输出大小，即微波功率指示的大小，所以调节水流量可以改变微波功率的指示，从而可以使微波功率电表指示的功率大小达到与加热电表的指示一致，这一过程要反复进行几次，每次在不同的加热功率电平下校准，直到在不同的功率电平下微波功率指示与加热功率指示都能一致。校准完成后，固定水流调节阀门不再改变，就可以关闭加热电源，开启微波功率源进行微波功率测量。

流动式液体量热计是目前测量连续波、连续脉冲微波功率使用得最普遍的功率计，它可以测量 5~2000W 的连续波功率或平均功率，脉冲功率 1~2MW 的连续脉冲微波功率。

2.3 热效应小功率计

连续波或连续脉冲微波功率的测量，除了最常用的量热式功率计外，还有一些小功率容量的热效应功率计。由于这些功率计的变换器中的热变换元件和器件能承受的功率很小，因此通常用于小功率微波的测量。但在高功率、大功率连续波或连续脉冲微波功率的测量中它们同样得到大量应用，这是因为，在采用通过式或辐射式测量方法时，只要耦合机构使接收系统接收到的功率足够小，达到小功率计的变换器允许的功率范围，就可以用小功率计来进行测量。因此，在不少大功率和高功率微波功率测量中，特别是采用吸收式测量有实际困难时，就往往采用小功率计来指示功率，然后由耦合元件或辐射-接收系统的耦合度（衰减量）经过换算得到系统中的实际大功率，所以我们还是有必要了解这类功率计的基本工作原理。

电阻探测器功率计是最近二三十年发展起来的一种新型微波功率计，由于它的变换器响应时间可达纳秒量级，而且能承受千瓦级以上的脉冲功率，因此更适合用于高功率微波的功率测量，在常规连续波或连续脉冲微波的功率测量中应用较少，所以我们将在第 5 章关于高功率微波功率的其他电磁效应测量中再作介绍，在这里我们将主要介绍几种常规的、在微波测量中应用较多的热效应小功率计。

2.3.1 测热电阻功率计

1. 测热电阻种类

测热电阻又称为热电阻,测辐射热电阻,它是基于金属导体或半导体材料的电阻值随温度的变化而改变这一特性来进行功率测量的,当测热电阻接收微波照射时,它就会因吸收微波能量而温度升高,并引起电阻值的改变,利用电桥测量这种变化,经过标定,就可以得出微波功率的大小。

测热电阻可以分成金属测热电阻、半导体测热电阻和铁氧体测热电阻三类。

(1) 镇流电阻——金属测热电阻。

金属测热电阻又可以称为镇流电阻,大都由纯金属材料制成,目前应用最多的是铂和铜,现在已开始采用钯、镍、锰和铑等材料制造热电阻,其中铂热电阻的测量精度是最高的。热电阻通常需要把电阻信号通过引线传递到计算机控制装置或者其他二次仪表(测量装置)上。

用于测量微波功率的金属测热电阻也可以真空喷涂到云母片上,做成薄膜电阻形式使用。

金属热电阻一般适用于 $-200 \sim 800$ ℃ 范围内的温度测量,功率灵敏度为 $3 \sim 12\Omega/mW$,其特点是测量准确、稳定性好、性能可靠,在工程控制中的应用极其广泛。

(2) 热敏电阻——半导体测热电阻。

热敏电阻一般由半导体材料制作,它的典型特点是对温度十分敏感,电阻温度系数比金属大 $10 \sim 100$ 倍以上,功率灵敏度达到 $50 \sim 100\Omega/mW$,能检测出 10^{-6}℃ 的温度变化。常温下它的电阻值很高(通常在数千欧以上),但互换性较差,非线性严重,测温范围只有 $-50 \sim 300$℃。按照温度系数不同它可分为正温度系数热敏电阻器(PTC)和负温度系数热敏电阻器(NTC)。

微波功率计用热敏电阻,一般为金属氧化物,如 $CuO + Mn_3O_4$、$Mn_3O_4 + NiO$ 等,常常做成小球形或薄膜形,它们属于负温度系数热敏电阻。

(3) 铁氧体测热电阻。

由直流磁场磁化的铁氧体材料在与微波场相互作用时,当铁氧体发生铁磁谐振时将吸收微波能量,这种能量吸收是在一定的频率范围内实现的,频带宽度取决于该类铁氧体铁磁谐振曲线的半功率点宽度。

由于铁氧体测热电阻是与微波磁场相互作用的,所以,它们可以放置在波导或谐振腔的壁上,因为壁上电场为 0 而磁场一般不为 0。

铁氧体测热电阻是一种频率选择性元件,因此,利用铁磁谐振吸收曲线很窄的铁氧体,可能制造出功率按频谱分布的微波功率计,可以通过改变铁氧体磁化场的强度对频谱进行调节。

2. 测热电阻功率计测量方法

(1) 变换器——功率探头。

测热电阻功率计所用的变换器,即吸收微波功率转换成热量,并且经特定电路变换成电信号输出的机构——功率探头,可以是波导型的,更多的是同轴型的,采用的热敏电阻有体电阻型的,也有薄膜电阻型的。图2-6和图2-7给出了一些体电阻型热敏电阻的同轴功率探头和波导功率探头的结构示意图。

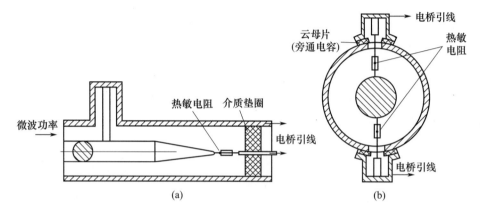

图2-6 电阻型热敏电阻同轴功率探头的两种结构示意图
(a)热敏电阻串接在内导体上;(b)热敏电阻跨接在内、外导体间。

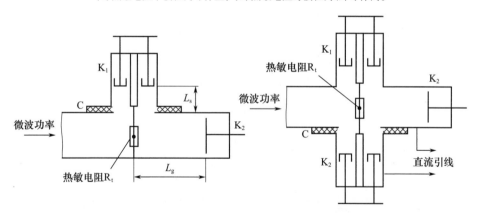

图2-7 电阻型热敏电阻波导功率探头的两种结构示意图
C—隔直流电容;K—可调短路活塞。

(2) 测量电路——电桥。

测热电阻功率计的输出电路都采用电桥,图2-8给出了两种电桥的原理图。

在图2-8中,测热电阻 R_t 在功率探头中的作用是作为微波功率的吸收负载放入波导或同轴线中,如图2-6和图2-7所示。测量时把测热电阻 R_t 两端引线接入电桥,使测热电阻成为电桥的一臂,并选择电桥其余各臂的电阻 R_1、R_2、R_3,以便在没有微波功率的情况下电桥能达到平衡。一般来说,测热电阻应该具有一定的直流电阻值,这可以通过调节可变电阻 R_4 以及调节电桥的供电电流的大小(相当于改变测热电阻的热状态,即电阻值)来实现,从而使电桥达到平衡,即电桥的电流在没有微波功率输入时为0。

当微波功率加到测热电阻上时,测热电阻便会因吸收微波而发热,产生额外的升温,导致其电阻值发生改变,设改变量为 ΔR,这时电桥的平衡被破坏,在电桥对角线上的检流计就会指示出失衡引起的电流大小。在 ΔR 不大,即电桥失衡不大时,失衡电流与 ΔR 的大小,亦即微波功率的大小成线性关系,可表示为

$$P = kI \tag{2.16}$$

式中:P 为微波功率;I 为电桥指示电流;k 是一个比例系数,应该事先经校准确定。对 k 校准后,就可以根据电桥指示的电流值算出微波功率大小。

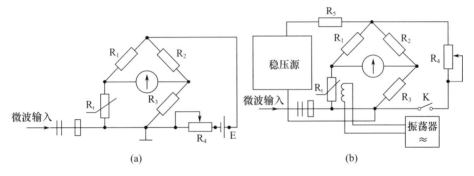

图2-8 测热电阻测量微波功率的电桥电路
(a)电桥原理电路;(b)用直流电压替代法测量功率的电桥原理图。

图2-8(a)是最简单的电桥,在实际使用时,它存在一些不足:比如周围媒质和环境的变化、测热电阻的更换都会影响系数 k,使 k 必须随时进行校准,带来很大不便;另外随着被测功率的改变,作为微波系统负载的测热电阻的阻值也随之改变,使得它与系统匹配程度也就不同,既影响测量精度,也限制了测量的动态范围。因此,总的来说,这种电桥测量的精确度不高。在实际工作中,普遍使用的是替代法电桥电路,所谓替代法,是由微波功率引起的测热电阻的附加发热通过减小测热电阻的直流加热功率来进行补偿,从而使测热电阻的温度在测量过程中保持不变,即电阻值维持不变,直流功率的改变就代表了微波功率的大小,即通过测定替代功率来得到微波功率。

图2-8(b)给出的是一种实用的替代法电桥电路,热敏电阻 R_t 由具有稳定输出电压的直流电源经过串联电阻 R_5 供电,直流电源的内阻远大于电桥电阻。加入微波功率前,开关断开,借助于音频交流电源(图中振荡器)使电桥达到初始平衡,这时由直流电源提供的大小为已知的电流流过热敏电阻。开关闭合后加入微波功率,电桥失去平衡,调节分流电阻 R_4,改变流过热敏电阻的电流,使电桥恢复平衡,由于对热敏电阻供电的电压是稳定的,所以被分流的电流就直接对应微波功率。如果用精密微调电位器作为分流器,则在电位器上就可以直接刻出功率大小。

替代测量法由于测热电阻的温度和阻值保持不变,与微波系统的匹配也可以保持不变,因此测量精确度得到很大提高。在实际应用中,替代法的电桥电路还要更为复杂,以进一步提高测量精度。

3. 微量热计

微量热计是由测热电阻、热电偶和电桥组成,其原理可见图2-9。A和B为两个完全相同的测热电阻座,量热体A用于吸收微波功率和直流校准功率,B为参考量热体。微量热计的工作原理实际上是测热电阻功率计和量热计的结合:它将测热电阻放置在吸收微波能量的量热体中,与测热电阻功率计一样由测热电阻作为热变换器,又采取量热计中工作负载和参考负载双负载工作方式,并由热电耦输出指示微波功率。它既利用量热计高准确度的特点,又利用测热电阻功率计响应时间快、测量方便的优点。

经过采用十分细致的隔热措施后,微量热计往往被作为标准功率计。它的测量不确定度一般可以达到小于0.5%～1%,工作频率可以达到100GHz以上。

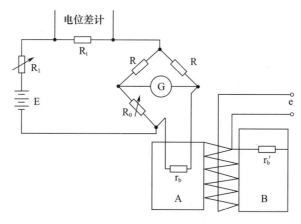

图2-9 微量热计原理图

2.3.2 热电偶功率计

在上一节讨论量热式功率计时,我们就已经接触到了热电偶,在量热式功率计中,实际上都是通过测量热电偶的热电势输出来得到微波功率的大小的,只是在量热式功率计中,热电偶本身只是作为测量装置而不是功率变换器,即不是吸收微波功率的负载,它的热端都是放在真正的热负载里,通过负载吸收微波功率发热再传递给热电偶使之升温,从而与它的冷端之间产生温差电势的,或者说,对热电偶的加热是间接式的。现在我们要介绍一种用热电偶直接作为变换器吸收微波而做成的功率计——热电偶功率计,在这种功率计中,热电偶由微波直接加热。

1. 基本原理

利用热电偶的温差电动势效应,使微波功率直接加热热电偶一端从而产生热电势,该热电势与热电偶吸收的微波功率成正比,从而测量出微波功率。

热电偶测温的基本原理是:当有两种不同的导体或半导体 A 和 B 两端相互连接组成一个回路时,只要两接点处的温度不同,一端温度为 T,称为工作端或热端,另一端温度为 T_0,称为自由端(也称参考端)或冷端,回路中就将产生一个电动势,这种现象称为热电效应,又称为塞贝克效应。两种导体(或半导体)组成的回路称为热电偶,产生的电动势则称为热电动势或温差电动势,该电动势的方向和大小与导体(或半导体)的材料及两接点的温度有关,而与热电偶回路的形状、尺寸无关,当组成热电偶的两电极材料固定后,热电动势便是两接点温度 T 和 T_0 的函数。如果冷端温度 T_0 恒定,则热电偶产生的热电动势就将只随热端(测量端)温度的变化而变化,即一定的热电动势对应着一定的温度。我们只要测量热电动势的大小就可达到测温的目的。

在热电偶回路中接入第三种金属材料时,只要该材料两个接点的温度相同,热电偶所产生的热电动势将保持不变,即不受第三种金属接入回路中的影响。因此,利用这一特性,我们就可以在热电偶回路的冷端,通过引线与测量仪表连接,测得热电动势后,即可知道测量端(热端)的温度。在热电偶测量温度时,要求其冷端的温度保持不变,其热电动势大小才与被测温度成一定的比例关系。若冷端的(环境)温度有变化,将严重影响测量的准确性。在冷端采取一定措施补偿冷端温度变化引起的影响,称为热电偶的冷端补偿。

热电偶测温范围宽,性能比较稳定;测量精度高,热电偶与被测对象直接接触,没有中间介质的影响;热响应时间快,热电偶对温度变化的反应灵敏;测量范围大,从 $-40 \sim +1600\,^\circ\!\mathrm{C}$ 均可连续测温;性能牢靠,机械强度好;使用寿命长,安装方便。

2. 测量方法

(1) 变换器——功率探头。

在微波波段,热电偶功率计一般都采用薄膜型热电偶作为微波负载,它也分为同轴型和波导型两种,平时更多见到的是同轴功率探头。在同轴探头中所用的薄膜型热电偶的结构如图 2 – 10 所示。

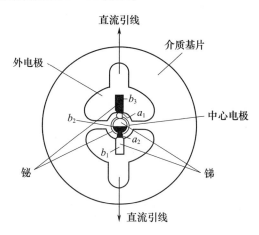

图 2 – 10　同轴功率探头中的热电偶结构示意图

在一片云母片或聚酯类薄膜基片上蒸镀一层作为中心电极的圆形金属膜和在中心电极两边作为外电极的半月形金属膜,在功率探头工作时它们将分别与同轴线的内、外导体紧密接触。在中心电极和每个外电极之间的空隙上各交叉镀敷一个铋、锑薄膜热电偶,如图 2 – 10 中的点 a_1 和 a_2 所示。两个热电偶的一端在中心电极中间连接,如图中的 b_2 点,它们的另一端分别与外电极连接,如 b_1 和 b_3 点。这样,对于热电偶的热电动势输出来说,两个热电偶是以串联的方式输出的;而对于微波输入信号来说,电场方向不论是从中心电极到外电极,还是从外电极到中心电极,两个热电偶都是并联的,如果每个热电偶的内阻为 100Ω,并联的电阻就是 50Ω,与 50Ω 的同轴线正好匹配。在铋、锑薄膜上再敷上一层绝缘介质薄膜,以使热电偶与同轴线内、外导体以电容耦合的方式成为微波信号的吸收负载,而同时保证中心电极、外电极与同轴线内、外导体能良好接触。

在没有微波信号输入时,由于同轴线内、外导体处于同一环境温度中,所以每个热电偶的两端没有温差,也就没有输出电压;当微波信号输入时,热电偶通过电容耦合吸收微波功率,从而使热电偶铋、锑的接点 a_1 和 a_2 温度升高,另外的接点 b_2、b_1、b_3 由于与同轴线内、外导体紧密接触,温度不会升高,因而在 a_1 与 b_2、b_1 之间、a_2 与 b_2、b_3 之间产生温差,引起温差电动势输出。温差电动势的大小就反映出了微波功率的大小,但是热电偶产生的温差电动势是十分小的,所以需要经过低噪声、高增益的放大器放大后才能用微安表指示,经过校准,表盘上就可以直接刻成功率数值。

(2) 功率指示。

热电偶变换器的输出信号是一个直流电压,因此,可以用数字式或指针式的毫、微伏表作为测量指示。被测微波功率与热电偶输出电动势之间的关系可表示为

$$P = KU \tag{2.17}$$

式中:P 为微波功率;U 为热电偶输出电动势;K 为一个比例系数。K 受两方面因素的影响:一是热电偶的变换系数,即单位微波功率转换成多少伏电动势,它是温度的非线性函数,因为当被变换的功率使热电偶发热时,它的散热系数也要改变;另一是变换器的效率,即有多少百分比的微波功率能被热电偶吸收并转换成电动势,这是因为,在变换器中总有一些因素会引起微波功率的损耗或反射,比如,热电偶本身与传输线的不匹配引起的微波功率反射,零件之间的连接缝隙、接头、插座、介质支撑、结构电容和其他一些不均匀性,导致一部分功率未直接加到热电偶上,从而降低了变换器的效率。特别是随着频率的提高,K 的这种非线性会愈加严重。

因此,热电偶功率计必须经过事先校准,给出校准曲线,也有的热电偶功率计会在仪器中设置一个专门的校准器,用来对整个仪器进行自动校准。

热电偶功率计可应用于从米波波段直到毫米波波段的功率测量,能测量从微瓦到毫瓦级的功率,使用衰减器和定向耦合器可以进一步扩大量程范围。

2.3.3 铁氧体功率计

1. 铁氧体的谐振吸收

(1) 铁氧体。

铁氧体在微波工程领域有着广泛的应用,它既是陶瓷材料,又是磁性物质,俗称黑瓷或磁性瓷,外观呈黑褐色,质地坚硬而脆,它的主要原料是 $XO·Fe_2O_3$,其中 X 代表二价金属离子,微波波段使用的铁氧体,X 常为 Ni – Zn、Ni – Mg 或 Mn – Mg 等混合物。

微波铁氧体与陶瓷一样,是很好的绝缘体,它的电阻率很高,大于 $10^6\Omega·cm$,故电损耗极小,相对介电常数为 10~20。铁氧体又是一种铁磁物质,它的相对磁导率可以随外加磁场而变化,而在恒定磁场偏置下,它在各个方向上的磁导率又是不同的,即具有各向异性。正是基于铁氧体的各向异性,当电磁波从不同方向通过铁氧体时,就会引起不同的效应。

(2) 铁氧体中的电磁波。

我们知道,一个直线极化的波可以分解成两个圆极化波,它们旋转方向相反。当这样一个电磁波通过铁氧体时,如果存在外加直流磁场 H_0,则在直流磁场与微波磁场的共同作用下,铁氧体的磁导率对不同旋转方向的圆极化波将不同,如式(2.18)所示。

$$\begin{cases} \mu_r^+ = 1 + \dfrac{\omega_M}{\omega_0 - \omega} \\ \mu_r^- = 1 + \dfrac{\omega_M}{\omega_0 + \omega} \end{cases} \quad (2.18)$$

式中:μ_r^+ 为铁氧体材料对右旋极化波的相对磁导率;μ_r^- 为对左旋极化波的相对磁导率;ω 为微波角频率;$\omega_M = \gamma M_0$ 称为铁氧体的本征角频率,其中 M_0 为铁氧体材料的宏观自旋磁矩;$\omega_0 = \gamma H_0$ 则为铁氧体的自旋电子的进动角频率,其中 H_0 是外加直流磁场,$\gamma = e/mc$ 称为回磁比或旋磁比,e 和 m 分别为电子电荷和质量,c 为光速。

在磁化铁氧体中我们规定,按外加直流磁场 H_0 的方向来判定圆极化波的旋转方向:当用右手握拳,且大拇指指向外加直流磁场方向时,握拳的四指指向如果为逆时针方向且正好与极化波的旋转方向相同,则该圆极化波即为右旋极化波,四指握拳的指向与极化波的旋转方向相反时,则该圆极化波是左旋极化波;当用左手握拳时,大拇指指向外加直流磁场方向,而握拳的四指指向如果为顺时针方向且正好与极化波的旋转方向相同,则该圆极化波就是左旋极化波,四指握拳的指向与极化波的旋转方向相反时,则表示该圆极化波是右旋极化波。

(3) 回磁谐振(回旋谐振)现象。

由式(2.18)可以看出,当微波频率与电子进动频率 ω_0 相等,即 $\omega = \omega_0$ 时,μ_r^+ 趋于无限大,这就是说,ω_0 对 μ_r^+ 来说是一个谐振点,而 μ_r^- 不存在谐振点,这种现象称为铁氧体的回磁(回旋)谐振现象。当铁氧体对电磁波存在实际上的损耗(回旋损耗)时,右旋极化波在谐振点附近对电磁波将产生很大的衰减,反之,左旋极化波由于不存在谐振现象,衰减就很小。由于在波导中同一个位置上,TE_{10} 模场分布的磁场横向分量和纵向分量构成的圆极化波,其极化旋转方向对正向波和反向波刚好相反,因此,铁氧体元件对正向波和反向波的作用也就不同。图2-11给出了在矩形波导中从宽边观察到的 TE_{10} 模磁场的图像,如果在从纸内向纸面方向加有外加直流磁场 H_0,就可以清楚看到,当电磁波从左向右传播(假设对应正向波)时,随着时间的推移(图中从上 $t=0$ 到下 $t=T/2$),在 A 点观察到的微波磁场是逆时针旋转的,表明是右旋极化波;而在 B 点的微波磁场是顺时针旋转的,就应该是为左旋极化波。如果电磁波从右向左传播(对应反向波),则随着时间推移(图中从下 $t=0$ 到上 $t=T/2$),A 点的微波磁场成为了左旋极化波,而 B 点微波磁场成为了右旋极化波,与正向波刚好相反。也就是说,对于正向波,放置在 A 点的铁氧体在回旋谐振时将会对电磁场产生很大损耗,而对反向波不存在回旋谐振,也就不会产生损耗。若铁氧体放置在 B 点,则情况就会相反,对反向波有很大损耗,正向波没有损耗。

回磁谐振微波元件的直流外加磁场应该与微波磁场相垂直,对于传播 TE_{10} 波的矩形波导来说,即外加磁场垂直于波导宽边。

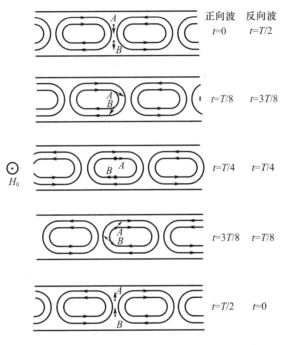

图 2-11 矩形波导中 TE_{10} 模磁场的圆极化波

2. 铁氧体功率计的特点

铁氧体元件具有对高频电磁能量产生谐振吸收的特性,从而使铁氧体元件电阻值在 $\omega \approx \omega_0$ 时因损耗了微波功率引起发热而改变,因此,利用铁氧体元件测量微波功率时,铁氧体变换器与测热电阻变换器类似,测出它的温升,经过事先校准,就可以得到待测微波功率。在实际工作中,常常使用热电偶或热敏电阻来测量铁氧体元件的温度。

铁氧体功率计的特点:

(1) 通过改变外加磁化场,可以在很大范围内调节铁氧体温度变化的灵敏度和改变谐振吸收频率。

（2）铁氧体电阻的电强度高，因而抗过载能力强，参量长期稳定，可用于大功率测量。

（3）铁氧体的谐振吸收具有频率选择性，因而抗干扰能力强，而且还可以做成按频谱分布的功率计。

（4）铁氧体元件对正向波和反向波具有不同的作用，也就有了方向性，因此可以分别测量入射波功率与反射波功率。

2.4 非热效应功率计

在通过式和辐射式微波功率测量中，对于从波导中或辐射场中被耦合出来的小功率的计量，除了常用的热效应小功率计外，一些非热效应的小功率计也是常用的测量仪器，特别是检波功率计应用更为广泛。

2.4.1 检波小功率计

在微波测量中，晶体检波器除了经常用来显示微波波形，特别是微波的脉冲包络波形、脉冲宽度、重复频率等外，它也是最常用到的一种功率探头，经常被用作信号电平的指示器，不仅可以指示微波功率的存在与否，指示功率的相对大小，经过必要的校准，还可以直接指示出微波功率的大小。在常规的微波功率测量中，它可以作成测量超小功率的功率计，在短脉冲高功率微波的功率测量中，它更是被普遍用来指示接收到的辐射功率的大小，从而推算出微波系统的总功率。

1. 晶体检波器

（1）检波二极管的特性。

晶体二极管，通常被称为半导体二极管，由于它具有检波特性，因此又被直接称为检波二极管。检波二极管的结构涉及半导体材料相关知识，在很多资料中都可以查到，所以在这里不作介绍。

半导体检波二极管具有单向导电特性，其伏安特性如图2-12所示，显然它是非线性的，该伏安特性可以表示为

$$I = I_s(e^{\alpha V} - 1) \tag{2.19}$$

其中：

$$\alpha = \frac{e}{nkT} \tag{2.20}$$

式中：I_s为二极管反向电流饱和值；V为二极管两端的电压；k为玻耳兹曼常数；T为绝对温度；e为电子电荷；n为斜率参数，它取决于二极管的制造工艺，一般在1~2之间。

由图 2-12 可见,二极管的正向电流经转折后迅速增加,可以很大,而反向电流则趋于很小的饱和值 I_s,而且当反向电压达到一定值 V_B 时,反向电流突然增大,表明二极管已被击穿。这种伏安特性表示半导体二极管具有变电阻特性,在正向电压下,其电阻很小,允许流过大电流,而在反向电压下,它的电阻很大,因而反向电流很小。

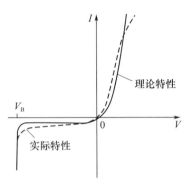

图 2-12 检波二极管伏安特性

(2) 检波二极管的检波原理。

当一微波信号加到二极管上时,在管子上产生的电压为

$$V(t) = V_0 + V\sin\omega t \tag{2.21}$$

式中:V_0 为二极管的直流偏压,即二极管的工作点的电压;V 为微波信号的幅值。在该电压下,检波后得到的检波电流为

$$I(t) = f(V_0 + V\sin\omega t) \tag{2.22}$$

将该式在 V_0 点展开为泰勒级数

$$\begin{aligned} I(t) &= f(V_0) + f'(V_0)V\sin\omega t + \frac{1}{2}f''(V_0)(V\sin\omega t)^2 + \cdots \\ &= \left[f(V_0) + \frac{1}{4}f''(V_0)V^2 + \cdots\right] + \left[f'(V_0)V\sin\omega t - \frac{1}{4}f''(V_0)V^2\cos2\omega t + \cdots\right] \end{aligned} \tag{2.23}$$

在小信号假设下,略去二次以上的更高次的项,同时,滤去所有高频交变电流,这样,我们得到的检波电流就是

$$I(t) \approx f(V_0) + \frac{1}{4}f''(V_0)V^2 \tag{2.24}$$

式中:$f(V_0)$ 为直流偏压对检波电流的贡献,而微波信号电压所产生的检波电流为

$$I_0 \approx \frac{1}{4}f''(V_0)V^2 \propto V^2 \propto E^2 \tag{2.25}$$

由此可见,检波电流正比于微波信号电场幅值 E 的平方,这就是说,在小信号时检波器呈现出平方律检波的特性。

对检波二极管的伏安特性的实测表明,在检波电流小于微安量级时,符合平方律检波,检波电流大于微安量级后,平方律就不再成立,这时检波电流与微波信号电场幅值的关系可表示为

$$I_0 = kE^\alpha \quad (\alpha \leq 2) \tag{2.26}$$

式中:k 为一常数;指数 α 应由实验确定,而且 α 不是常数,它对不同的检波二极管,在不同的检波电流时都是不同的。

2. 检波器的工作方式

(1) 晶体检波头——功率探头。

为了将检波二极管接入微波系统,并尽可能做到宽频带匹配应用,往往还需做成一类专门的波导元件——晶体检波头,即我们所说的功率探头,亦经常直接称为晶体检波器。图 2-13 分别给出了波导型、同轴型晶体检波头的结构。

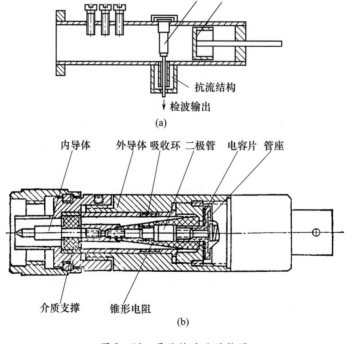

图 2-13 晶体检波头结构图
(a)波导型;(b)同轴型。

图 2-13(a)是一种具有可调短路活塞的波导型晶体检波头,调节短路活塞和在输入端的三螺钉调配器,可使检波器与高频电路达到宽带匹配,也就是可使检波器的输出检波电流达到最大。检波二极管应跨接在矩形波导宽边中心,以使其正好处于 TE_{10} 波的电场最大值位置。检波电流的引出端设置有抗流结构以阻止微波功率的泄漏,同时起高频旁路电容的作用,以防止检波电流中高频分量进入直流或低频电路,影响指示仪表的正确指示。

图 2-13(b)则是一种宽带同轴型晶体检波头。为了防止微波的泄漏,在同轴线外导体的内壁加羰基铁吸收环,同时在内外导体之间并联一锥形吸收电阻。二极管串接在同轴线内导体上,在固定二极管的管座与同轴线外导体之间夹一层介质薄膜,形成高频旁路电容。

(2) 检波器的检波方式。

当晶体检波器的输入微波是等幅的连续波时,由于检波二极管的非线性特性,微波振荡的正半周检波器将有输出,而负半周则没有输出。这样一来,检波电流就不再是简谐振荡,它可以分解成直流分量和各次高频谐波分量,由于检波器引出装置的高频旁路电容具有的高通滤波作用,从检波器输出的就只有直流分量 I_0,可以直接用直流仪表指示 I_0 的大小,这一检波过程如图 2-14(a)所示。

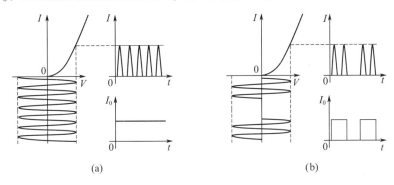

图 2-14 检波器工作方式
(a)等幅连续波微波信号检波;(b)方波脉冲调制微波信号检波。

如果输入到晶体检波器上的是经调制的微波信号,这时的检波过程如图 2-14(b)所示,检波电流中除了直流和高频分量以外,还有调制波,即信号包络波形。我们从检波器需要获得的输出是信号包络而不是其直流分量,因此这时可通过隔直电容去掉直流分量,高频旁路电容滤掉高频分量,而将低频调制信号输出,经专用的测量放大器——选频放大器放大后由示波器进行指示,或者直接输入示波器显示。

在图 2-14 的(a)、(b)中,左边下半部显示的都是加到检波器上的微波信号波形,其中(a)图左下图为等幅连续波微波信号,(b)图左下图则为方波脉冲调制微波信号,左边上半部还同时给出了检波器的伏安特性曲线;右上图是检波后的信号波形,右下图则是检波器实际输出的信号波形。可以看到,在等幅连续波输入时,经高频旁路电容滤掉高频分量后最后输出的是直流波形(图2-14(a)右下图),而在方波调制信号输入时,经高频旁路电容滤掉高频分量和隔直电容隔断直流分量后,最终输出的是脉冲包络波形(图2-14(b)右下图)。

(3) 指示器。

一般情况下,对于等幅连续波输入信号,检波输出信号可以采用微安表或检流计显示检波器的输出,当然也可以用示波器指示,达到微安量级的 I_0 可用直流微安表指示,小于微安级的 I_0 则可用光点检流计指示,I_0 转换成电压后则在示波器上显示大小。对于调制波输入信号,检波输出信号可以利用选频放大器放大后用示波器指示。不论是等幅连续波信号还是脉冲调制波信号,现在更多地都是直接采用示波器来作为检波器输出指示,因为在示波器上,经过对示波器的校准,不仅可以读出输出信号的幅值,而且同时也显示出了输出信号波形包括直流信号波形或者脉冲包络波形,以及脉冲微波的脉宽、周期和重复频率。

3. 检波小功率计

(1) 检波二极管小功率计。

晶体检波器检波效率高、灵敏度高、响应时间短、使用方便,但作为功率计应用时,存在校准比较困难,而且不够稳定,必须经常、反复进行重新校准的问题。

在信号电平较低的平方律检波区,二极管的检波输出电压与输入功率成正比,因而能直接测量功率。微波功率在 -20dBm 以上时,二极管的输出特性过渡到线性区,平方关系不再成立。现代晶体二极管小功率计采用扩展二极管功率传感器来扩展二极管的平方律检波区范围,其通用的方法是使用校准补偿,即利用连续波功率源对二极管的输出特性进行校准,就可补偿过渡区(大约为 $-20 \sim 0$dBm)和线性区(0dBm 以上)对平方律的偏移,因而用这样一个传感器就能精确测量 $-70 \sim +20$dBm 的幅度恒定的连续波功率,对于非连续波和非恒定幅度信号,应用这种传感器技术则会在一定程度上影响测量精度。

由此可见,在作为功率计使用时,要对检波二极管的检波灵敏度进行校准,即加到检波管上的已知的微波功率与示波器上显示的检波管输出电压之间的关系进行定标。由于检波灵敏度不仅在输入功率改变时会不同,而且还会随微波频率的变化而变化,因此,标定时所采用的标准信号源,其频率、调制参数等应该与以后待测的微波源输出信号一致。改变标准信号源的输出功率,在以后加到二极管上的待测微波信号估计的功率范围内逐点测出检波器输出电压,从而得到灵敏度曲线。这种标定在每次测量前、每次更换检波管后都要重新进行。

面接触低势垒肖特基二极管具有良好的平方律特性,更适合用于检波小功率计。

为了抑制高次谐波的影响,目前二极管式功率计均采用对偶二极管结构,这种结构可以有效抑制二次及更高次的偶次谐波,为了获得更好的线性度和更宽的功率测量范围,最新的二极管功率计还采用了二极管级联、动态通道切换和自动修正技术。

(2) 检波二极管小功率计与热电偶小功率计比较。

① 热电偶功率计的动态范围只有50dB,而采用校准补偿的二极管功率计,动态范围一般可以大于80dB。

② 热电偶对输入功率变化的响应比较慢,二极管则响应快。

③ 热电偶承受脉冲功率高,其最大承受功率为连续波300mW,脉冲每微秒30W,而二极管承受的功率较低,其最大承受功率为连续脉冲200mW,一旦测试信号出现超过其最大承受功率的尖峰,就会损毁二极管。

2.4.2 霍耳效应功率计

1. 霍耳效应

(1) 工作原理。

霍耳效应是电磁效应的一种,这一现象是美国物理学家霍耳(A. H. Hall,1855—1938)于1879年在研究金属的导电机制时发现的。对通有电流的导体加上磁场,当电流垂直于外磁场时,载流子发生偏转,在垂直于电流和磁场的方向上会产生一附加电场,从而在导体的两端产生电势差,这一现象就是霍耳效应,这个电势差也被称为霍耳电动势。

一般采用载流子迁移率比较高、在微波频率上电磁场也能明显透入的材料作为霍耳片,这样的材料如半导体材料锗、锑化铟等,它们能够在宽频带内测量微波功率。

如图2-15所示,电流I_s通过N型半导体或P型半导体霍耳元件,磁场B的方向与电流I_s方向垂直,且磁场方向由内向外,对于N型半导体及P型半导体,分别产生如图2-15(a)和(b)所示的方向相反的霍耳电场E_h。霍耳电场的方向可使用左手定则判断,对N型半导体来说,判断时磁场穿过左手掌心,四指指向电流方向,则大拇指即指向霍耳电场方向;P型半导体的霍耳电场方向则与大拇指指向相反(或用右手判断),据此,可以判断霍耳元件的属性——N型或P型。

在不同类型的半导体上加上与电流方向垂直的磁场,会使得半导体中的电子与空穴受到不同方向的洛伦兹力而在不同方向上聚集,在聚集起来的电子与

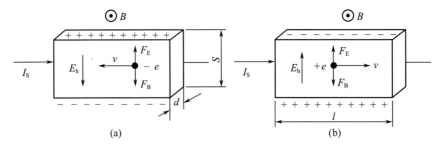

图 2-15 半导体的霍耳效应
(a)N 型半导体；(b)P 型半导体。

空穴之间会产生电场。该电场力(F_E)与洛伦兹力(F_B)产生平衡之后,电子与空穴不再聚集,此时电场将会使后来的电子和空穴受到的电场力作用正好平衡掉磁场对其产生的洛伦兹力作用,使得后来的电子和空穴能顺利通过而不会偏移,这个现象就是霍耳效应的物理本质。

(2) 霍耳电动势。

霍耳电动势 E_h 可以表示为

$$E_h = \frac{R_h I_s B}{d} \tag{2.27}$$

式中:R_h 为霍耳常数;B 为磁感应强度;I_s 为加在霍耳元件上的电流;d 为霍耳元件在磁场方向的厚度。

霍耳电动势与微波功率的关系如下。

测量微波功率时,霍耳元件应当这样放置:使电磁波的高频电场在霍耳元件中建立起与电场相同方向的电流,而高频磁场则在与电场相垂直的方向上通过霍耳元件,对于霍耳片来说,一般情况下即垂直于霍耳片的表面。

当电磁场的磁场分量 H 作用在霍耳元件中的载流子上的力与霍耳电场作用在载流子上的力相等时,便达到平衡状态。这时

$$eE_h = evB = e\mu vH = e\mu uEH \tag{2.28}$$

式中

$$v = uE \tag{2.29}$$

v 为载流子运动速度(m/s);u 为载流子迁移率($m^2/(V \cdot s)$);μ 为介质磁导率(H/m);E、H 是电磁场的电场、磁场分量(V/m、A/m)。

式(2.28)也可以写为

$$eE_h = e\mu up$$
$$E_h = \mu up \tag{2.30}$$

式中:p 为坡印廷矢量。在一个周期内,坡印廷矢量的平均值为

$$p = \frac{1}{2}E_m H_m \qquad (2.31)$$

式中:E_m、H_m 为场的幅值。

由此可见,在电磁场中给定点上的能流密度和置于该点的半导体元件上的霍耳电动势之间存在着完全确定的关系,而与能量是在什么传输线中传播,是自由空间或是波导无关。霍耳电动势与电磁场坡印廷矢量成正比,因而可以用于功率的量度。在理想传输线中任意点上的乘积 $E_m H_m$ 不变,因此只要霍耳元件不破坏电磁场原来的结构,就不会影响传输线上的驻波,霍耳元件也就可以安放在离负载任意距离的位置。如果微波功率源输出的是调制波功率或是脉冲功率,则霍耳电动势也将是调制电动势或是脉冲电动势,但是,在任何情况下,电动势在一个周期内的平均值将与平均功率成正比。

2. 霍耳效应功率计

(1) 功率探头。

图 2-16 给出了在霍耳效应功率计中的波导型功率探头和同轴型功率探头中霍耳片放置位置的示意图。

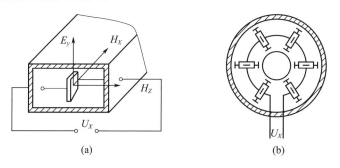

图 2-16 霍耳效应功率计功率探头中霍耳片的放置
(a)波导型;(b)同轴型。

测量时,电磁波的电场在元件内产生电流,磁场则与元件表面垂直,若电流与磁场之间的相位差等于接入传输线的负载上的相位差,则霍耳电势的平均值就与传输线上传输的有功功率成正比。

(2) 特点。

① 应用霍耳效应功率计时,沿波导传输的最大允许功率取决于霍耳元件最大容许工作温度、散热条件及元件尺寸,比如对于 3cm 波段,当放在矩形波导中心的霍耳片尺寸为 $(4 \times 0.15 \times 2)\text{mm}^3$ 时,在 100℃ 工作温度下,能承受的最大连续波微波功率为 12W,或者说,在占空系数为千分之一时,能承受的最大脉冲功率为 12kW。

将霍耳元件放置到靠近波导的一个窄边,能提高功率计测量时的功率上限。

② 霍耳电动势取决于有功功率,因此与传输线上阻抗大小及霍耳元件相对于驻波波形的位置无关,即对传输线失配不受影响。

③ 霍耳效应几乎无惯性,因此既可以测量连续波微波功率,也可以测量连续脉冲功率和单次脉冲功率,频率范围可达到几十吉赫,这就表明,它完全可用于高功率微波纳秒级极短脉冲的功率测量。

④ 灵敏度低($1\sim 10\mu V/W$),精度低,与温度有强烈依赖关系,必须进行温度补偿,这些是霍耳效应功率计的缺点。霍耳电动势与温度有强烈的依赖关系,这是因为组成霍耳元件的半导体材料中载流子迁移率是随温度变化而变化的,因此,如果没有温度补偿电路或温度稳定电路就不能应用霍耳元件,否则将对功率测量产生显著误差。

2.4.3 电磁波压力效应功率计

1. 工作原理

远在1873年,麦克斯韦尔就预言了电磁波对反射表面有压力,1900年,俄罗斯科学家列别捷夫首次用实验证实了电磁波压力的存在。

利用电磁场对传输线侧壁或处于传输线内的反射元件的机械(有质)作用效应,即压力效应做成的功率计就称为电磁波压力效应功率计,简称压力效应功率计,也可以称为有质功率计。

(1) 自由空间的电磁波压力。

① 受力面线尺寸远大于电磁波波长。

在这种情况下,电磁波照射到受力面上时,产生的边缘衍射效应可以忽略不计,我们称为短波极限情况。这时,由垂直入射到理想导体平面上的电磁场产生的压力为

$$F = \frac{1}{2}\mu_0 H_x^2 S_e \tag{2.32}$$

式中:H_x为受力表面横向磁场强度瞬时值;S_e为有效受力面积。

由于

$$P_{in} = \eta_0 H_{xm}^2 S_e = p_{in} S_e \tag{2.33}$$

其中:P_{in}为入射微波功率;p_{in}为入射电磁波功率的面密度;η_0为反射平面前面空间的波阻抗,对于自由空间,有

$$\eta_0 = \sqrt{\frac{\mu_0}{\varepsilon_0}} \tag{2.34}$$

全反射时,反射系数$\Gamma = 1$,$H_x = 2H_{xm}$,H_{xm}为入射波磁场幅值。由式(2.32)便

得到

$$F = 2\frac{P_{in}}{c} = 2\frac{p_{in}S_e}{c} \quad (2.35)$$

式中:$c = 1/\sqrt{\mu_0\varepsilon_0}$ 为自由空间中的光速。

如果不是理想反射,则 $\Gamma \neq 1$ 时,在这种情况下

$$F = \frac{P_{in}(1+|\Gamma|^2)}{c} = \frac{p_{in}S_e(1+|\Gamma|^2)}{c} \quad (2.36)$$

当 $P_{in} = 1W$ 时,它所产生的压力 F 约为 $0.677 \times 10^{-8} N$。要检测这样微小的力,就必须使用高灵敏度的指示器,比如扭秤、压力传感器等。

如果受力面是一个半径为 r 的圆形平面,则在式(2.35)、式(2.36)中,

$$S_e = \pi r^2 \quad (2.37)$$

② 受力面线尺寸小于或约等于电磁波波长。

在这种情况下,电磁波照射到受力面上时的边缘衍射效应就必须考虑,有效辐射压力式(2.35)或式(2.36)应修正为

$$F_e = FK_d \quad (2.38)$$

式中:F 为不考虑边缘效应时的压力;K_d 为考虑边缘效应后的修正系数,对于半径为 r 的圆形全反射平面,有

$$K_d = \frac{64r}{3\lambda} \quad (2.39)$$

λ 为入射波波长。

(2) 波导中传输的电磁波对传输方向上的反射面的压力。

利用波导时,我们只要知道传输的微波的功率流,就可以精确计算出横向放置在波导内的反射片上的波压,因为在波导内可以不考虑自由空间电磁波的绕射问题,而且反射表面尺寸可以仅受波导限制。

在波导内,微波功率流可表示为

$$P_{in} = \eta \int_S (H)^2 dS \quad (2.40)$$

式中:η 为波导中已知波型的波阻抗。

假定微波源与波导匹配,则可以认为,当用理想反射片短路波导时,P_{in} 不会改变,而这时,在反射面上,磁场的横向分量加倍,电场分量则变为零。作用在反射面上的压力根据式(2.35)为

$$F = 2\mu_0 \int_S (H)^2 dS \quad (2.41)$$

对于波导中的 TE 波,有

$$\eta = \eta_0 \frac{\lambda_g}{\lambda}$$

$$F = \frac{2P_{in}}{c} \frac{\lambda}{\lambda_g} \quad (2.42)$$

而对于 TM 波,则有

$$\eta = \eta_0 \frac{\lambda}{\lambda_g}$$

$$F = \frac{2P_{in}}{c} \frac{\lambda_g}{\lambda} \quad (2.43)$$

式中:λ 为微波在自由空间的波长;λ_g 为波导波长。

在上述理想情况下,因为反射面已将整个波导短路,所以式(2.40)、式(2.41)中的 S 应是整个波导截面。当然这是一种假设的理想情况,实际上,波导中存在理想反射片短路时,将形成全反射,就不可能做到与微波源匹配。

(3) 波导中传输的电磁波对波导侧壁的压力。

根据波导的部分波概念,波导中的 TE 波可以认为是由 TEM 平面波以一定角度向波导窄边入射,并在波导侧壁(窄边)之间来回反射,由于波的干涉而形成的特有场结构,而平面波入射到侧壁的角度与波的频率及波导尺寸有关。由此我们就显然能想到,TE 波对波导侧壁也会产生压力,而且该波压同样与波的频率和波导尺寸相关。比如,随着频率的提高,平面波的入射角趋于 $\pi/2$,电磁波将沿波导纵向入射,对波导侧壁的波压也就降低到 0。

可以证明,在一个微波周期内波导侧壁单位表面积上所承受的平均压力为

$$F = \frac{P_{in}}{c} \left(\frac{\lambda}{\lambda_c} \right)^2 \frac{\lambda_g}{\lambda} \frac{1}{ab} \quad (2.44)$$

式中:λ_c 为截止波长。

此压力在侧壁的高度方向上均匀,恒定不变。由式(2.44)不难看出,当入射功率 P_{in} 不变时,波导侧壁上的压力与微波频率有关,随着频率降低,越接近截止频率,$(\lambda/\lambda_c)^2$ 项越接近 1,而 λ_g/λ 项增大,因此压力就越大。或者说,频率越低,平面波的入射角越小,也就是平面波越接近垂直波导窄边入射,当然波对侧壁的压力也就越大。反之,随着频率的提高,$(\lambda/\lambda_c)^2$ 项越来越小直到趋近于 0,而 λ_g/λ 项趋近于 1,因此压力 F 也就趋近于 0。

2. 电磁波压力效应功率计

(1) 压力传感器功率计。

如果采用金属弹性薄板代替波导的一部分侧壁(窄边),则弹性薄板在波压

的作用下将发生弯曲,根据其弯曲程度便可以测量出电磁波的功率。压电元件或电容元件可以作为压力指示器,如果这些压力传感器的时间常数足够小,那么这种压力效应功率计也就可以测量脉冲功率。

苏联科学家曾经报道过用上述方法测量微波功率的结果。他们采用的是石英压电传感器,并在石英片的一个表面进行金属化,把它作为波导窄边的一部分。在包含有这样的压电石英晶体的波导中,当输入的脉冲功率为300kW以及 $f/f_c = 1.5$ 时,石英压电传感器输出电压为 $150\mu V$。

应当特别指出的是,压电晶体薄片的时间常数十分小,所以能够测量宽度小于 $2\mu s$ 的脉冲功率。采用石英压电传感器的功率计能测量的功率下限为脉冲功率 $40\sim50kW$,平均功率 $40\sim50W$。当采用酒石酸钾钠双晶态元件时,功率测量的下限可扩展到1W甚至几分之一瓦。被测功率的上限实际上由波导自身的电击穿强度所限制。

(2) 扭秤式功率计。

① 空间扭秤式功率计。

微波辐射产生的压力非常小,其大小在 $10^{-8}N$ 量级,因而必须选用能测量微小压力的装置来进行测量,从测量的灵敏度、精确性和方便性来考虑,扭秤式测力装置是比较好的一种选择。

如图2-17所示,悬丝的一端被固定,另一端则连接一横杆,横杆的一端固定一金属反射薄圆片作为受力面,圆片应放置成竖直方向,即与悬丝平行,横杆的另一端放置一平衡物体以与反射面平衡,使横杆能保持水平。在悬丝的适当位置固定一反射镜,镜面最好与反射面互相垂直。一束激光由激光源垂直射向镜面,当镜面在平衡状态时,激光束将被反射回出发点,如果悬丝发生了扭转,则镜面跟随扭转,反射的激光束就会偏离出发点一定角度,在标尺上就可以读出偏

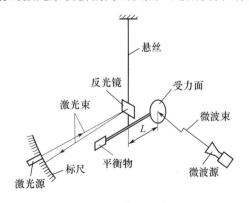

图2-17 空间扭秤式有质功率计结构示意图

离大小。微波源产生的微波功率经辐射喇叭垂直射向受力面,受力面在电磁波压力下发生以悬丝为轴的转动,当悬丝的扭转力矩与受力面的转动力矩相等时,受力面将停止转动。对于连续波来说,受力面转动一定角度后会保持该位置不动,而对于脉冲波来说,则受力面转动到某个最大角度后会随着脉冲的结束而返回。

上述扭摆的运动方程可表示为

$$N(t) = I\frac{\mathrm{d}^2\varphi}{\mathrm{d}t^2} + b\frac{\mathrm{d}\varphi}{\mathrm{d}t} + C\varphi \qquad (2.45)$$

式中:φ 为扭转角;I 为系统的转动惯量;b 为系统的阻尼系数;C 为扭转弹性模量;t 为时间;$N(t)$ 为力矩。对于脉冲波,$N(t)$ 的表达式可写为

$$N(t) = F(t)L = \begin{cases} N_0 & (t=0) \\ 0 & (t>0) \end{cases} \qquad (2.46)$$

L 为力臂,即受力面中心到悬丝的垂直距离。而对于连续波,在式(2.46)中不论 $t=0$ 还是 $t>0$,都等于 N_0,不再会有等于 0 的情况。由此可求得脉冲响应的最大扭转角

$$\varphi_\mathrm{m} = \frac{N_0}{\sqrt{CI}} \qquad (2.47)$$

对于圆形截面的悬丝,有

$$C = \frac{\pi d^4 G}{32l} \qquad (2.48)$$

式中:G 为材料的剪切弹性模量;d 为悬丝的直径;l 为其长度。将式(2.48)代入式(2.47),则

$$\varphi_\mathrm{m} = \frac{4N_0}{d^2}\sqrt{\frac{2l}{\pi GI}} \qquad (2.49)$$

根据系统的 C、I 大小,在测量得到 φ_m 后,就可以求出 N_0,并由式(2.46)求得 F,再由式(2.35)算出功率大小。

因为电磁波对受力面的压力并不加在系统的质心,因此在受力面转动的同时还会伴随悬丝的摆动,相当于一个单摆,尽管摆动幅度要比转动幅度小得多,但这个在竖直平面内的摆动对测量精度还是不利的。我们让反射镜与受力面互相垂直放置,这样悬丝的前后横向摆动并不影响镜平面到标尺的距离,也就不会影响受力面转动角度的测量,从而大大减小了横向摆动带来的测量精度降低。

清华大学曾经利用上述方法对家用微波炉的磁控管进行过实验测试,磁控管的输出功率为 700W,使微波辐射喇叭的辐射主瓣轴线方向对准扭秤反射面(即受力面),扭秤反射面距微波辐射喇叭口 0.8m,由半导体激光器产生的激光束照在扭秤的反射镜上,激光光点在镜面反射后打在观测屏的标尺上,扭秤反射

镜距观测屏 2.8m,扭秤的参数如下。

悬丝直径 d:0.1mm。
悬丝长度 l:130mm。
反射面面积,即受力面积 S_e:600mm²。
受力面与悬丝之间的横向距离 L:25mm。
悬挂系统质量:1.5g。
悬挂系统转动惯量 I:1.5g·cm²。
扭摆周期 T:5s。
摆动周期:0.7s。
10W/cm²、0.1s 作用下最大扭转角:0.5°。

由扭秤的扭转周期反推出扭转弹性模量 C:

$$\omega = \sqrt{\frac{C}{I}} = \frac{2\pi}{T} \\ C = \frac{4\pi^2 I}{T^2} \tag{2.50}$$

理论计算得到的数据是:受力面上的功率密度为7W/cm²,相应的辐射压力为 $7 \times 0.667 \times 10^{-8}$ N,最大扭转角为 $\varphi_m = 0.03$ rad,光点的最大位移值应该为 $r_m = R\theta_m = 8.4$ cm。实验测量结果是:进行4次实验,在观测屏上观察到 10~12cm 的最大摆幅,平均为 10±1cm。实验与计算值的误差来源主要是因为实验没有在微波暗室中进行,杂散反射比较大,另外微波的衍射误差也是一个原因。但实验值与计算值在数量上的一致,证明该测量方法是可行的,作为一个估算,在脉冲峰值功率 1GW(峰值功率密度约为 5MW/m²)、脉冲持续时间 100ns 时,上述扭秤可以取得 1~2°的最大角摆幅,因而,扭秤系统是完全能够适用高功率窄脉冲微波的功率测量的。

② 波导扭秤式功率计。

如果要在波导中利用扭秤式压力功率计进行功率测量,则在实际测量中,由于我们不可能做到使反射元件达到理想反射,即让反射元件占据波导整个内部空间,因为这样一来,微波功率发生器就会工作在负载短路的状态下,影响微波源的输出,甚至损坏微波源,因此波导压力效应功率计必须考虑到能让大部分微波功率通过波导,其终端接有匹配负载或者真实负载。

放置在波导中的扭秤式功率计结构示意图如图 2-18 所示。受力薄板 4 用弹性石英丝 3(直径 10μm)悬置在一段矩形波导 2 中,沿波导传播的电磁波对薄板产生压力,使薄板扭转一定的角度,它的大小由被平面镜反射的光束在标尺上指示。对于给定的薄板、波导和微波波长,受力薄板绕转角度由电磁波功率和悬丝的扭转力矩决定。电感膜片 5 用以补偿薄板引入的容性分流电导。

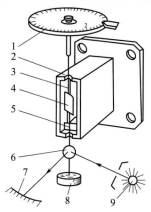

图 2-18　波导扭秤式有质功率计结构示意图
1—校准圆盘;2—波导;3—悬丝(石英丝);4—受力薄板(反射面);
5—电感膜片;6—平面镜;7—标尺;8—减振器;9—光源。

电磁波功率与石英丝扭转角度的关系可表示为

$$P = \frac{M\Delta\varphi}{\xi} \tag{2.51}$$

式中:P 为电磁波功率;M 为悬丝的单位扭力矩;$\Delta\varphi$ 为悬丝的扭转角度;ξ 为悬丝转矩与电磁波功率之间的比例关系。

若 M 和 ξ 已知,则功率就可以根据 $\Delta\varphi$ 的大小来确定,一般来说,M 和 ξ 是用实验方法确定的。

受力薄板是容性电纳,因此,为了补偿受力薄板对波导造成的不均匀性,应当在固定受力薄板和反射镜的悬丝(在实际仪器中,这一段悬丝可能用一段圆杆替代)两侧加两个相距不远的对称感性膜片。受力薄板平面应与波导横截面成 45°夹角放置,这样,可使受力薄板承受的转矩具有最大值。

仪器的校准在于确定功率和力矩之间的依赖关系(电学校准)以及确定悬丝的单位扭力矩(力学校准),经校准的仪器便可用于绝对测量。

(3) 电磁波压力效应功率计的特点。

与量热式功率计和测热电阻功率计相比,电磁波压力效应功率计具有下列优点:

① 有可能成为一种绝对测量方法,即可能将电量(功率)的测量归结为质量、长度和时间的测量,因而可以用作标准仪器。

② 有可能制造成直接测量功率的直读式仪器,精度可以达到 ±2%,测量小功率(<20W)时精度会有一定降低。

③ 不需要消耗功率,这一点在测量大功率和高功率时尤为重要。

④ 过载能力强,仪器在测量远超过额定功率范围的被测功率时并不会损坏,可测量连续波数百千瓦量级甚至更高的微波功率。

⑤ 可以测量脉冲功率,脉冲功率可以达到吉瓦量级以上。

⑥ 受力薄板的时间常数足够小,能够测量脉宽小于 $2\mu s$ 的脉冲功率,甚至可以对单次脉冲进行测量。

⑦ 电磁波压力效应功率计测量功率的上限实际上仅受波导击穿强度的限制,下限则受限于外界振动,一般约为 0.1W。改善装置的防振措施,测量下限将扩展到 100~10mW。

电磁波压力效应功率计的不足是:测量小功率(<1W)时比较麻烦,传输系统必须仔细进行匹配;由于对功率计的传输线段提出了高的匹配要求,因而对机械结构的加工精度必须严格控制;压力效应功率计对外界振动十分敏感,可靠性低;另外,它的测量结果与频率有关,需要使用频率校准曲线,带来使用上的不便。但这些缺点大都不是决定性的,可以在设计和制造时予以减轻或消除。但是,由于受到很多实际因素的限制,比如测量装置对外界干扰太敏感,测量的可靠性、重复性难以保证,装置的调试、匹配、稳定等相当困难,对测试环境的要求十分高,这些都使得压力效应功率计的应用受到很大限制。

2.4.4 其他电磁效应功率计

上面介绍的霍耳效应功率计和电磁波压力效应功率计都是微波的电磁效应的一种,微波电磁效应还有很多,虽然各种电磁效应原则上都可以用来测量微波功率,但测量的可靠性、稳定性都不够满意,因而实际上很少得到应用,我们只是介绍一下它们的基本概念,不做详细讨论。

1. 磁阻传感器(Magnetoresistive Sensor)功率测量——磁阻效应

(1) 磁阻效应原理。

通以电流的某些金属或半导体的电阻值随外加磁场的大小或者方向的变化而变化的现象称为磁阻效应或高斯效应,其输出信号将正比于电磁场的电场分量与磁场分量乘积的有功分量,这一点与霍耳效应相同,所以统称为磁电效应(Galvanomagnetic Effect)。同霍耳效应一样,磁阻效应的机理也是由于载流子在磁场中受到洛伦兹力发生偏转,在两端产生积聚电荷并形成霍耳电场而产生的。如果某一速度的载流子所受到的霍耳电场力与洛伦兹力刚好相等,那么比该速度慢的载流子将向霍耳电场力方向偏转,比该速度快的载流子则向洛伦兹力方向偏转,这种偏转导致载流子的运动呈弧形轨迹,漂移路径增加,迁移率下降,电阻增大,或者说,沿外加电场方向运动的载流子数减少,从而使电阻增加,这就是磁阻效应。如图 2-19 所示,图中 B 为外加磁场,I 为电流,a、b 两端产生霍耳电动势,材料的电阻随 B 的变化而改变,当将 a、b 两点短路时,则磁阻效应更明显。

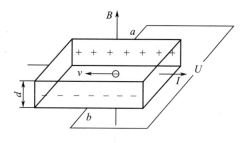

图 2-19 磁阻效应原理

能产生磁阻效应的电磁物质可以是半导体材料如锗、PIN(P^+-I-N^+ 型)半导体、锑化铟等,也可以是金属铁磁体薄膜,如镍-钴合金。其中最典型的锑化铟(InSb)传感器是一种价格低廉、灵敏度高的磁阻器件,有着十分重要的应用价值。

(2)利用磁阻传感器进行功率测量。

图 2-20 所示为一个利用磁阻传感器进行功率测量的实验装置示意图,磁阻传感器采用金属铁磁体薄膜制成,这种薄膜型磁阻传感器不仅可以降低反射,而且具有抗寄生干扰的能力,比如,抗温度影响的能力可以提高 2~3 个数量级。这一装置在实验中,在最大脉冲功率 42kW、平均功率 50W 的电平下,可以达到 40dB 的线性动态范围,其输出信号正比于输入信号有功功率的瞬时值。输入信号脉冲宽度可以为 0.2~500μs,S_{11} 参数在 2% 的带宽内可达 -30dB,在 8% 的带宽下也达到 -20dB。

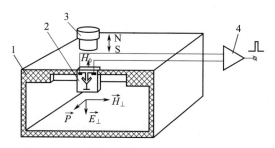

图 2-20 磁阻传感器进行功率测量示意图
1—波导;2—磁阻传感器元件;3—磁场调节元件;4—脉冲放大器。

磁阻器件由于灵敏度高、抗干扰能力强等优点在工业、交通、仪器仪表、医疗器械、探矿等领域得到广泛应用,如数字式罗盘、交通车辆检测、导航系统、伪钞检验、位置测量等。

与霍耳效应功率测量一样,由于输出信号取决于电磁波有功功率,因而与负载匹配的好坏无关。

磁阻薄膜材料的功率容量小,因而应该作成通过式功率计。

2. 克尔效应(Kerr Effect)功率测量——电光效应

各向同性的介质如玻璃、石蜡、水、硝基苯等,在强电场作用下其分子受到电场力的作用而发生取向(偏转),会呈现出各向异性的光学性质,结果产生双折射现象,即沿两个不同方向物质对光的折射能力有所不同,实验表明,在电场作用下,两个折射率之差与电场强度的平方成正比。这一现象被称为电光克尔效应,简称克尔效应。

内盛某种液体(如硝基苯、硝基甲苯)的玻璃盒子称为克尔盒,盒内装有平行板电容器,在两平行平板间加高电压,在电场作用下,因为分子的规律排列,这些介质就表现出像单轴晶体那样的光学性质,光轴方向就与电场的方向对应。当线偏振光沿着与电场垂直方向通过介质时,分解成两束线偏振光,一束光矢量沿着电场方向,另一束光矢量与电场垂直。

$$n_{\parallel} - n_{\perp} \propto E^2 \tag{2.52}$$

式中:$n_{\parallel}$为光在平行电场方向上的折射率;$n_{\perp}$则为光在垂直于电场方向上的折射率;E为电场幅值。

由于在波导中传播的电磁波是基模 TE_{10} 模,它只有 E_y 一个电场分量,所以 E^2 就直接正比于在 z 向的功率流 P_z。这样,式(2.52)进而就可以写成

$$\phi(t) \propto P_z \tag{2.53}$$

式中:$\phi(t)$是平行和垂直电场方向的两束偏振光之间的相位移。

根据式(2.53),通过定标就可以测量出脉冲功率的大小,同时还可以显示出脉冲波形。它可以进行百千瓦级以上的大功率测量。

液体在电场作用下产生极化,这是产生双折射性的原因,电场的极化作用非常迅速,在加电场后不到 10^{-9} s 内就可完成极化过程,撤去电场后在同样短的时间内重新变为各向同性。克尔效应的这一种快速响应性质可用来制造几乎无惯性的光的开关光闸,在高速摄影、光速测量和激光技术中获得了重要应用,也可以用于纳秒级的脉冲的测量。

3. 热电探测器(Pyroelectric detector)功率测量——热释电效应

压电材料中的极性晶体,如硫酸三甘酞(TGS)、钛酸钡($BaTiO_3$)、钽酸锂($LiTaO_3$)等,其自发极化强度是温度的函数(在居里温度以下),随温度升高而下降,这种变化导致在垂直于自发极化强度方向的晶体外表面上极化电荷的变化,从而产生电流,其结果是在晶体两端出现随温度变化的开路电压。这种极性

晶体称为热电体,也常称为热释电体或热释电元件,热电体产生的这种现象称为热释电效应,这是热电效应的一种。如果在热电元件两端连接上电阻,则当热电体温度变化时,电阻上就会有电流流过,在电阻两端也能得到电压信号。

在恒定温度 T 下,热电体的自发极化被体内的电荷和表面吸附电荷(悬浮电荷)所中和。如果把热释电材料做成表面垂直于极化方向的平行薄片,当信号入射到薄片表面时,薄片因吸收辐射而发生温度变化($T+\Delta T$),引起极化强度的变化。而中和电荷由于材料的电阻率高跟不上这一变化,其结果是薄片的两表面之间出现瞬态电压,若有外电阻跨接在两表面之间,电荷就通过外电路释放出来。电流的大小除与热释电系数成正比外,还与薄片的温度变化率成正比,可用来测量入射辐射波的强弱。这个热释电效应的形成过程可以用图 2-21 来表示。

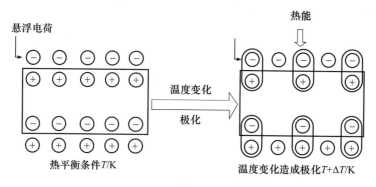

图 2-21 热释电效应形成原理

热释电材料与热敏材料(如热电偶、热敏电阻)最大的不同是:热电体产生的电压只与材料温度的变化有关,而与材料本身的温度高低无关,而热敏材料的特性则取决于材料本身温度的高低。后者利用响应元件的温度值来进行测量,响应时间取决于新的温度平衡的建立过程,时间比较长,不能测量快速变化的信号;而前者所利用的是温度变化率,因而能探测快速变化的信号,所以,它是一种交流或脉冲的瞬时响应器件,对稳定不变的辐射不响应。

从理论上来说,热释电探测器可以探测任何频率的能量辐射,但其最主要的应用为红外线、软 X 射线和激光测量,基于微波功率同样可以引起热释电探测器的温度变化,所以近年来也有人提出了用来进行脉冲微波测量。目前热电探测器广泛应用于辐射和非接触式温度测量、红外光谱测量、激光参数测量、工业自动控制、空间技术、红外摄像等。热释电探测器用于 CO_2 激光脉冲测量时,能探测脉冲宽度 10ns 的脉冲,承受脉冲功率密度达到 $2MW/cm^2$,可见,若用来测量脉冲微波,应该完全可以进行高功率微波的功率测量。

热电探测器灵敏度极高,温度响应率达到 $4\sim5\mu A/℃$,能检测出 $10^{-6}℃$ 的温度变化,温度分辨率小于 0.2℃。

2.5 连续脉冲微波功率的测量

连续脉冲微波是指连续周期性重复的脉冲微波,也是我们在应用中通常接触最多的微波信号,所以也称为常规脉冲微波。它不同于高功率微波中的单次或低重复频率的脉冲微波:除了脉冲重复频率的不同外,常规脉冲微波的脉冲宽度要比高功率微波的脉冲宽度宽得多,一般都在微秒量级,甚至达到毫秒量级,而后者主要都是纳秒量级;常规微波脉冲的波形也基本上是矩形或接近矩形,而高功率微波的脉冲输出波形很多还比较不规则,目前有部分高功率微波源的输出波形也已接近矩形;前者的脉冲输出稳定、重复性好,后者往往输出不稳定,脉冲的重复性比较差。

对于连续脉冲状态下的理想矩形脉冲波,它的峰值功率显然就是脉冲功率(见式(1.6)),即

$$P_{\mathrm{p}} = P_{\mathrm{pp}} \tag{2.54}$$

由于我们通常遇到的微波脉冲信号往往是矩形脉冲波,所以在很多场合下会把脉冲功率与峰值功率等同起来,这应引起大家注意,即很多文献资料中所说的峰值功率实际上是指脉冲功率,或者既指峰值功率,也指脉冲功率。

常规脉冲功率的测量目前采用得最多的是脉冲功率计,也经常被称为峰值功率计。当然,脉冲功率的测量也还有很多其他的测量方法,比如积分 - 微分法、取样比较法、陷波技术法等,但相对而言,这些方法现在应用较少。

本章内容中提到的峰值功率的测量一般就是指脉冲功率测量,当然其中有些方法也可以测量峰值功率,但在一般情况下,峰值功率更多地是将脉冲微波经由事先标定过的检波器检波并在示波器上显示包络波形后测量的。

2.5.1 平均功率法

1. 基本原理

对于工作在连续脉冲状态的微波来说,我们在前面已介绍过的热效应功率计,由于其对微波脉冲反应的时间常数相对微波脉冲宽度要大得多,因此它的响应跟不上脉冲包络的变化,所以不能显示脉冲功率,而只能指示稳态时重复脉冲的平均功率。如果想通过热效应功率计测到的平均功率来换算出脉冲功率,最简单的办法是,利用脉冲宽度和脉冲周期(或重复频率),即脉冲占空比的倒数来通过平均功率求出微波脉冲功率,式(1.9)已经给出计算公式

$$P_p = \bar{P} Q$$
$$Q = \frac{T}{\tau} = \frac{1}{F\tau}$$
(2.55)

对于非理想矩形脉冲波,则式(2.2)已给出利用波形系数 K 对上式进行修正的结果。

2. 测量方法

(1) 吸收式。

脉冲功率的吸收式测量系统如图 2-22 所示。若用热效应功率计作为测量系统的终端测量脉冲微波源输出的全部功率的平均值,示波器则显示脉冲的包络波形和脉冲的重复频率,并由此读出脉冲宽度,根据式(2.55)即可求得脉冲功率。如果利用峰值功率计作为终端,则可以直接测出脉冲功率。

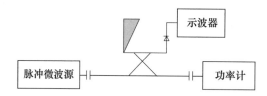

图 2-22 平均功率法吸收式测量微波脉冲功率的系统框图

(2) 通过式。

采用通过式测量微波脉冲功率时,测量系统一般如图 2-23 所示。这时,功率计测量的只是定向耦合器耦合出来的一部分功率,所以计算出(用热效应功率计时)或者直接读出(采用峰值功率计时)脉冲功率后,还应该根据定向耦合器的耦合度换算出脉冲微波源输出的脉冲功率。

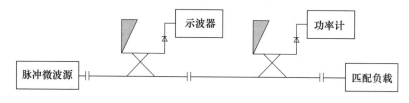

图 2-23 平均功率法通过式测量微波脉冲功率的系统框图

(3) 特点。

可以用常规热效应功率计测出平均功率 $\bar{P}$,然后再根据 τ、T(或 F)及 K 来确定出脉冲功率。但是 τ 和 T 的测量还得借助于非热效应的探测器,如晶体检波器,然后在示波器上显示出微波脉冲包络并测定 τ 和 T,而 K 一般情况下只能估计。

通过式测量时还需要标定耦合到功率计的功率的总衰减量(或耦合度)$A(dB)$,当A取正值时,根据式(2.56)计算出脉冲功率源输出的脉冲功率:

$$P_p = \bar{P} Q \times 10^{A/10} \tag{2.56}$$

但在利用式(2.56)时,会存在两个问题:①当占空比不是常数时,就无法计算出脉冲功率;②在脉冲波形不是理想矩形时,由于不存在严格意义上的脉冲功率,我们在前面已经讨论过,这样计算得到的实际上只是一个等效矩形脉冲的脉冲功率。

2.5.2 峰值检波法

为了克服热效应功率计热平衡时间迟缓,其读数只能显示微波脉冲在若干周期内的平均功率的弊端,以及克服用占空比通过平均功率来计算脉冲功率时因脉冲波形不规则而引起的不确定性,在多数情况下,脉冲功率的测量更多地采用峰值检波功率计。

对示波器指示值与微波功率之间的关系进行校准,就可以利用示波器进行微波脉冲功率的测量,这是一种最常用的脉冲功率测量方法。但问题在于,我们要求检波器的输出能直接反映出脉冲功率的大小,峰值检波法的实质就在于:峰值检波器的输出电压与加到检波器上的微波信号脉冲功率成正比,如果能做到这一点,就可以认为该检波器是峰值检波器。

当检波电路的充、放电时间常数相同时,其检波输出将正比于功率的平均值,因此称为平均值检波,它特别适用于连续波的测量。如果检波电路的充电时间常数很小,即使是很窄的脉冲也能很快充电到稳定值,同时,又要求检波电路的放电时间常数很大,当脉冲结束后,检波的输出电压可以在很长一段时间内保持在峰值上,这就是峰值检波。

1. 峰值检波的原理

峰值检波电路一般是由一个运算放大器(简称"运放")构成的电压跟随器和二极管及电容器组成。当输入信号为正半周时,二极管导通对电容器充电,一直充到峰值即最大值;当输入电压为负半周时二极管截止,但此时电容并不迅速放电,而是能够保持最大电压(峰值电压)比较长时间,从而检测出信号峰值。原理性峰值检波电路如图2-24所示。

图2-24中V_i为峰值检波器输入信号电压,V_o为输出最大稳定电压。

运算放大器有两个输入端口,一个是反相(反向)输入端口,以"-"号表示;一个是同相(同向)输入端口,用"+"号表示,注意这里的"+""-"并不是电压的正、负极性。

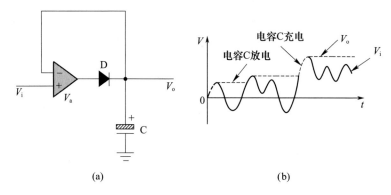

图 2-24 峰值检波原理
(a)简易峰值检波原理电路；(b)峰值检波波形图。

当 $V_i > V_o$ 时,信号由"+"端加入,运放的输出电压 V_a 为正电压,二极管 D 导通,于是输出电流经过 D 对电容 C 充电,一直充到与 V_i 相等的电压。适当选择电容值,使包含电容 C 的充放电电路的充电速度远大于放电速度,电容两端的电压就可以保持在 V_i 最大电压处,从而实现峰值检波。

当 $V_i < V_o$ 时,运放的输出为反向电压,二极管 D 截止,相当于开路,电容 C 既不充电也不放电,维持于输入电压的最大值,即峰值上。

2. 峰值检波功率计

(1) 晶体检波二极管功率计。

利用检波器进行微波功率测量,现在已经有很多型号的商品功率计产品,它们既可以测量连续波功率,也可以测量脉冲平均功率、脉冲峰值功率。一般情况下,峰值检波功率测量主要是指脉冲功率的测量,但是只要检波二极管的响应时间足够短,也就可以测量纳秒量级的高功率微波的峰值功率。高性能微波二极管检波技术和多维校准补偿技术等的应用,使得晶体检波二极管微波功率计已经具有频率覆盖范围宽、测量精确度高、动态范围大、测量速度快等特点,大大方便了微波功率的测量。但是这些功率计都是小功率计,单个功率探头能承受的功率电平一般都在 20dBm 以内,因此只适合小功率信号源输出功率的测量,多数情况下,特别是对电真空微波管输出功率的测量,都应采用通过式,即耦合式的测量,以保证进入功率计的功率电平低于功率计的承受能力,然后进行推算得出微波源的实际功率,图 2-23 已经给出了这种情况下的测量系统图。

我国国产的微波功率计连接不同的探头,可精确测量微波信号的平均功率、峰值功率,单个探头的最大动态范围可以达到 -67～+20dBm,脉冲功率测量范围为 -40～+20dBm,最小可测脉冲宽度小于 30ns。

(2) 真空检波二极管功率计。

晶体二极管能承受的功率容量十分小,真空二极管的功率容量比晶体二极管要高出至少4~5个数量级,甚至更多,因此可以直接用于对大功率微波脉冲进行检波及测量。但是由于真空二极管不仅需要在阳极上加高压,而且需要对灯丝进行预先加热,使真空二极管的整个供电电源比较复杂,灯丝必要的预热也延长了正常工作的时间,因此现在已经较少得到应用。

2.5.3 比较测量法

我们已经指出,在不用脉冲功率计的情况下,用示波器或数字显示器测量脉冲峰值功率时就必须首先对示波器刻度或指示器读数进行校准,这种校准一般都是利用连续波微波信号源进行的,校准过程必然会带来误差。如果在对微波脉冲功率进行测量得到示波器刻度或指示器读数后,再直接利用连续波微波信号替代微波脉冲信号进行测量,使两者在示波器上指示的刻度或指示器上的读数值一致,从而连续波信号源输出功率的读数就代表了微波脉冲功率的大小,这就是微波脉冲功率的比较测量法,也往往称为替代测量法。显然,由于不再需要对示波器刻度或显示器指示事先进行标定,在连续波信号源上的功率指示值就是脉冲功率,因此测量精度得到了提高。

1. 脉冲展宽法

峰值检波法在电路上使晶体二极管放电时间延长,实质上就相当于起到了展宽脉冲宽度的作用,而脉冲展宽法在峰值检波法基础上进一步发展,将检波器检波得到的脉冲包络波形利用展宽放大器直接展宽成了直流,在电压数字显示器或示波器上显示出的直流电压大小(幅度)与原脉冲电压大小(幅度)成正比,利用连续波信号对电压数字显示器或示波器指示进行校准,就可以测得原脉冲功率。其测量系统框图如图2-25所示。

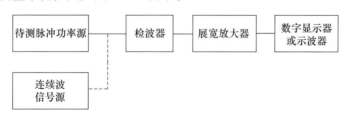

图2-25 脉冲展宽法测量微波脉冲功率系统框图

测量时,将脉冲功率源接入检波器的输入端口,将微波脉冲信号输入检波器,该信号经检波后得到脉冲包络波形并由展宽放大器将其展宽成直流电压,由数字显示器显示出该电压大小,或者由示波器显示出该电压在示波器上的刻度,记录下显示器读数或示波器刻度。然后,以连续波微波信号源替代脉冲功率源换接到检波器的输入端口,输出连续波信号,其微波频率应该与脉冲功率源的微波频率相同,调节连续波信号源的输出功率,使数字显示器的显示数值或示波器的指示刻度与测量脉冲功率时记录的数值或刻度相同,则这时连续波微波信号源输出的连续波功率就是被测脉冲的脉冲功率。

由于测量得到的脉冲功率是以连续波信号源的输出功率指示为标准确定的,所以,连续波信号源的功率指示的准确程度就直接影响了脉冲功率的测量精度,因而必须具有足够高的准确度。当然,显示器或示波器指示的误差等也会影响测量精度。

2. 大功率脉冲替代法

脉冲展宽法多数情况下还是用于小功率脉冲的测量,在脉冲功率比较大时,就必须利用定向耦合器耦合出一小部分功率来进行测量,这种测量方法的框图如图 2-26 所示。

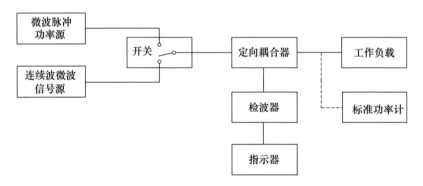

图 2-26 大功率微波脉冲功率的替代法测量系统框图

测量按如下步骤进行:

(1) 对微波脉冲功率源的输出取样。将开关接通微波脉冲功率源,输出的脉冲信号经定向耦合器耦合一小部分功率进入检波器,检波后由指示器指示其峰值大小,指示器可以是示波器显示峰值刻度,也可以经 A/D 转换后(模拟信号转换成数字信号)输入计算机显示出所测脉冲峰值的幅值。

而脉冲功率源输出的绝大部分功率通过定向耦合器的直通端进入负载被吸收。

(2) 用连续波信号源替代脉冲功率源。这时将开关转接到连续波信号源,调节它的输出信号大小,使其在指示器上显示的刻度或幅值大小与脉冲功率源输出时的峰值相同。

(3) 测量。保持连续波信号源的输出不变,在定向耦合器的直通端换接上标准功率计,读取标准功率计上指示的功率大小 P_s,由于连续波信号源的输出是以脉冲功率源的峰值刻度指示为标准,保持两者一致而确定的,所以它的功率 P_s 就是脉冲功率 P_p 的大小。

采用这一方法测量脉冲功率时应注意:连续波信号源的微波频率应与脉冲功率源的微波频率相同,其输出功率应可调到脉冲功率源输出的脉冲功率电平,而且输出稳定度要优于对脉冲功率测量精度的要求;微波开关的两路之间的隔离度应大于 30dB;标准功率计的测量误差将直接影响最终脉冲功率的测量准确度,所以必须具有足够高的精度。

用标准功率计测量功率,可以省略对定向耦合器耦合度的标定和对指示器指示刻度的标定,提高测量精度。如果不用标准功率计直接测定功率,也可以由标定过的指示器得到功率,再利用定向耦合器耦合度换算出脉冲功率源的输出功率,为了测量有足够的准确性,定向耦合器的方向性应大于 30dB。

2.5.4 陷波法

陷波法是将一个连续波信号调制成一个脉冲信号,该脉冲的重复周期与被测的微波脉冲信号的重复周期相同,但脉冲持续时间与脉冲之间的间隙时间刚好与被测微波脉冲信号相反,即连续波信号调制成的脉冲的脉间间隙正好是被测脉冲的持续时间,而它的脉冲持续时间则正好是被测脉冲的脉间间隙时间。这样,当两个脉冲相加时,被测脉冲就正好填补在连续波信号调制成的脉冲的脉间间隙中,而连续波信号调制成的脉冲正好填补在被测脉冲的脉间间隙中,从而两个脉冲就合成了一个连续波。调节原连续波信号源的输出,使两者的幅值一致,使两个脉冲合成一个等幅连续波。由于这时被测脉冲的幅值与连续波信号调制成的脉冲的幅值已完全等高,所以测量连续波信号源的输出功率,显然就代表了脉冲功率源的输出脉冲功率。

陷波法的测量系统如图 2-27 所示,其中射频信号源和连续波信号源输出的微波频率应该相同,频率误差应小于 1×10^{-4},两者输出的功率稳定度必须足够高。PIN 调制器的通断比应大于 30dB;所有定向耦合器的方向性要求大于 30dB,定向耦合器 1 和 2 的耦合度理想情况下应严格相同;指示功率计和标准功率计的测量误差应优于 ±1%。

陷波法的测量方法如下:

脉冲信号源 1 输出一个视频脉冲信号,其波形如图 2-28 波形 1 所示,该脉冲输入射频(微波)信号源,对微波信号进行调制,从而输出待测的微波脉冲信号,即图 2-28 波形 4 所示的信号;当然,在实际上,微波信号源输出的一般都已经是待测的脉冲信号,即已经是波形 4 所示的信号,所以这时脉冲信号源 1 往往

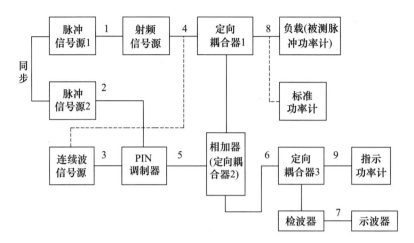

图 2-27 陷波法测量脉冲功率系统框图

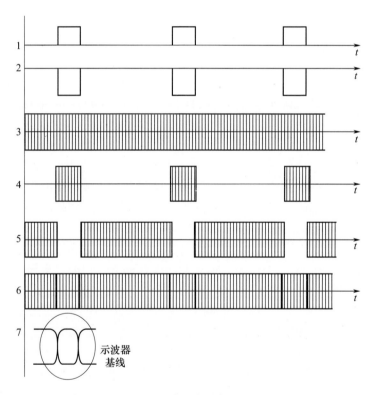

图 2-28 陷波法测量脉冲功率时各端口的波形

66

是多余的。

脉冲信号源 2 输出与脉冲信号源 1 同步的视频脉冲信号,其脉冲的重复周期与被测的微波脉冲信号(波形 4)周期相同,但脉冲持续时间与脉冲之间的间隙时间刚好与脉冲信号源 1 的输出脉冲相反,见图 2-28 波形 2。该脉冲控制 PIN(P^+-I-N^+型半导体)二极管调制器的通断,由此调制连续波信号源输出的连续微波(波形 3)使其变成脉冲,得到如图 2-28 波形 5 所示的宽脉冲信号,成为比较用的脉冲信号,它相当于在连续波上抠去了被测的微波脉冲信号(波形 4)的脉冲宽度部分。

被测微波脉冲信号由定向耦合器 1 输出进入相加器,同时由连续波信号源输出经 PIN 调制器调制得到的比较微波脉冲信号也进入相加器,两路信号相加后的波形就如图 2-28 波形 6 所示,它经检波器检波后由示波器显示,检波波形如图 2-28 波形 7 所示。

相加器可以用一个定向耦合器构成,把定向耦合器本来的两个输出端口(即直通端口和耦合输出端口)变成输入端口,分别输入被测微波脉冲信号和比较微波脉冲信号,定向耦合器本来的输入端口这时就成为了输出端口,输出上述两个信号相加后的信号。

仔细调节比较脉冲信号源,使它的陷波时间正好与待测微波脉冲信号的脉宽相同,待测微波脉冲正好落入陷波时间内。再仔细调节连续波信号源的输出幅度,使它的幅度与待测微波脉冲信号的幅度在示波器上等高,即两者在示波器上尽量达到填平补齐。

这时将连续波信号源接入端口 4,标准功率计接到端口 8,在连续波信号源输出幅度与在上一步调节后的输出幅度固定不变的情况下,利用标准功率计测出其功率,经过适当的校准,就得到了待测微波脉冲信号的脉冲功率。

如果定向耦合器 1 和 2 的耦合度严格相同,方向性也十分高。被测微波脉冲信号由定向耦合器 1 的输入端输入而由耦合端输出,进入定向耦合器 2 的输入端并由直通端输出。比较微波脉冲信号直接由定向耦合器 2 的耦合端输入直通端输出。根据线性无源元件的互易原理,由定向耦合器输入端输入在同方向的耦合端输出,与由耦合端输入在同方向的直通端输出是等价的,即耦合度是相同的。这就表明,在耦合度相同的情况下,被测微波脉冲信号通过定向耦合器 1 和比较微波脉冲信号通过定向耦合器 2 而引起的幅度降低比例也是相同的,或者换个说法,它们耦合出来的功率与输入功率的比例是相同的。两路信号都由定向耦合器 2 的直通端输出,其中被测微波脉冲信号通过定向耦合器 2 时,因为是由输入端输入后直接由直通端输出,可以忽略被耦合到副波导的功率,因此我们就可以认为它的功率不受定向耦合器 2 影响。这样,如果被测微波脉冲信号和比较微波脉冲信号分别由定向耦合器 1 和 2 耦合出来的功率相同,通过定向耦合器 2 输出后在示波器上显示的幅度完全齐平,就意味着它们的原输入功率也是相同的,在这种情况下,我们只需要将连续波微波信号源接到端口 4 上,端口 8 接上标准功率计,用标准功率计测定在测量中已调节固定的连续波信号源输出的调制前的功率,就代表了被测微波脉冲信号的脉冲功率。这时,指示功率计也不再需要,可以代之以一个匹配负载。

如果想直接在指示功率计上读取高功率微波脉冲的功率值,考虑到定向耦合器 1 和 2 的耦合度会存在一定差异,以及指示功率计的测量精度比标准功率计低,所以应该对所得到的测量结果进行一定的校准,以获得更为精确的功率大小。校准方法是:将上述测量步骤中的最后一步提前到第一步,首先将连续波信号源接到端口 4 上,端口 8 接标准功率计,输出连续波信号,在标准功率计上读出这时的功率指示 P_s,然后保持连续波信号源输出不变,将它返回到端口 5,并由指示功率计显示读数 P_1,8、9 两个端口得到的功率之间的比例关系是

$$L = \frac{P_s}{P_1} \tag{2.57}$$

接下去的测量步骤与上面介绍的一样,直到两个脉冲波形在示波器上填平补齐阶段,由于这时为了在示波器上使两个脉冲幅度等高,我们对连续波信号源的输出进行了调节,因此它在指示功率计上的读数已不再是 P_1 而成为了 P_1',这样,被测微波脉冲信号换算到端口 8 的脉冲功率(即脉冲峰值功率)P_p 应是

$$P_p = L \times P_1' = \frac{P_s}{P_1} P_1' \tag{2.58}$$

为了保证连续波信号源的调制脉冲幅度与待测微波脉冲信号的幅度在示波器上等高,真正达到到填平补齐,示波器上的图形幅度应调到大于 5cm,以便更好观察两者幅度的高低情况。

陷波法的测量精度可以达到 3% ~5%。

第3章 高功率微波功率的辐射场测量

3.1 引　　言

我们已指出,高功率微波的最大特点在于极高的功率和极短的脉冲,这就决定了它的功率测量会不同于常规微波的功率测量,到目前为止,既能直接承受百兆瓦级以上高的功率,又能对纳秒量级的脉冲微波作出响应的变换器(功率探头)还很少。正因为此,目前的高功率微波单次(或低重频)脉冲功率的测量一般都采用辐射式测量或耦合式测量,而较少直接采用吸收式测量。

高功率微波的极短脉冲决定了其采用的功率变换器必须具有极高的响应速度,也就是说必须能对纳秒量级的脉冲作出反应,因此,我们在第二章中介绍过的众多脉冲功率计中,凡是响应速度能达到纳秒级的功率计,就都可以用于辐射场(辐射式)或耦合场(通过式)的高功率微波的功率测量中,比如晶体检波器功率计、霍耳效应功率计等,此外,我们将介绍的电声探测法、电阻探测器等也都可以对纳秒级脉冲作出响应,当然,目前应用得最多的还是晶体检波器功率计。

也有少数能够承受高功率的功率计,就可以不经耦合或辐射而直接对高功率微波进行测量,比如我们已介绍过的电磁波压力效应功率计,以及将要介绍的电阻探测器等,但后者实际能直接测量的功率量级也还不能达到高功率微波的功率高端。

根据高功率微波的特点,人们提出了各种实际的高功率微波功率测量方法,本章开始我们将就这些方法进行介绍。

辐射场测量是目前进行高功率微波功率测量的主要方法之一,其基本的思路是利用辐射喇叭将高功率微波向空间(微波暗室)辐射,在远场用接收喇叭接收辐射场的很小一部分功率,经作为变换器的晶体检波器检波后送入经事先标定过的指示器(一般为记忆示波器)指示接收到的功率大小,再利用标定得到的从辐射喇叭到示波器整个路径的总衰减量,就可以换算出整个辐射场的总功率。辐射式测量实际上亦可以归结为一种特殊的耦合式测量,由于接收喇叭的口径大小与整个辐射空间相比十分小,因而它耦合得到的功率与原辐射功率相比也非常小,或者说,它的耦合度可以非常大(耦合度取正值时),因此十分适合高功率微波的功率测量。

辐射场测量有多种具体测量方法,它们的基本原理是相同的。

3.2 微波功率辐射场测量

3.2.1 概述

辐射场高功率微波功率测量的基本原理是将高功率微波向空间(微波暗室)辐射,在辐射远场接收辐射场的很小一部分功率,用小功率计直接测量其功率或者经检波后用标定过的示波器指示功率,然后通过换算求出辐射总功率。

辐射场的远场条件是

$$R \geq \frac{2D^2}{\lambda} \tag{3.1}$$

式中:R 为测试点到辐射口的距离;D 可取为辐射天线的口径与接收天线口径(口径被定义为垂直于入射无线电波方向,并且有效截获入射无线电波能量的面积)最大尺寸之和;λ 为辐射微波的波长。

辐射场功率测量的测量系统示意图如图 3-1 所示,它由高功率微波的辐射喇叭、作为接收天线用的接收喇叭、检波器和指示功率用的示波器组成,检波器和示波器也可以直接用小功率计代替。测量应该在微波暗室中进行,以提高测量精度,减少室内墙壁对辐射波来回反射和外界干扰对测量的影响。

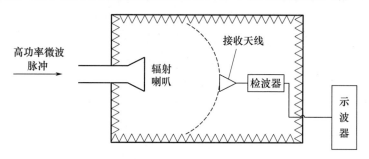

图 3-1 辐射场功率测量的测量系统示意图

所有高功率微波测量中所采用的检波器都应该是能工作在微波波段,且对极短脉冲能作出响应的晶体检波器,而且还要特别注意检波头接入系统时的匹配问题;所用的示波器则都应该是记忆示波器,以便在微波脉冲结束后我们在示波器上仍然能够观察到记录的波形。

不仅如此,整个接收系统的各个元件、传输线都要尽可能做到匹配连接和防止微波泄漏,尤其采用软同轴电缆连接时,接头的质量好坏会带来系统严重的失配误差,以及微波的泄漏,从而导致测量不准。

3.2.2 微波辐射场

我们在如图3-2所示的球坐标系统(R,θ,φ)中来考察微波远场辐射的场分量。

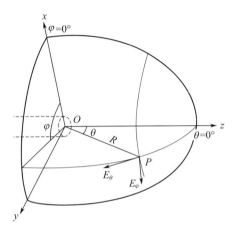

图3-2 高功率微波辐射场功率测量用球坐标系

1. TE_{mn}、TM_{mn} 模式辐射场

高功率微波源的输出波导一般都是过模圆波导,只有少数采用过模矩形波导,如果微波能量通过波导终端开口直接向自由空间辐射,小功率测量表明,这种过模波导的终端反射可以忽略不计。由于圆波导中的电磁场存在极化简并现象,也就是场的初始角具有随机性,所以在写出辐射场时,必须首先规定出电场或磁场的方向,如果微波场的方向与坐标系统的关系是:TE_{11}模的电矢量在波导端面中心沿x轴方向,也就是说,辐射场波束中心电场位于xOz平面上,就称xOz平面为E平面;而这时波导端面中心的磁场位于yOz平面内,则称yOz平面为H平面。

(1) TE_{mn}模的远场区的辐射场。

在上述规定的电场和磁场方向与坐标的关系下,TE_{mn}模的远场区的辐射场可表示为

$$E_R = 0$$
$$E_\theta = j^{m+1}\frac{m\omega\mu}{2R}F_{mn}(\theta)\cos\left[m\varphi+(m-1)\frac{\pi}{2}\right]e^{-jkR}$$

$$E_\varphi = -\mathrm{j}^{m+1}\frac{ka\omega\mu}{2R}f_{mn}(\theta)\sin\left[m\varphi+(m-1)\frac{\pi}{2}\right]\mathrm{e}^{-\mathrm{j}kR} \quad (3.2)$$

其中：

$$F_{mn}(\theta) = \left[1+\frac{\beta_{mn}}{k}\cos\theta+\Gamma\left(1-\frac{\beta_{mn}}{k}\cos\theta\right)\right]\mathrm{J}_m(k_{mn}a)\frac{\mathrm{J}_m(ka\sin\theta)}{\sin\theta}$$

$$f_{mn}(\theta) = \left[\frac{\beta_{mn}}{k}+\cos\theta-\Gamma\left(\frac{\beta_{mn}}{k}-\cos\theta\right)\right]\frac{\mathrm{J}_m(k_{mn}a)\mathrm{J}'_m(ka\sin\theta)}{\left[1-(k\sin\theta/k_{mn})^2\right]} \quad (3.3)$$

式中：k 为自由空间波数；a 为过模圆波导半径；$P(R,\theta,\varphi)$ 为考察点坐标；$k_{mn}=\mu'_{mn}/a$ 为截止波数，μ'_{mn} 为第一类 m 阶贝塞尔函数的导数 $\mathrm{J}'_m(r)$ 的第 n 个零点，即 $\mathrm{J}'_m(\mu'_{mn})=0$；$\beta_{mn}=k\sqrt{1-(k_{mn}/k)^2}$ 为相位常数；Γ 为波在波导终端的反射系数。

(2) TM$_{mn}$ 模的远场辐射场。

TM$_{mn}$ 模的远场辐射场可表示为

$$\begin{aligned}E_\varphi &= 0\\ E_R &= 0\\ E_\theta &= -\mathrm{j}^{m+1}\frac{ka}{2R}Q_{mn}(\theta)\cos(m\varphi)\mathrm{e}^{-\mathrm{j}kR}\end{aligned} \quad (3.4)$$

其中：

$$Q_{mn}(\theta) = k_{mn}\left[\frac{\beta_{mn}}{k}+\cos\theta+\Gamma\left(\frac{\beta_{mn}}{k}-\cos\theta\right)\right]\frac{\mathrm{J}_m(ka\sin\theta)\mathrm{J}'_m(k_{mn}a)}{\sin\theta\left[1-(k_{mn}/k\sin\theta)^2\right]} \quad (3.5)$$

式中：$k_{mn}=\mu_{mn}/a$，μ_{mn} 是第一类 m 阶贝塞尔函数 $\mathrm{J}_m(r)$ 的第 n 个零点。

在波导终端的反射忽略不计时，上述各式中含 Γ 的项就可以略去。

2. TM$_{0n}$、TE$_{0n}$ 模式辐射场及其特点

由以上辐射场方程不难看出，如果高功率微波源输出的是 TM$_{0n}$ 模式或者 TE$_{0n}$ 模式，由于 $m=0$，所以它们的辐射场将分别成为如下形式：

(1) TM$_{0n}$、TE$_{0n}$ 模式辐射场。

对于 TM$_{0n}$ 模式，$E_\varphi=0$、$E_R=0$，而 E_θ 这时简化为

$$E_\theta = -\mathrm{j}\frac{ka}{2R}Q_{0n}(\theta)\mathrm{e}^{-\mathrm{j}kR} \quad (3.6)$$

对于 TE$_{0n}$ 模式，$E_R=0$，而且这时因为 $m=0$，E_θ 也为零，仅有 E_φ 分量。

$$E_\varphi = \mathrm{j}\frac{ka\omega\mu}{2R}f_{0n}(\theta)\mathrm{e}^{-\mathrm{j}kR} \quad (3.7)$$

式中：$Q_{0n}(\theta)$、$f_{0n}(\theta)$ 可以根据式(3.3)、式(3.5)代入 $m=0$ 得到。

(2) TM$_{0n}$、TE$_{0n}$ 模式辐射场的特点。

由式(3.6)、式(3.7)我们立即可以看出，TM$_{0n}$、TE$_{0n}$ 模式的辐射场具有轴（Z

轴)对称特点,即场分布仅与 θ 有关,而与 φ 无关,或者说,场只随 θ 变化,而在 φ 方向没有变化,是均匀分布的。虚阴极振荡器一般输出的是 TM_{0n} 模,其他如多波切伦柯夫振荡器、相对论返波管、磁绝缘线振荡器、相对论磁控管等也都可能输出 TM_{0n} 模,而常规回旋管的输出很多都是 TE_{0n} 模。它们辐射场的这种旋转对称分布的特点,给辐射场的功率测量带来了方便,我们在接下来的多点测量法中会有具体的讨论。

3. TE_{1n}、TM_{1n} 模式辐射场

高功率微波通过天线辐射时,为了获得良好的辐射方向性,一般都希望采用接近线性极化的 HE_{11} 混合模,或者 TE_{11} 模进行辐射。对于 HE_{11} 模,其辐射场可以看作是 TE_{1n} 场和 TM_{1n} 场的叠加,而 TE_{11} 模则是 $n=1$ 时的 TE_{1n} 模,所以我们也应该了解 TE_{1n} 模和 TM_{1n} 模的辐射场分布。

TE_{1n} 模($E_R = 0$)

$$E_\theta = -\frac{\omega\mu}{2R}F_{1n}(\theta)\cos\varphi e^{-jkR}$$
$$E_\varphi = \frac{ka\omega\mu}{2R}f_{1n}(\theta)\sin\varphi e^{-jkR} \quad (3.8)$$

TM_{1n} 模($E_\varphi = 0, E_R = 0$)

$$E_\theta = \frac{ka}{2R}Q_{1n}(\theta)\cos\varphi e^{-jkR} \quad (3.9)$$

其中的 $F_{1n}(\theta)$、$f_{1n}(\theta)$、$Q_{1n}(\theta)$ 可以根据式(3.3)、式(3.5)求得。

可见,TE_{11} 模和 TM_{11} 模的辐射场不仅与 θ 有关,而且与 φ 有关,也就是说,不再具有轴对称的特点。

3.3 总衰减量测量法

3.3.1 概述

1. 实验标定法

为了获得辐射的总功率,在利用辐射场功率测量时,对测量得到的小功率必须进行换算,也就是要计及接收系统的传输衰减,包括接收喇叭接收的功率占辐射总功率的百分比,或者称为耦合度,以及包括在接收传输线上引入的各种衰减损耗,由此反推出辐射微波的总功率,即

$$P = P_0 \times 10^{A/10} \quad (3.10)$$

式中:P 为待求辐射总功率;P_0 为用小功率计或示波器测量得到的接收喇叭接收到的功率;A 为整个测量系统的以正的分贝值计的总衰减量,它应包括接收喇叭

接收辐射场功率的耦合度,接收系统整个传输路径引起的损耗,在路径中引入的任何衰减元件的衰减损耗,以及功率指示器(包括示波器)的灵敏度。

总衰减量 A 应该事先标定,从理论上来说,标定最直接的方法是用实验确定:用一个已经由其他功率计(比如量热式功率计)测定过功率的连续波或连续脉冲微波通过喇叭进行辐射,该辐射源的频率、工作模式应该与待测的高功率微波源一致,通过对接收天线接收到的功率进行测量来标定整个辐射、接收及传输系统的总衰减 A,即

$$A = 10\lg \frac{P'}{P_0} \tag{3.11}$$

式中:P' 为标定时用的微波源的总功率。

要特别注意的是,由于辐射场的空间分布,接收喇叭在辐射场的不同位置接收到的功率是不同的,从而标定得到的 A 值也是不一样的,因此,在正式进行高功率源的辐射功率测量时,接收喇叭的位置必须与标定时所处位置保持一致,不能改变。

由于微波辐射场的场分布是与辐射的微波模式高度相关的,不同的模式辐射场分布不同,因此,在实验标定时,必须在与待测辐射场相同的模式场下进行,否则,标定结果会毫无意义。可见,实验标定法虽然十分直观,亦比较准确,但是一个功率已知,且频率、工作模式都与待测微波源完全相同的标定源却是实现这种方法的最大的障碍,一般难以找到,因为对于待测的高功率微波源而言,它的输出模式一般都是高次模,具有这种模式、功率又是已知(已标定)的标定源除了基模和几种简单模式的源外,大多几乎不可能找到,因此目前已经很少采用这种方式的实验标定的方法。

2. 网络分析仪标定法

在实验标定几乎不可能实现的情况下,更为方便的方法可以用网络分析仪进行,将从辐射喇叭经接收喇叭直到示波器(或小功率计)输入端口看作是一个特定的待测双口网络,该网络的总衰减量可以表示为

$$A' = 10\lg \frac{1 - |S_{11}|^2}{|S_{21}|^2} \tag{3.12}$$

所得到的 A' 值与整个辐射系统的总衰减 A 并不相同,这是因为,用实验方法标定时,可以把从辐射喇叭口直到示波器指示整个系统全都包括进去,也就是说,在式(3.11)中,P' 是标定时的辐射总功率,而 P_0 已经是用示波器测量得到的最终功率,所以 A 已经包含了测量系统中所有元器件、传输线和辐射空间的全部衰减。但当用网络分析仪标定时,网络分析仪的输入输出都是微波信号,而晶体检波器输出并进入示波器的已经是检波后的视频信号,所以只能把从网络分析

仪输入辐射天线的端口到晶体检波器的输入端口看作是一个特定的系统用网络分析仪进行测试,这样 A' 就不包含晶体检波器本身的检波灵敏度引起的衰减,以及检波信号输入到示波器的视频电缆的损耗。但是,A' 将与用小功率计进行实验标定的结果是一致的,因为小功率计输入端输入的也是微波信号,等同于晶体检波器输入端。

网络分析仪标定的最大不确定性在于,网络分析仪的输出模式要么是同轴线中的 TEM 模,要么是矩形波导中的基模 TE_{10} 模,在它输入辐射喇叭前端的波导(注意,高功率微波源的输出波导采用的都是过模波导)中时,应将网络分析仪的输出传输线过渡到辐射喇叭前端的过模波导,同时还需要采用特殊的模式激励装置,激励起与待测高功率微波源相同的模式。传输线的过渡会引起额外的反射,模式的不一致将导致接收喇叭接收到的高频场实际上将不同于待测高功率微波源的辐射场。因此严格来说,这种标定也是很困难的,必须采用专门的模式激励器或者复杂的模式变换器,保证在辐射喇叭前端波导中激励起与待测高功率微波源的输出模式相同的模式,同时,将网络分析仪的输出波导匹配过渡到辐射喇叭前端的波导,否则就很难保证辐射模式场能与待测微波源的辐射模式场在结构和振幅相对值分布上都相同。显然,复杂的模式变换过程又会对总衰减 A' 的标定带来额外的误差。

由此可见,网络分析仪标定法虽然操作简单,但是一般也只能保证标定源频率与待测微波源的频率一致,而较难达到两者辐射模式的完全相同。虽然由网络分析仪的输出波导过渡到辐射喇叭前端的过模波导的过渡波导一般来说不难获得良好的匹配性能,困难在于,只有同时解决能产生与高功率微波源输出模式相同的模式发生器后才能达到模式一致,虽然现在的模式激励或变换技术已经可以产生要求的模式,但是受限于这种模式激励器或变换器的性能很难达到理想要求,因此总体来说这种标定法还并不是十分方便和准确。

3.3.2 测量系统的标定

1. 示波器刻度标定

采用总衰减量测量法时,除了需要对整个系统的总衰减量 A(或 A')进行标定外,还应该对示波器的电压刻度与微波功率的对应关系进行标定,这是因为,在总衰减量标定时,我们在示波器上得到的只是检波电压幅值而不是功率大小,必须标定示波器刻度与功率的关系,也就是检波电压幅值与功率的关系,从而得到校准曲线。图 3-3 给出了一个晶体检波器的校准曲线实例,图中纵坐标为检波器的输出电压 V_0,单位为 mV;横坐标则为检波器输入功率,单位用 dBm 表示。利用校准曲线,我们就可以根据检波器的输出电压求得检波器的输入功率:

$$P_0 = 10^{(V_0/K)/10} \tag{3.13}$$

式中:P_0 为检波器输入功率(mW);K 为检波器灵敏度(mV/dB),它表示以 dB 计量(一般都用 dBm)的单位功率输入示波器时示波器输出的以 mV 计量的电压大小。K 的标定可以另外用一个已知功率的小功率微波源单独进行,需要注意的是,微波信号占空比不同时,检波器的效率会有所不同;同样,脉冲宽度也会影响检波器输出信号的幅度。因此,该小功率微波源除了工作频率必须与待测高功率微波源的频率相同外,最好尽量使脉冲工作方式也能相同,但该小功率微波源的输出模式可以直接是基模矩形波导的 TE_{10} 模,因为在辐射式测量的实际系统中,接收喇叭后连接的也已经都是基模矩形波导,接收到的微波信号已经转换为 TE_{10} 模,所以标定用的小功率微波源可以输出 TE_{10} 模。

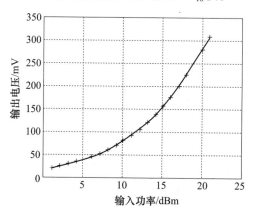

图 3-3 某晶体检波器的标定曲线

经过对检波器的标定后,高功率微波源的辐射总功率表达式(3.10)就可以修正为

$$P = P_0 \times 10^{-9+A/10} = 10^{-9+(A+V_0/K)/10} \quad (\text{MW}) \tag{3.14}$$

式中:P 为高功率微波源从辐射喇叭口辐射的总功率,由于指数上减去了 9,所以这时 P 的单位已经由 mW 变换成了 MW,而 P_0 则通过灵敏度已经转换成用检波输出电压 V_0 表示(式(3.13))。

2. 接收系统衰减量的标定

由于高功率微波源的输出功率很高,因此,在用总衰减量测量法测量功率时,总衰减量 A 一般都很大,这就给直接标定总衰减量 A 带来很大的困难,容易产生较大的误差。为此,在实际测量时,总衰减量 A 一般是分成若干的衰减量分别进行标定后加起来得到的,这里面包括辐射衰减、衰减器衰减(或耦合元件的衰减)、传输电缆的衰减以及检波器的灵敏度等。其中辐射衰减就可以采用上面我们介绍的实验标定法或网络分析仪标定法来进行标定,示波器灵敏度的标定我们在上面也已经作过介绍,其他的接收系统中的各个元件的衰减量都可以用网络分析仪进行标定,然后将所有衰减量加起来就得到了总衰减量 A。

从另一个角度来说,对于脉冲功率很高的高功率微波源来说,一般由辐射远场中的接收天线接收到的功率还是太大,不能直接输入检波器进行检波,为了保护晶体检波器不被过高的接收功率击穿,往往在接收喇叭后还会加入一些衰减元件,比如衰减器、定向耦合器、探针耦合装置等(一般都是用衰减器)。另外,为了测量人员的安全,很多测试仪器如示波器、频率测量装置的显示、小功率计的显示等都是放置在屏蔽间中的,这样也可以减少外界干扰信号的影响,从测量现场到屏蔽间之间会存在一定距离,这就使得在接收系统与各种显示仪器之间需要用电缆进行连接,而电缆也会存在衰减。这样,在计算辐射总功率时,就必须单独考虑这些元件引起的衰减量,也就是说,必须对这些元件也进行标定。

这些衰减量中,除了辐射衰减的标定要求辐射模式必须与待测微波源的模式相同外,其他衰减量的产生都是在接收喇叭接收微波功率后的微波系统中发生的,这时微波模式已经是同轴线 TEM 模或者矩形波导 TE_{10} 模,所以就可以直接用网络分析仪来进行标定。

假设测量系统的辐射衰减(即从辐射喇叭到接收喇叭之间的耦合度)为 $L(dB)$,在接收喇叭到检波器之间加有衰减量为 $\alpha_1(dB)$ 的衰减器以及耦合度为 $C(dB)$ 的耦合元件(定向耦合器或耦合探针),从检波器到示波器之间的视频电缆的衰减量是 $\alpha_2(dB)$,则式(3.14)就应更详细地写为

$$P = 10^{-9+(L+C+\alpha_1+\alpha_2+V_0/K)/10} \quad (\text{MW}) \tag{3.15}$$

国防科技大学利用总衰减量测量法对他们研制的切伦科夫振荡器 - 锥形放大管的输出功率进行了测试,由于他们已测定切伦科夫振荡器 - 锥形放大管的输出模式是 TM_{01} 模,所以在标定辐射喇叭到接收喇叭的耦合度时,采用了功率已知且输出模式变换成 TM_{01} 模的标定源进行。测出的各个用分贝数表示的衰减量是 $V_0/K = 12.7dB$,$L = 44.93dB$,$\alpha_1 + \alpha_2 = 55.98dB$,$C = 0$,根据式(3.15)得到的功率为 230MW。

辐射式测量需要标定的量多,$A = L + C + \alpha_1 + \alpha_2 + A_0/K$ 的值往往很大,对它们标定时往往不可避免会有一定误差,而 A 的不大偏差,就会在计算 P 时带来较大的误差,使总的测量可靠性下降。特别是标定方法的准确性可能会有不同看法,所以采用总衰减量测量时经常引起学者们对所得结果的质疑。即便如此,由于该方法简单,还是在高功率微波功率测量初期得到了比较广泛的应用。

如果在得到了辐射总功率后,还想求得高功率微波源的输出功率时,则还应考虑从微波源输出口到辐射喇叭之间的波导传输线,包括过渡波导和模式变换

器的损耗,从而由 P 推算出微波源的输出功率大小。

3.4 空间积分测量法

直接在高功率微波的辐射场中进行测量,然后通过比例放大,或者通过辐射环面功率叠加等方法求出辐射总功率,就完全避免了要求利用专门的功率源对衰减量进行标定的过程,同时避免了模式变换的需求,也就不再会有在标定时与实测时辐射模式的不同带来的误差,因此辐射场的空间积分测量法成为目前高功率微波功率测量中应用得最广泛的方法,本节开始我们将介绍它的各种具体方法。

3.4.1 单点测量法

对于完全确定的模式(单模或多模),其辐射远场的场分布在理论上也是完全确定的,因而取幅值系数为 1 时,远场的归一化功率的空间分布也就可以求出。我们在远场空间某一位置 (R_0,θ_0,φ_0) 测量由接收喇叭接收到的被测微波源的辐射场的实际功率,与该位置上的理论归一化功率相比较,就可以得到实际功率与理论功率的比值 K,然后对辐射远场的理论归一化功率分布在整个空间进行积分并乘上比值 K,即可求得高功率微波源整个的辐射功率。

辐射场呈球面分布,则在 $R=R_0$ 的球面上的辐射场的理论归一化总功率为

$$\bar{P}_t = \frac{1}{2}\text{Re}\int_0^{\pi/2}\int_0^{2\pi} R_0^2\sin\theta[\boldsymbol{e}(R_0,\theta,\varphi)\times\boldsymbol{h}^*(R_0,\theta,\varphi)]\text{d}\theta\text{d}\varphi \quad (3.16)$$

其中 $\boldsymbol{e},\boldsymbol{h}$ 为辐射远场的归一化电场和磁场。

如果接收喇叭的有效截面为 S_{eff}(S_{eff} 的标定我们将在 3.6 节介绍),当接收喇叭的中心位置在辐射空间的某个确定位置 (R_0,θ_0,φ_0) 上时,接收到的功率测量值是 $P(R_0,\theta_0,\varphi_0)$,而在该点同样截面上的归一化理论功率 $\bar{P}(R_0,\theta_0,\varphi_0)$ 应为

$$\bar{P}(R_0,\theta_0,\varphi_0) = \frac{1}{2}\text{Re}\iint_{S_{\text{eff}}} R_0^2\sin\theta[\boldsymbol{e}(R_0,\theta,\varphi)\times\boldsymbol{h}^*(R_0,\theta,\varphi)]\text{d}\theta\text{d}\varphi \quad (3.17)$$

则实际测量得到的功率与理论上的功率的比值 K 就应该是

$$K = \frac{P(R_0,\theta_0,\varphi_0)}{\bar{P}(R_0,\theta_0,\varphi_0)} \quad (3.18)$$

我们认为高功率微波的实际辐射场功率相对归一化理论功率在整个空间都按比例 K 增大,因此,只要对整个辐射空间的理论归一化功率 $\bar{P}_t$(式(3.16))也

乘上 K,就得到了实际辐射场的总功率

$$P_t = K\bar{P}_t \quad (3.19)$$

如果 K 用分贝值表示,即

$$K = 10\lg\frac{P(R_0,\theta_0,\varphi_0)}{\bar{P}(R_0,\theta_0,\varphi_0)} \quad (3.20)$$

这时,辐射场的总功率就应该按式(3.21)计算

$$P_t = \bar{P}_t \times 10^{K/10} \quad (3.21)$$

单点测量法的基础在于:辐射远场的实际分布与理论分布完全一致,因而比值 K 在空间每一点上可以认为都是一致的,实际上辐射场的实际分布与理论分布总是会存在一定差异的,因而这种测量方法会有明显误差,所以较少得到推广应用。

3.4.2 多点测量法

对于轴对称的辐射场,在 φ 方向的分布是相同的,因此我们只需要在任意一个 φ 值上,取其 z 向的纵剖面就可以表示出场的全部分布了,比如我们在 $\varphi = 0$ 的位置取它的纵剖面(称为主平面),图 3-4 给出了雷达发射天线的理想辐射场在极坐标中的主平面方向图(波瓣图),将该方向图绕 z 轴旋转 180°就得到整个空间的三维辐射方向图。

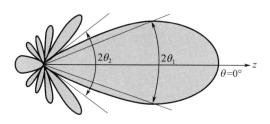

图 3-4 极坐标中的二维场波瓣图

实际上,在 3.2 节的分析中我们已经知道,在高功率微波源输出模式中常见的 TE_{0n} 模、TM_{0n} 模,它们的辐射场同样具有对辐射喇叭中心轴线旋转对称分布的特点(但波瓣具体形状将不同于图 3.4 所示的方向图),也就是说,辐射场仅是 θ 的函数,对 φ 是对称的,这一特性正是辐射远场多点测量的基础。

1. 环形面积功率叠加法

在被测的高功率微波的辐射远场区,其波面已经基本上与球面一致,因此,

我们可以在辐射远场的某一径向位置 R_0，画出一个球面来代表辐射波面，以辐射喇叭中心轴线与球面的交点为顶点，将球面划分成若干圆环面，在每个圆环的中点或者边界点上设置一个接收喇叭(图3-5)。由于场的对称性，认为在每个环形面上，辐射功率密度对该环面处处都相等，这样利用经事先已标定过的接收系统接收到的功率，根据接收喇叭有效截面就可以求出功率密度，乘上该环形面积即得到整个环形面积上的辐射功率，将所有环形面上的功率叠加就得到了辐射总功率，这就是环形面积叠加法的基本过程。接收系统的标定同样可利用其输出功率已测定的功率源使用我们在3.3.2小节介绍的方法进行，只是这时在式(3.15)中，只存在 C、α_1、α_2 和 A_0/K 是需要标定的量，由于测量是直接利用待测高功率微波源进行的，因此不必再标定 L，而需要标定的这些量都可以直接利用网络分析仪或者标准信号源进行标定，不再需要模式的变换。

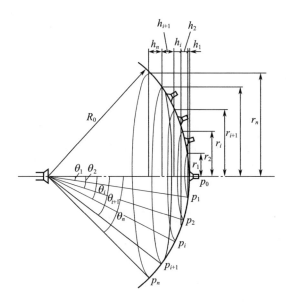

图3-5 球面环形面积功率叠加法测量用坐标系统示意图

(1) 球面环形面积功率叠加计算方法1。

该方法是将接收喇叭放置在每个圆环的中点位置，将喇叭接收到的功率根据喇叭有效截面计算得到的功率密度直接作为整个该圆环面的功率密度，求出整个圆环面上的功率，进而将所有圆环面上的功率叠加即得出整个辐射空间的总功率，测量用坐标系统如图3-5所示。

在图3-5上半平面中，设在 r_i 到 r_{i+1} 的第 i 个圆环中点 $\bar{r}_i = (r_i + r_{i+1})/2$ 上，接收喇叭接收到的辐射功率为 p_i，则其功率密度为

$$\bar{p}_i = \frac{p_i}{S_{\text{eff}}} \tag{3.22}$$

式中：S_{eff} 为接收喇叭的有效口径，也称为有效截面。我们认为在该整个圆环面上的辐射功率密度都等于 $\bar{p}_i$，则在该环形面上总的辐射功率就是

$$P_i = 2\pi a_i h_i \bar{p}_i \tag{3.23}$$

式中：$2\pi a_i h_i$ 为第 i 个圆环的面积，其中 h_i 很容易根据图 3-5 求得，而

$$a_i^2 = r_{i+1}^2 + \left(\frac{r_{i+1}^2 - r_i^2 - h_{i+1}^2}{2h_{i+1}}\right)^2 \quad (i = 0,1,2,3,\cdots,n, \quad i=0 \text{ 时 } r_0 = 0) \tag{3.24}$$

则整个辐射空间辐射总功率为

$$P = \sum_{i=0}^{n} P_i \tag{3.25}$$

式中：n 为测量接收功率的圆环数，理论上来讲，圆环应取满整个半球面，r_n 应等于 R_0，实际上，当 i 比较大后，辐射场已比较弱甚至接近 0（可参考图 3-4），所以取一定的圆环数就可以获得足够正确的 P 值，r_n 不必达到 R_0 值。在一定的 r_n 值下，n 的大小取决于 $\Delta r = r_{i+1} - r_i$ 的大小，Δr 越小，圆环数越多，得到的 P 也越精确，但显然，Δr 不能小于接收喇叭口径的线尺寸。

（2）球面环形面积功率叠加计算方法 2。

如果接收喇叭放置在每个圆环面的边界位置上，它们接收的功率分别是 $p_0、p_1、p_2、\cdots、p_i、p_{i+1}、\cdots、p_n$（图 3-5 下半平面），则在第 i 个圆环的两端边界上接收喇叭接收到的功率密度将是

$$\bar{p}_i = \frac{p_i}{S_{\text{eff}}} \tag{3.26}$$

$$\bar{p}_{i+1} = \frac{p_{i+1}}{S_{\text{eff}}} \tag{3.27}$$

取两个功率点的平均值作为整个圆环面上的功率密度

$$\bar{p}_{i \to i+1} = (\bar{p}_i + \bar{p}_{i+1})/2 \tag{3.28}$$

而圆环的面积可以这样计算

$$S = 2\pi R_0^2 (\cos\theta_i - \cos\theta_{i+1}) \tag{3.29}$$

当然，圆环的面积也可以按式（3.23）来计算。这样，整个圆环面上的辐射功率就是

$$P_{i \to i+1} = \pi R_0^2 (\bar{p}_i + \bar{p}_{i+1})(\cos\theta_i - \cos\theta_{i+1}) \tag{3.30}$$

由于我们是在每个圆环的边界上进行的测量，因此圆环的实际数量要比测量点少一个，如果测量点是 n 的话，圆环数就是 $n-1$ 个。把所有圆环面上计算

得到的辐射功率加起来,就得到辐射总功率

$$P_t = \sum_{i=0}^{n-1} P_{i \to i+1} \quad (3.31)$$

与计算方法1相类似,n 并不需要十分大,因为当 θ 足够大后,微波功率的密度已经接近为0了。

中国工程物理研究院采用该计算方法,对双频磁绝缘线振荡器的输出功率进行测量,计算结果得到在两个频率上的功率分别是398MW和222MW,该磁绝缘线振荡器的输出总功率就是620MW。

(3) 平面环形面积功率叠加计算方法。

当 R_0 足够大时,辐射场的球面波面还可以近似看作平面波面,球面环形面退化成了平面环形面,这给测量工作和计算带来更大的方便,测量系统也简化了,如图3-6所示。

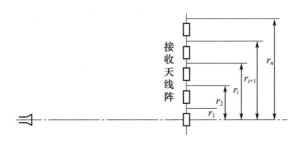

图3-6 平面环形面积功率叠加法测量系统示意图

这时,P 的计算也就简化为

$$P_t = \sum_{i=0}^{n} \pi(r_{i+1}^2 - r_i^2)\bar{p}_i \quad (i=0,1,2,\cdots,n,\quad i=0 \text{ 时 } r_0=0) \quad (3.32)$$

式中:$\bar{p}_i$ 由式(3.22)或式(3.28)给出,在式(3.22)或式(3.28)中的 p_i 分别对应在平面环中点的测量值或两个边界点测量的平均值,当在边界点测量时,平面环形数要比测量点数少1。

2. 功率归一化测量法

一般说来,高功率微波源的输出脉冲的重复性是不大好的,即使高功率微波源辐射微波模式稳定不变,其不同次触发(称为不同炮次)所输出的功率也会是不同的,特别是脉冲波形更难保持一致。因此,采用多点测量法测量功率时,我们就不能使用一套接收装置,高功率微波源每放一炮,事先就移动好接收系统一次,放置到不同环面需要测量功率的位置上,逐次把所有测量点测完,显然由于每炮辐射功率本身就已经不同,这样测量是得不到准确结果的。当然,我们更不可能在同一炮次下移动接收喇叭,将各个测量点的功率测出。如果在所有测量点上同时放置接收喇叭并连接接收系统及指示仪器(一般为记忆示波器),在高功率微波源同一炮次时,所有测量点能同时得到功率测量值,这不失为一种可靠的办法,但这就会大大增加测量成本和对所有接收系统及指示仪器校准的成本及时间,在实际工作中也是难以实现的。

鉴于此,可以采用对测量得到的功率密度作归一化处理的方法来避免上述不足,为此,只需要用两个测量喇叭和与其连接的接收系统。其中一个始终固定在辐射场的最大辐射方向上(在辐射模式不变的情况下,其最大辐射方向也就不会变),利用放置在该位置的接收喇叭测量各不同炮次下(指实际测量时的各不同炮次)的最大辐射功率,求出其功率密度,选取其中认为最能代表被测高功率微波源输出功率水平的一炮的功率密度值作为基准值,其余各炮得到的功率密度相对该基准值求得相对值。在测量上述各炮次最大辐射功率的同时,另一个测量系统在不同炮次下同时测量不同测量点的辐射功率密度,并将每次测量得到的功率密度值除以同一炮次的在最大辐射方向上测量得到的功率密度相对值进行归一化,再乘以作为基准值的功率密度,就得到所有各测量点的最能代表该微波源水平的实际功率密度。然后根据面积求得各圆环的功率,再通过环形面积功率叠加法或者通过辐射方向性系数法(见3.4.3小节)求得辐射总功率。这一测量方法实质上是将不同炮次的测量值都换算到了得到基准值的那一炮所代表的值,因而所得到的总功率也代表的是得到基准值的那一炮的辐射总功率。

3.4.3 辐射方向性或天线增益测量法

1. 由辐射方向性系数确定辐射总功率

为了定量地描述天线辐射的方向性的强弱,定义天线在最大辐射方向上远区某点的功率密度与辐射功率相同的无方向性天线在同一点的功率密度之比,为天线方向性系数 D。不同天线都取无方向性天线作为标准进行对比,因而能比较出不同天线最大辐射的相对大小,即方向性系数能比较不同天线辐射方向性的强弱。一般情况下,工程上所定义的方向性系数与此略有不同,是指最大辐射方向上的辐射强度与平均辐射强度之比。

方向性系数的物理意义在于:在辐射功率相同的情况下,有方向性的天线在最大方向上的场强是无方向性天线($D=1$)的场强的$\sqrt{D}$倍。即对最大辐射方向而言,这等效于辐射功率增大到 D 倍。其物理实质是,天线把向其他方向辐射的部分功率都加强到了此方向上。主瓣越窄,意味着加强得越多,则天线的方向性系数越大。

利用方向性系数,在远场测量条件下,高功率微波源的辐射总功率 P 就可

以通过在最大辐射方向上测得的功率密度除以方向性系数,得出在整个球面辐射场中的平均功率密度,再乘以整个球面面积得到:

$$P = \frac{4\pi R_0^2}{D_E} \frac{P_{0m}}{S_{eff}} \tag{3.33}$$

式中:D_E为微波源 E 面辐射方向性系数;P_{0m}为测量喇叭在微波源最大辐射方向上测得的微波功率;S_{eff}为接收喇叭的有效截面;R_0为测量喇叭至微波辐射口的距离。

原则上,由于辐射场在理论上是可以确定的,因此D_E也可以通过理论推导得到,但由于高功率微波器件的辐射模式一般不会完全单纯,实际辐射场会与理论上的辐射场有相当出入,因此应该根据实际测量得到的辐射功率密度空间分布来求出D_E。

方向性系数的定义告诉我们:

$$D_E = \frac{P_{0m}}{\bar{P}} \tag{3.34}$$

式中:$\bar{P}$为整个球面上的平均辐射功率,它应该等于在辐射场中的功率分布对整个辐射球面的积分,然后再对球面面积平均得到,即

$$\bar{P} = \frac{\int_0^{2\pi}\int_0^{\pi} R_0^2 P_0(\theta)\sin\theta d\theta d\varphi}{4\pi R_0^2} = \frac{\int_0^{\pi} P_0(\theta)\sin\theta d\theta}{2} \tag{3.35}$$

由此即可求得

$$D_E = \frac{2}{\int_0^{\pi}[P_0(\theta)/P_{0m}]\sin\theta d\theta} \tag{3.36}$$

其中:$P_0(\theta)$为接收喇叭在R_0距离上测得的在θ方向上的功率分布,即功率在空间的分布。

原则上,只要在辐射场最大辐射方向上测得P_{0m},同时,在微波源辐射的 E 面上从不同θ方向上进行测量,取得足够多测量点上的接收喇叭所接收到的功率,即可通过插值法得到任意θ方向上的$P_0(\theta)$,从而根据式(3.36)计算出D_E。在S_{eff}标定后,就可以由式(3.33)求出辐射总功率P。

2. 由天线增益确定辐射总功率

由于发射天线增益G_t与方向性系数D存在以下关系:

$$G_t = \eta D \tag{3.37}$$

式中:η为天线效率,它表征了天线所辐射的总功率与天线从微波源得到的净功率之比。显然,η主要由天线的损耗所决定,包括热损耗、介质损耗和感应损耗。

如果损耗可以忽略,或者不考虑损耗,则
$$G_t = D \tag{3.38}$$
这样一来,式(3.33)也就可以表示为
$$P = \frac{4\pi R_0^2}{G_t} \frac{P_{0m}}{S_{\text{eff}}} \tag{3.39}$$
如果 G_t 是以分贝表示的值,则上式应修正为
$$P = \frac{4\pi R_0^2}{10^{G_t/10}} \frac{P_{0m}}{S_{\text{eff}}} \tag{3.40}$$

3.5 数值积分法和拟合法

3.5.1 数值积分法

显然,多点测量求辐射总功率时,测量点越多测量结果的准确度越高,但测量点总是有限的。一种比环形面积叠加法更精确的方法是在有限测量点的基础上采用数值积分法,比如变步长辛普森求积法求出总功率。数值计算中需要用到的每个节点上的功率值可以通过已得到的测量值用插值法求得。只要计算的节点足够多,相当于增加了所划分的环形数量,使所得结果的准确度可以显著提高。

采用环形面积叠加法时,受接收喇叭尺寸和测量工作量的限制,环形面不可能分得很多,即 n 值不可能很大,也就是测量功率的点不可能很多,这样,用环形中心位置接收喇叭测得的功率密度来代表整个环形面上的功率密度,必然会带来一定误差。进一步的改进可以通过已得到的功率测量值采用插值法求出更多位置上的功率值,相当于增加了测量点,数学上可采用的插值方法很多,比如拉格朗日插值法和牛顿插值法。牛顿插值法适用于 r 等间距分布的情况,但对于球面来说,如果 r 等间距分布,则 r_i 随着 i 的增加,球面上的环形宽度会迅速变宽(图3.5中的 h_i),显然不利于 $\bar{p}$ 的精确计算;而拉格朗日插值法并没有这一限制,适用于 r 的不等间距分布,所以我们选用拉格朗日插值法更为方便。

假设我们已经在 n 个测量点 $r_i(i=0,1,\cdots,n)$ 上测量到功率 p_i,p_i 随 r 的变化可以用一个 n 次多项式 $p(r)$ 来表示,则该多项式可表示为

$$p(r) = \sum_{i=0}^{n} p_i \frac{\prod_{\substack{k=0 \\ k \neq i}}^{n}(r - r_k)}{\prod_{\substack{k=0 \\ k \neq i}}^{n}(r_i - r_k)} \tag{3.41}$$

我们以 $k=0,1,2,3$ 共4项为例,写出 $p(r)$ 的表达式就是

$$p(r) = p_0 \frac{(r-r_1)(r-r_2)(r-r_3)}{(r_0-r_1)(r_0-r_2)(r_0-r_3)} + p_1 \frac{(r-r_0)(r-r_2)(r-r_3)}{(r_1-r_0)(r_1-r_2)(r_1-r_3)} +$$
$$p_2 \frac{(r-r_0)(r-r_1)(r-r_3)}{(r_2-r_0)(r_2-r_1)(r_2-r_3)} + p_3 \frac{(r-r_0)(r-r_1)(r-r_2)}{(r_3-r_0)(r_3-r_1)(r_3-r_2)} \quad (3.42)$$

采用同样的方法可以写出 n 为任意值的 $p(r)$ 表达式,这样,利用已知的 r_i 和 p_i,就可以求出其他任意 r 点上的 p_i 值,也就是说,我们就可以得到远比原来的 n 个 p_i 值更多的 p_i 值,然后再对每个 p_i 值划分一个环形面积,既然 p_i 值的数量增加了,能划分的环形面积也就增加了,或者说,每个圆环被划分得更小了。由于这时新的 p_i 值是计算出来的而不需要直接测量得到,因此这时圆环的进一步划分也不再受接收喇叭尺寸的限制。利用式(3.22)根据 p_i 求出划分的每个环形上的功率密度 $\bar{p}_i$,进而对应的每个环形面上的辐射功率 P_i 即可以由式(3.23)求出,再利用式(3.25)求出总功率 P,由于 P_i 点的增加,使得所得到的 P 值更为准确。要注意的是,利用式(3.22)求功率密度 $\bar{p}_i$ 时,还是以接收喇叭的有效截面 S_{eff} 计算的,但在这里,p_i 是由插值法求得的,并不是由接收喇叭测量得到的,这样做并不矛盾,这是因为:在插值法中用到的原始测量数据 p_i 都是由接收喇叭直接测量得到的,因而,利用它们求得的新的 p_i 值,也将表示的是等同于用同一个接收喇叭得到的 p_i,所以求功率密度时,显然应该仍用该喇叭的有效截面 S_{eff} 来计算。

更进一步,利用辛普森数值积分法来代替式(3.25)的叠加计算,将使得到的总功率的准确度又进一步得到提高。在利用辛普森数值积分法时,区间的划分必须是相等的,即应该成为

$$r_0, r_0+h, r_0+2h, r_0+3h, \cdots, r_0+nh$$

式中:h 为步长。我们先利用拉格朗日多项式求得 $p(r)$ 及由此利用式(3.30)算出环形面上的功率 P_i,并将它们表示为

$$P(r_0) = y_0, P(r_0+h) = y_1, P(r_0+2h) = y_2, \cdots, P(r_0+nh) = y_n$$

注意,这些值不同于在球面环形面积功率叠加方法 1 中给出的 P_i 的值,y 是在边界点上求出的功率或者测量得到的功率密度再利用式(3.30)求得的值,它与球面环形面积功率叠加方法 2 的测量方法相同。

如果划分的区间个数 n 是偶数,则一共就会有奇数 $(n+1)$ 个边界点,也就有 $(n+1)$ 个 y 值(包括 y_0),辛普森数值积分得到

$$P = \int_{r_0}^{r_n} P(r)\,dr = \frac{h}{3}(y_0 + 4y_1 + 2y_2 + 4y_3 + 2y_4 + \cdots + 4y_{n-1} + y_n) + R$$
$$(3.43)$$

式中:R 为误差项,它可以表示为

$$R < \frac{n}{180}h^5 M^{(4)} \tag{3.44}$$

其中 $M^{(4)}$ 为区间 (r_0, r_n) 中 $P(r)$ 的四阶导数的绝对值的上限，一般来说，R 都很小，可以忽略不计。

3.5.2 辐射方向图拟合法

1. 理论基础

对于圆形喇叭天线，以上介绍的各种多点测量方法，对 TE_{0n} 模或 TM_{0n} 模等旋转对称模式的辐射场测量是比较可靠的，这样计算得到的总功率理论上说较为准确。但随着高功率微波技术的发展，各种模式转换器及模式转换天线的研制成功，很多高功率微波系统都已经可以通过圆形喇叭辐射具有更高方向性的 TE_{11} 模或 HE_{11} 模，这时它们的辐射场不再具有严格的旋转对称性，因此，也就不能再简单地通过主平面上测量得到的功率密度的圆环积分来求得辐射总功率，文献[34]提出一种通过测量两个主平面辐射功率密度分布得到辐射总功率的方法。

对于圆形喇叭天线，无论其输入模式为 TE_{11} 模还是 HE_{11} 模，经过圆锥喇叭后，喇叭的辐射场都可以看作是 TE_{1n} 场和 TM_{1n} 场的叠加，如果同样定义 TE_{11} 模的主极化方向在 x 轴（$\varphi = 0°$）方向，则根据式（3.8）、式（3.9），在 E 面（$\varphi = 0°$）的辐射场是

$$E_\theta = \left[-\frac{\omega\mu}{2R}F_{1n}(\theta) + \frac{ka}{2R}Q_{1n}(\theta) \right] e^{-jkR} \tag{3.45}$$

而在 H 面（$\varphi = 90°$）的辐射场是

$$E_\varphi = \frac{ka\omega\mu}{2R}f_{1n}(\theta) e^{-jkR} \tag{3.46}$$

辐射场的总功率是 E 面辐射功率和 H 面辐射功率球冠积分的平均值，如果忽略幅值系数，则在 $R = R_0$ 的球面上 θ 从 0 到 θ_n 范围内的球冠上（图 3.5）的归一化辐射总功率就可以表示为

$$\begin{aligned}P_t &= \frac{1}{2\eta} \int_0^{2\pi} \int_0^{\theta_n} |E(R_0, \theta, \varphi)|^2 R_0^2 \sin\theta \,d\varphi\,d\theta \\ &= \pi R_0^2 \left[\int_0^{\theta_n} \bar{p}_e(\theta) \sin\theta \,d\theta + \int_0^{\theta_n} \bar{p}_h(\theta) \sin\theta \,d\theta \right]\end{aligned} \tag{3.47}$$

式中：取电场幅值系数为 1（对幅值归一化）；$\bar{p}_e(\theta)$ 和 $\bar{p}_h(\theta)$ 为在 $r = R_0$ 的球面上，E 面（$\varphi = 0°$）和 H 面（$\varphi = 90°$）的功率密度分布。式（3.47）中方括号内的第一项和第二项分别表示 E 面和 H 面辐射功率密度在 $r = R_0$，$\theta \leq \theta_n$ 的球冠上的积分结果。进行功率测量时，只要沿 E 面和 H 面分别测量它们的功率密度分布，

按式(3.47)计算即可求得天线的辐射总功率。

但问题在于,即使采用多点测量方法,我们还是只能得到功率密度沿 θ 方向变化的有限点的值,这样就无法对其在 θ 方向进行积分,而只能变成近似的求和叠加公式。如果我们在 $\theta=0$ 到 $\theta=\theta_n$ 范围内从 $\theta=0$ 开始每间隔一个角度进行一次测量,一共得到了 $n+1$ 个 $\bar{p}$ 的测量值,而我们实际划分成的角度区间为 n 个,叠加公式就成为

$$\int_0^{\theta_n} \bar{p}(\theta)\sin\theta \mathrm{d}\theta \approx \frac{1}{2}\sum_{i=1}^n (\bar{p}_{i-1} + \bar{p}_i)(\cos\theta_{i-1} - \cos\theta_i) \quad (3.48)$$

对 E 面和 H 面的功率都按式(3.48)计算,将它们代入式(3.47),就可以得到辐射场的总功率。

2. 拟合函数方法

其实,上面讨论的方法与我们在前面介绍的球面环形面积功率叠加计算方法 2 本质上是相同的,不同的是现在我们分别在 E 面和 H 面两个方向上测量了功率密度,积分后再进行了平均。从理论上来说,功率密度的测量点数目越多,角度间隔越小,计算得到的总功率与实际辐射功率的误差就越小。但是测量点数目的增加会受到接收喇叭尺寸的限制,也会增加实验工作量或增加接收系统的数量。为了在有限的测量数据下尽可能提高总功率最终结果的精度,国防科技大学提出可以根据测量得到的数据用特定的函数来拟合辐射方向图,将拟合方向图与理论方向图进行比较,当两者具有较好的一致性时,即可以用拟合得到的方向图函数 $\bar{p}_e(\theta)$ 和 $\bar{p}_h(\theta)$ 直接进行功率积分,而不再用式(3.48)叠加公式进行近似计算,从而提高计算精度。

仍以圆形喇叭为例,经过对不同拟合函数的反复比较,文献[34]提出圆形喇叭辐射功率方向图可采用如下形式的拟合函数

$$\hat{\bar{p}}(\theta) = \sum_{k=0}^{N} A_k \mathrm{J}_k(B_k \sin\theta) \quad (3.49)$$

式中:$\hat{\bar{p}}(\theta)$ 为拟合的功率分布函数;$\mathrm{J}_k(x)$ 为 k 阶第一类贝塞尔函数;N 一般取 3~7 即可;A_k 和 B_k 为待求系数,它们可以根据测量点的位置和测量得到的功率密度,利用最小二乘法来确定。

最小二乘法原理表明:要从一个量 $\bar{p}(\theta)$ 的 $n+1$ 个同等可靠的测量值 $\bar{p}(\theta_i)$ 中得到它的最可能值,应当使拟合的 $\hat{\bar{p}}(\theta)$ 在每个 i 点的值 $\hat{\bar{p}}(\theta_i)$ 与测量值 $\bar{p}(\theta_i)$ 之间的误差平方的总和最小,即应使

$$Q = \sum_{i=1}^n \left[\bar{p}(\theta_i) - \hat{\bar{p}}(\theta_i) \right]^2 \quad (3.50)$$

最小。式中：$\bar{p}(\theta_i)$为测量值，而

$$\hat{\bar{p}}(\theta_i) = \sum_{k=0}^{N} A_k J_k(B_k \sin\theta_i) \tag{3.51}$$

为拟合函数给出的该点的最可能值。式(3.50)即表示，应使系数A_k、B_k满足下列方程组

$$Q = \sum_{i=0}^{n} \left[\bar{p}(\theta_i) - \sum_{k=0}^{N} A_k J_k(B_k \sin\theta_i) \right]^2 = 最小值 \tag{3.52}$$

由微分求极值方法可知，在A_k和B_k满足

$$\begin{aligned}\frac{\partial Q}{\partial A_k} &= 0 \\ &\qquad\qquad (k=0,1,2,\cdots,N) \\ \frac{\partial Q}{\partial B_k} &= 0\end{aligned} \tag{3.53}$$

时，式(3.52)即可以成立。编程求解方程组(3.53)，即可得到拟合函数的系数A_k和B_k。至于测量范围，为了减少测量的工作量，又能保证拟合函数有足够的精度，对于圆波导TE_{11}模(或HE_{11}模)，在15dB或18dB波束宽度内每个主平面左右对称取15个测量点是比较合理的，每个测量角度对应的功率密度取左右对称两点的测量值的平均值，这样拟合得到的辐射方向图与理论方向图具有相当好的一致性。国防科技大学利用同轴圆锥喇叭的辐射场测量点($N=7$)进行拟合(图3-7)，将得到的拟合方向图与实际方向图比较，两者吻合十分良好，从而保证了根据拟合方向图进行积分所得到的功率的准确性。

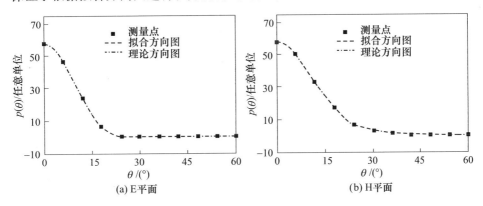

图3-7　同轴圆锥喇叭辐射场拟合方向图与实际方向图的比较

将拟合得到的$\bar{p}(\theta)$表达式代入式(3.47)，即可求出辐射总功率。这样求得的功率将比直接根据叠加式(3.48)计算得到的功率准确度更高。

3.6 喇叭有效口径标定与空间积分测量法的特点

3.6.1 接收喇叭有效口径的标定

1. 接收喇叭的放置方向

在高功率微波功率的辐射式测量中,接收小功率的天线基本上都是采用矩形波导接收天线,它可以是端面开口的矩形波导,也可以是矩形角锥喇叭,这样就涉及一个开口矩形波导或矩形喇叭在辐射场中如何放置的问题,即矩形宽边(或窄边)取什么方向的问题。

根据耦合原则,两个传输系统(或两个微波元件)之间发生耦合的最有利条件是:在它们的耦合界面上必须具有相同方向的场分量。由于在作为接收天线的矩形波导中的基模 TE_{10} 模的电场垂直于波导宽边、磁场平行于波导宽边,因此,矩形喇叭接收天线在辐射场中放置时,如果辐射场中的电场在 φ 方向,喇叭宽边就应平行于 θ 方向,使辐射场电场垂直于喇叭宽边,从而使辐射场与在矩形喇叭中激励起的场在喇叭口面上都具有垂直于宽边的电场分量;如果辐射场中的磁场在 φ 方向,则喇叭天线宽边亦应平行于 φ 方向,使辐射场与在矩形喇叭中激励起的场在喇叭口面上都有平行于喇叭宽边的磁场分量。

当然,辐射场的空间分布是复杂的,不一定电场刚好与 φ 方向垂直或者平行,场在喇叭口面上还会因为口面的金属边界而发生畸变,总之,不管在什么情况下,接收喇叭的宽边应该与辐射场的电场尽可能垂直,与辐射场的磁场尽量平行,这样放置,接收效果会最好。当然,上述耦合原则只是在小孔耦合时才是严格成立的,接收天线与辐射场之间的耦合,由于辐射场分布的复杂性和接收天线边界的边缘效应对场的扰动,都会使得耦合变得更为复杂,但这并不影响我们以耦合原则来确定矩形波导或喇叭的放置方向,因为主要的耦合仍将发生在符合上述耦合原则的场分量之间。

2. 接收喇叭有效口径的标定

在上面讨论的多种功率测量方法中,为了求得测量点的功率密度,都涉及接收喇叭的有效截面,也就是说,我们必须先确定出有效截面 S_{eff},才能求出功率密度,因此,我们应该对 S_{eff} 进行标定。

有效截面是由于喇叭天线的边界条件引起的,置于均匀平面电磁波中的矩形喇叭天线,对于来波的响应并不是均匀的,这是因为在喇叭的边界金属壁上平行于金属壁的电场必须等于 0,而在同一位置上的辐射场原来一般并不为零,使得喇叭与辐射场之间不匹配,引起反射,这样就使喇叭实际接收到的场会有所削弱。换一个角度来说,如果电磁场仍然看作是平面波,那么就相当于喇叭能有效接收电磁波的实际口径变小了,变小后的口径大小就称为有效截面,有效截面也可以称为有效口径。可见,有效截面反映的是天线接收电磁波的能力,它是所接收的电磁波的方向和频率的函数,表示接收天线在这个频率上吸收来自任何特定方向的辐射,并把功率送到输出端的能力。对于一个无损耗的天线若能无反射地吸收所有入射电磁波,则实际口径面积即为其有效面积。天线的最大有效面积与实际口径面积之比,称为天线的表面利用系数,或者称为口径效率。要注意的是,天线的有效面积或称为有效口径在一般情况下都是指在线性极化辐射场条件下得到的有效面积。

(1) 经验公式。

喇叭的有效面积(截面)可以用下式来表示:

$$S_{\text{eff}} = \frac{G\lambda^2}{4\pi} \tag{3.54}$$

式中:G 为开口波导或者角锥喇叭天线的增益;λ 为电磁波波长。

可见,通过确定天线的增益就可以求得天线有效截面。美国国家标准局提出了计算开口波导或者角锥喇叭天线增益的经验公式。

(2) 开口波导的增益。

美国国家标准局对宽边与窄边之比为2:1的矩形开口波导的增益提出如下计算公式:

$$G = 21.6fa \tag{3.55}$$

式中:f 为电磁波频率(GHz);a 为矩形波导宽边尺寸(m)。当增益要用分贝表示时,式(3.55)应改写为

$$G_{\text{dB}} = 10\lg(fa) + 13.34 \tag{3.56}$$

只要开口波导开口处至场点的距离大于 $2a$,则式(3.56)的偏差为 ± 0.5dB。

需要指出的是,美国国家标准局是在 200~500GHz 的频率上得到这个公式的,我国西北核技术研究所(现西北核技术研究院)的实验表明,该公式在S、C、X 波段的计算结果也是基本准确的。

(3) 角锥喇叭的增益。

美国国家标准局提出角锥喇叭的增益可按下式计算:

$$\begin{aligned} G &= (113.3whf^2) \times 10^{-(R_H + R_E)} \\ G_{\text{dB}} &= 20.54 + 10\lg(wh) + 20\lg f - 10(R_H + R_E) \end{aligned} \tag{3.57}$$

式中:R_H、R_E 是为简化近区增益表达式而引入的"近区增益简化因子",可表示为

$$R_H = (0.01p)(1 + 10.19p + 0.51p^2 - 0.097p^3)$$
$$R_E = (0.1q^2)(2.31 + 0.053q) \tag{3.58}$$

其中：

$$p = \left(\frac{w^2 f}{0.3}\right)\left(\frac{1}{l_H} + \frac{1}{R_0}\right)$$
$$q = \left(\frac{h^2 f}{0.3}\right)\left(\frac{1}{l_E} + \frac{1}{R_0}\right) \tag{3.59}$$

式中：w、h、l_H、l_E 为喇叭尺寸（m），见图 3-8；f 为频率（GHz）；R_0 为接收喇叭口至电磁场辐射点的距离。

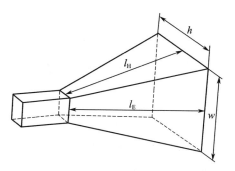

图 3-8　角锥喇叭的尺寸标示图

只要喇叭口至场点的距离大于 0.5m，则式（3.57）的计算值与实测值之差在 ±0.5dB 以内。

(4) 通过方向性系数确定有效截面。

在无损耗情况下，或者说，在不考虑损耗时，喇叭天线的增益与方向性系数是相等的，因此我们就可以用方向性系数 D 替代增益 G 来计算天线有效截面。D 的数值可以利用式（3.36）进行计算。

文献[24]中提出当天线物理口径尺寸至少有 1λ 时，有效截面与物理面积之比可以近似取 0.6，即

$$S_{eff} = 0.6S \tag{3.60}$$

式中：S 为天线的实际口径面积。

3. 实验标定

实验标定接收天线有效面积时所采用的系统示意图如图 3-9 所示。

在发射天线与接收天线极化匹配，主瓣方向相互对准，不考虑损耗以及两天线距离 R 满足远场条件的情况下，由式（3.39）和式（3.54），就不难得到接收天线接收到的功率为

$$P_{0m} = \left(\frac{\lambda}{4\pi R}\right)^2 PG_tG_r \tag{3.61}$$

式中：P为发射天线的辐射功率；P_{0m}是测量喇叭在微波源最大辐射方向上测得的微波功率；G_t是发射天线的增益；G_r是接收天线的增益；R是发射天线与接收天线的中心距。

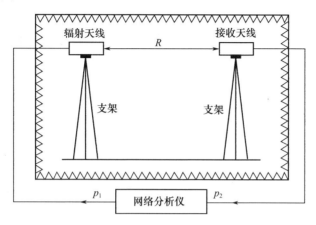

图3-9 标定天线有效截面的实验系统示意图

如果发射天线与接收天线完全相同，则

$$G_t = G_r = G \tag{3.62}$$

代入式(3.61)，就可以得到

$$G = \left(\frac{P_{0m}}{P}\right)^{1/2} \frac{4\pi R}{\lambda} \tag{3.63}$$

由于

$$\frac{P_{0m}}{P} = [S_{21}]^2 \tag{3.64}$$

所以

$$G = S_{21} \frac{4\pi R}{\lambda} \tag{3.65}$$

代入式(3.54)，我们就得到了天线有效截面的最终表达式

$$S_{\text{eff}} = S_{21}R\lambda \tag{3.66}$$

这样，利用网络分析仪测出S_{21}，就可以通过式(3.66)求得有效截面S_{eff}。

4. 利用截止波导避免接收系统的击穿

在采用辐射场法测量高功率微波的功率时，如果高功率微波源输出功率足够高，导致接收喇叭接收到的功率仍然过大，就会引起接收系统中的基模矩形波导或与该波导连接的波导-同轴接头中的探针的击穿。这时,将衰减器直接接在接收喇叭的输出端口来降低功率不失为一种可行的办法,但是衰减器的功率容量往往有限,当它不能承受喇叭接收到的功率电平时,就必须放弃这一方法,为此,国内外学者提出利用截止波导来降低基模矩形波导中的传输功率电平,以避免这种击穿的发生。

他们的做法是:在接收喇叭后连接一段对被测高功率微波频率截止的矩形波导,使微波在该波导内形成衰减波,其幅值随波导长度增加而指数减小,从而在波导终端输出的微波功率将得到降低,再经过波导-同轴转换由探针耦合进入同轴电缆,输入检波器检波并由示波器指示脉冲波形和功率大小。改变截止波导的长度就可以调节对微波的衰减的大小。

由于被截止波导衰减的微波功率并没有被波导吸收损耗掉,而是通过接收喇叭被反射回到了原辐射空间,这相当于喇叭接收的微波功率减少了,因此截止波导引起的微波功率的降低可以由喇叭的增益得到反映,只要在实验标定接收喇叭增益时连同截止波导及波导-同轴转换接头一起进行就可以,而不必对截止波导的衰减量进行单独的标定。

利用两个完全对等的喇叭及其波导和波导-同轴转换接头,根据图3-9所给出的方法,就可以标定天线的增益(式(3.65))及有效截面(式(3.66))。但要注意的是,这时的天线增益一般是负值,这一点不难理解,因为在这种情况下,由于截止波导的反射,使得天线实际能接收到的微波功率将比无截止波导时无方向性辐射时得到的功率还要小。

3.6.2 空间积分测量法的优缺点

1. 空间积分测量法的优点

(1) 避免了单模发生器的需要。

空间积分测量法相比较于总衰减量测量法最大的好处在于:不需要对整个测量系统从辐射天线到最终指示装置之间的所有会引起功率衰减的因素进行一一标定,或者直接对总衰减量进行标定。在总衰减量测量法中,不论是采用实验标定法,还是采用网络分析仪法,都必须采用一个专门的功率已知的与待测微波源至少频率、输出模式相同的标定源,一般可以允许脉冲制式不同甚至使用连续波源。但是这样的标定源必须要有足够的输出功率,以便接收系统能接收到足够的功率使指示器指示出接收到的功率大小。更重要的是标定源的辐射模式与待测微波源输出模式做到一致会带来很大工作量,而模式的不同会导致辐射场的不同,从而使接收喇叭所在位置的辐射场分布与实际高功率微波源在该位置上的辐射场分布不一致,使标定完全失去价值。而空间积分测量法由于是直接对被测的高功率微波辐射场进行的测量,不需要再经过对总衰减量的单独标定,从而避免了必须具有能产生与高功率微波辐射模式相同模式的单模发生器的需求,这就从根本上克服了总衰减量测量法的这一缺陷。

(2) 测量精度高。

另外,在总衰减量测量法中,由于总衰减量一般都很大,特别是从辐射喇叭到接收喇叭之间的辐射空间衰减量(或者称为耦合度)的标定,其衰减量在总衰减量中的占比通常会相对最大,在相同的相对误差下带来的绝对误差也就比较大,会对最终换算得到的总功率的准确性产生相当大的影响。空间积分测量法由于采用的是在选定的测量点上测出功率密度,然后在空间积分(叠加)得到总功率的方法,正好避免了这部分衰减量的标定,从而减少了这部分衰减量标定时带来的误差。

采用空间数值积分法或辐射方向图拟合法计算辐射总功率,将使计算得到的总功率更接近实际辐射功率,精度进一步得到提高。

(3) 简单、方便。

空间积分测量法在微波暗室中很容易实现,基本上不需要采用特殊的专用设备,常规的仪器设备就能满足测量需要,如喇叭天线、网络分析仪、晶体检波器、微波衰减器、记忆示波器等。

正因为空间积分测量法方便易行,准确可靠,所以在高功率微波的功率测量中得到了广泛应用。国内外也发表了不少有关辐射远场测量高功率微波功率的论文,对测量的具体方法,特别是提高测量精度的各种措施,以及接收喇叭、检波器等测量系统各个环节的标定等都进行了详细讨论。我们在这里只是介绍了这种测量方法的基本原理和主要方法,每个细节由于各测量单位采用的实际测量系统、测量装置的不同而会有不同,我们不可能对每个具体的细节都作深入讨论,读者在实际应用远场测量法时可以参考这些文献。

2. 空间积分测量法的不足

空间积分测量法的基础在于:高功率微波源的辐射场与理论辐射场完全一致,当实际上的辐射场由于各种原因导致与理论辐射场有差别时,就破坏了这一测量基础,使得测量的准确性下降,这种差别越大、测量结果的可靠性越低,这成为空间积分测量法最大的不足。辐射方向图拟合法在一定程度上克服了这一缺点,用拟合的功率密度对测量范围的积分代替了环形面积功率的叠加,可以使测量精度得到提高,但这一方法的拟合过程稍为复杂,拟合结果与实际辐射场分布的一致性也不容易达到理想。

另外,对于多点测量法来说,它只适用于对中心轴线旋转对称的 TM_{0n} 或 TE_{0n} 模式的辐射场的测量,这就限制了它的应用,如果辐射场不是理想旋转对称,这种测量方法就不再适用。但随着模式转换技术的发展,多种模式转换器和模式转换天线已经研制成功,很多高功率微波源的输出经过转换都可以用圆形喇叭辐射 TE_{11} 模或准 HE_{11} 模,针对这些模式,在测量点足够多的情况下,采用在 E 面和 H 面测量,再利用数值积分法或辐射方向图拟合法就能测量功率,可以看出,这种方法本质上还是一种多点测量法。

第4章 高功率微波功率的耦合场测量

4.1 引　　言

在第三章我们重点介绍了高功率微波功率的辐射场测量方法,本章将主要讨论高功率微波功率的耦合场测量。

高功率微波功率的耦合场测量的基本思路是:通过某种耦合方式将极高的功率分离出很小的一部分来,输入经标定过的检波器-示波器指示系统(或者直接输入峰值功率计)进行功率计量,如果耦合出来的功率还是超出指示装置的测量范围,则还应利用衰减器对功率作进一步降低。由测量得到的功率通过对耦合方式的耦合度、衰减器的衰减量以及整个测量系统的损耗进行换算,就可以得出高功率微波的总功率。这种测量方法的关键在于耦合度、衰减量和系统损耗的标定,它们的不确定性将会对换算得到的高功率产生很大误差。功率指示装置的准确性(标定的精度)当然也会对测量误差产生一定影响。

耦合场测量与辐射场测量最大的不同在于将高功率微波的功率电平降低到测量指示系统可接受的小功率电平的方法,辐射场测量是借助接收喇叭只能接收整个辐射场中很少一部分功率来达到降低功率电平目的的,而耦合场测量采用的是利用耦合装置直接从高功率微波传输系统中只耦合很小一部分功率出来测量,从而实现降低功率电平的。

耦合场功率测量的耦合方式有多种形式,比如探针耦合、定向耦合器耦合等,但目前在实际测量中采用得较多的是探针耦合。另外,波数谱耦合方法和小孔选模耦合方法也可以用来进行功率测量,关于这两种测量法,由于它们主要是应用于模式的测量,所以我们将在第七章讨论。耦合场测量的功率指示可以采用峰值功率计,更多的是采用检波器和示波器组合。

耦合场测量的最大优点在于可以进行在线测量和动态测量。这一方面是由于耦合装置是直接连接在高功率微波的输出传输系统中而不是其终端的,因此它的接入并不影响系统终端与负载的连接,比如与辐射天线的连接,也就是说,功率测量可以在高功率微波系统保持正常工作状态下同时进行;另一方面,耦合装置从主系统中耦合出来的功率只占总功率的极小一部分,因此它的接入也不会影响高功率微波系统原有的工作状态;第三方面在于它接入系统后在测量过程中不再需要装拆或需要移动的部件,也就是说,在高功率微波源进行实验的过程中可以始终检测微波源的输出功率。因此,它既是一种在线测量方法,也是一种可以进行动态和实时测量的方法。

显然,高功率微波的辐射场测量不可能是一种在线测量方法,辐射场是专为进行测量而形成的,这时,高功率微波系统不可能再与工作负载连接进行正常工作。在这种测量方法中,由于接收喇叭需要移动以便在多点进行测量,所以它也不可能实现动态和实时测量。

4.2 探针耦合法

4.2.1 概述

探针在微波技术中是应用十分广泛的一种耦合方式,一般情况下,它利用同轴线的内导体伸入传输或存储微波能量的各种波导元件或腔体中,从中耦合出一部分微波能量来进行各种信号或功率监测,同轴线外导体则与波导元件或腔体金属外壁相连接。探针通常分成两种形式:如果同轴线内导体以线型形式,在与微波系统中的电场平行的方向伸入波导元件或腔体内部,则它将主要与微波电场发生耦合,当波导元件或腔体中的任何模式场在探针所在位置沿探针方向有交变电场时,探针上将激励起交变电流,从而有微波功率从探针输出,这种探针称为电探针;如果同轴线内导体伸入波导元件或腔体后弯曲成环形,末端与波导元件或腔体金属外壁连接,也就是与同轴线外导体闭合,构成耦合环,使环面与系统中的微波磁场方向垂直,它将主要与微波磁场发生耦合,当波导中的任何模式有交变磁场穿过耦合环时,就会在闭合环中产生感应电流,输出微波功率,这种探针称为磁探针。两种探针的结构如图 4-1 所示。

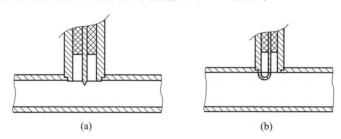

图 4-1 耦合探针的结构示意图
(a)电探针;(b)磁探针。

在高功率微波的功率测量中,由于波导中传输的功率电平很高,所以希望探针的耦合应该十分小(正的耦合度很大),以保证耦合出来的功率落到检波器或小功率计的量程范围之内,或者再经过外接的衰减器即可进行功率指示。为此,功率测量中一般都采用电探针,而较少采用磁探针,这是因为:电探针的端面面积要比磁探针的环形面积小得多,因而与电场的耦合比磁探针与磁场的耦合也就弱得多。为了进一步减少电探针的耦合,探针前端还可以做成尖锥形,使其端面面积更小;同时还可以使电探针完全不伸入到波导内部,仅与波导壁齐平,从而更大程度地减小耦合度,同时也降低了探针引起场击穿的可能。

探针耦合的主要不足是容易引起高频击穿,由于尖端放电的影响,使其击穿功率远远小于波导自身的功率容量。另外不论是电探针还是磁探针,耦合度的标定都只能是针对单一模式进行,当高功率过模传输系统中存在寄生模式时,就会使对它的标定的准确性降低,导致换算出的波导中传输的微波功率不准确。

我们在图 4-2 中给出了电探针与矩形波导中 TE_{10} 模和与圆形波导中 TM_{01} 模的电场形成耦合的示意图。由于在矩形波导中 TE_{10} 模的电场沿波导宽边以正弦函数分布,方向垂直于宽边,因此将电探针置于波导宽边中心线上垂直宽边插入波导时,耦合将最强,并随着探针位置偏离中心线而降低,在靠近窄边处耦合最弱。至于圆波导中的 TM_{01} 模,由于具有圆对称性,因此探针在圆周上任何位置沿圆柱面法向插入时引起的耦合都是一样的。

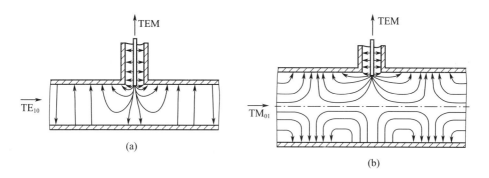

图 4-2 电探针与矩形波导中和圆形波导中电场的耦合
(a)与矩形波导中 TE_{10} 模的耦合;(b)与圆形波导中 TM_{01} 模的耦合。

磁探针相对用得较少,但为了完整起见,我们在这里还是对它进行了必要的讨论。

4.2.2 探针的耦合功率

1. 电探针耦合的功率

波导中的电磁场在电探针的表面激励的电荷是

$$Q(t) = S_{\text{eff}} D(t) \tag{4.1}$$

式中:S_{eff} 为探针有效截面;$D(t)$ 为探针所在位置处的电通量密度。对于简谐变化的电场(具有时间因子 $e^{\pm j\omega t}$ 的场),由式(4.1)即可求出电探针上的电流和它耦合的功率

$$D(t) = \varepsilon E_n e^{-j\omega t}$$

$$I(t) = \frac{dQ(t)}{dt} = -jS_{\text{eff}} \omega \varepsilon E_n e^{-j\omega t} \tag{4.2}$$

$$P_{\text{ce}} = \frac{1}{2}|I|^2 Z_0 = \frac{Z_0}{2} \omega^2 \varepsilon^2 S_{\text{eff}}^2 |E_n|^2$$

其中:Z_0 为电探针的阻抗,一般来说,同轴线的阻抗都取 50Ω;E_n 是探针所在位置与探针平行的电场,由于探针都是以垂直于波导壁的方向伸入波导的,因此与其发生耦合的电场 E_n 也一定是与波导壁垂直的分量,即电场的法向分量。

2. 磁探针耦合的功率

如果用导线做成一个闭合回路,则当穿过该闭合回路所包围的面积的磁力线发生变化时,即磁场发生变化时,在回路中就会产生感应电流。回路中能形成电流一定就意味着在回路的两端产生了电位差——电动势,法拉第给出了计算该电动势 u 的公式

$$u = -\frac{dB(t)}{dt} S_{\text{eff}} |\cos\theta| \tag{4.3}$$

这称为法拉第电磁感应定律。式中:dB/dt 为磁场 B 随时间的变化率;θ 为耦合环平面法向与穿过耦合环的磁场力线方向之间的夹角;S_{eff} 则为闭合回路与磁力线垂直(即 θ 为 $0°$ 或 $180°$、$|\cos\theta|=1$)时其包围磁场的有效面积。由于探针本身是垂直于波导壁进入波导的,因此能穿过耦合环的磁场分量必定是与波导壁平行的切向分量 $H_t(t)$。同样,对于简谐变化的磁场,我们可以得到磁探针耦合的功率为

$$B(t) = \mu H_t e^{-j\omega t}$$

$$P_{\text{cm}} = \frac{1}{2} \frac{|u|^2}{Z_0} = \frac{1}{2Z_0} \omega^2 \mu^2 S_{\text{eff}}^2 |H_t|^2 \tag{4.4}$$

式中:Z_0 为磁探针的阻抗,与电探针一样可取为 50Ω;H_t 是探针所在位置与波导壁平行的磁场切向分量。要注意的是,不同于电场的法向分量是唯一的,磁场的

切向分量有两个互相垂直的方向的场都可以是切向的,调整耦合环平面的方向就可以使环平面与两个磁场切向分量分别都可能垂直,所以计算磁探针的耦合功率时就有两种可能。

4.2.3 波导中的场与功率

为了计算探针的耦合功率,根据上面给出的公式,首先要知道波导中的场分量表达式,进而要计算探针的耦合度,根据耦合度的定义式(4.22),还应该知道波导中传输的功率。

1. 圆波导中的场与功率流

圆波导用圆柱坐标系表示,如图 4-3 所示。

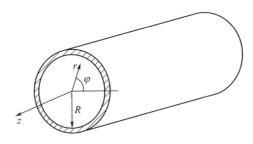

图 4-3 圆波导坐标系

在圆波导中的场分量表达式中,场在 φ 方向的变化应该存在有一个起始角 φ_0,除非在波导中存在专门的不均匀性,比如小孔、探针等激励机构,在一般情况下,对于理想均匀的圆波导,这一起始角度是不确定的,或者说场在 φ 方向的变化是可以从任意角向位置开始的。这样当利用探针从圆波导中进行功率耦合时,探针在圆波导圆周上的任何位置插入波导都是一样的,不会影响耦合度的大小,或者说探针的耦合度与 φ 无关,只与探针插入波导深度有关。但是要注意的是,如果在圆波导圆周的不同角向上同时插入两个或更多探针(或耦合孔)时,则它们的耦合就将与 φ 方向有关。由于现在我们讨论的仅是单个探针的耦合情况,我们可以认为,探针将与场在角向分布的最大值耦合,因此,在写出的场分量表达式中,可以省略场的角向分布,以下的场分量表达式中将不再出现包含 φ 的因子。

(1) TM$_{mn}$模。

在半径为 R 的圆波导中,TM$_{mn}$模的场表达式是

$$E_z = E_{zm} J_m(k_c r) e^{-j(\omega t - \beta z)}$$

$$E_r = -j\frac{\beta}{k_c} E_{zm} J'_m(k_c r) e^{-j(\omega t - \beta z)}$$

$$E_\varphi = -j\frac{\beta m}{k_c^2 r}E_{zm}J_m(k_c r)e^{-j(\omega t-\beta z)}$$

$$H_z = 0$$

$$H_r = j\frac{\omega\varepsilon m}{k_c^2 r}E_{zm}J_m(k_c r)e^{-j(\omega t-\beta z)}$$

$$H_\varphi = -j\frac{\omega\varepsilon}{k_c}E_{zm}J'_m(k_c r)e^{-j(\omega t-\beta z)} \tag{4.5}$$

其中:$m=0,1,2,\cdots;n=1,2,3,\cdots,n$不能为0,表示在圆波导中场在径向的变化不能为0;$k_c$为TM$_{mn}$模的截止波数

$$k_c = \frac{\mu_{mn}}{R} \tag{4.6}$$

μ_{mn}为m阶第一类贝塞尔函数$J_m(k_c r)$的第n个为零的根;$J'_m(k_c r)$是$J_m(k_c r)$的导数。

圆波导TM$_{mn}$模传输的功率为

$$P_t = \frac{\pi R^2}{2N_m}\left(\frac{\beta}{k_c}\right)^2\frac{E_{zm}^2}{\eta_{TM}}J'^2_m(k_c R) \tag{4.7}$$

式中:β为TM$_{mn}$模相位常数;η_{TM}为TM$_{mn}$模的波阻抗,它的表达式为

$$\eta_{TM} = \frac{\beta}{\omega\varepsilon} \tag{4.8}$$

N_m为诺埃曼系数

$$N_m = \begin{cases} 1 & (m=0) \\ 2 & (m\neq 0) \end{cases} \tag{4.9}$$

(2) TE$_{mn}$模。

在圆波导中,TE$_{mn}$模的场分量表达式为

$$H_z = H_{zm}J_m(k_c r)e^{-j(\omega t-\beta z)}$$

$$H_r = -j\frac{\beta}{k_c}H_{zm}J'_m(k_c r)e^{-j(\omega t-\beta z)}$$

$$H_\varphi = -j\frac{\beta m}{k_c^2 r}H_{zm}J_m(k_c r)e^{-j(\omega t-\beta z)}$$

$$E_z = 0 \tag{4.10}$$

$$E_r = -j\frac{\omega\mu m}{k_c^2 r}H_{zm}J_m(k_c r)e^{-j(\omega t-\beta z)}$$

$$E_\varphi = j\frac{\omega\mu}{k_c}H_{zm}J'_m(k_c r)e^{-j(\omega t-\beta z)}$$

其中：$m=0,1,2,\cdots$；$n=1,2,3,\cdots$，同样，n 不能为 0；k_c 为 TE_{mn} 模的截止波数

$$k_c = \frac{\mu'_{mn}}{R} \tag{4.11}$$

μ'_{mn} 为 m 阶第一类贝塞尔函数 $\text{J}_m(k_c r)$ 的导数 $\text{J}'_m(k_c r)$ 的第 n 个为 0 的根。

圆波导 TE_{mn} 模传输的功率

$$P_t = \frac{\pi R^2}{2N_m}\left(\frac{\beta}{k_c}\right)^2 \eta_{\text{TE}} H_{zm}^2 \left(1 - \frac{m^2}{k_c^2 R^2}\right) \text{J}_m^2(k_c R) \tag{4.12}$$

式中：β 为 TE_{mn} 模相位常数；η_{TE} 为 TE_{mn} 模的波阻抗，它可以表示为

$$\eta_{\text{TE}} = \frac{\omega\mu}{\beta} \tag{4.13}$$

诺埃曼系数 N_m 如式 (4.9) 所示。

2. 矩形波导中的场与功率流

矩形波导通常采用直角坐标系统表示（图 4-4）。

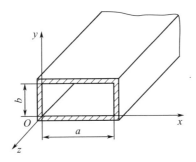

图 4-4 矩形波导坐标系

(1) TM_{mn} 模。

在尺寸为 $a \times b$ 的矩形波导中（a 是宽边，b 是窄边），TM_{mn} 模的场表达式为

$$\begin{aligned}
E_z &= E_{zm}\sin(k_x x)\sin(k_y y)\mathrm{e}^{-\mathrm{j}(\omega t - \beta z)} \\
E_x &= -\mathrm{j}\frac{\beta}{k_c^2}k_x E_{zm}\cos(k_x x)\sin(k_y y)\mathrm{e}^{-\mathrm{j}(\omega t - \beta z)} \\
E_y &= -\mathrm{j}\frac{\beta}{k_c^2}k_y E_{zm}\sin(k_x x)\cos(k_y y)\mathrm{e}^{-\mathrm{j}(\omega t - \beta z)} \\
H_z &= 0 \\
H_x &= \mathrm{j}\frac{\omega\varepsilon}{k_c^2}k_y E_{zm}\sin(k_x x)\cos(k_y y)\mathrm{e}^{-\mathrm{j}(\omega t - \beta z)} \\
H_y &= -\mathrm{j}\frac{\omega\varepsilon}{k_c^2}k_x E_{zm}\cos(k_x x)\sin(k_y y)\mathrm{e}^{-\mathrm{j}(\omega t - \beta z)}
\end{aligned} \tag{4.14}$$

式中：$m=1,2,3,\cdots;n=1,2,3,\cdots$，即 m 和 n 都不能为 0；k_c 为矩形波导中 TM_{mn} 模的截止波数，它可按式(4.15)计算

$$k_c^2 = \left(\frac{m\pi}{a}\right)^2 + \left(\frac{n\pi}{b}\right)^2$$

$$k_x^2 = \left(\frac{m\pi}{a}\right)^2 \tag{4.15}$$

$$k_y^2 = \left(\frac{n\pi}{b}\right)^2$$

TM_{mn} 模传输的功率为

$$P_t = \frac{ab}{8}\frac{\omega\varepsilon\beta}{k_c^2}E_{zm}^2 = \frac{ab}{8}\left(\frac{\beta}{k_c}\right)^2\frac{1}{\eta_{TM}}E_{zm}^2 \tag{4.16}$$

式中：η_{TM} 为矩形波导中 TM_{mn} 模的波阻抗，它可表示为

$$\eta_{TM} = \frac{\beta}{\omega\varepsilon} \tag{4.17}$$

(2) TE_{mn} 模。

矩形波导中的 TE_{mn} 模的场表达式为

$$\begin{aligned}
H_z &= H_{zm}\cos(k_x x)\cos(k_y y)\mathrm{e}^{-\mathrm{j}(\omega t-\beta z)} \\
H_x &= \mathrm{j}\frac{\beta}{k_c^2}k_x H_{zm}\sin(k_x x)\cos(k_y y)\mathrm{e}^{-\mathrm{j}(\omega t-\beta z)} \\
H_y &= \mathrm{j}\frac{\beta}{k_c^2}k_y H_{zm}\cos(k_x x)\sin(k_y y)\mathrm{e}^{-\mathrm{j}(\omega t-\beta z)} \\
E_z &= 0 \\
E_x &= \mathrm{j}\frac{\omega\mu}{k_c^2}k_y H_{zm}\cos(k_x x)\sin(k_y y)\mathrm{e}^{-\mathrm{j}(\omega t-\beta z)} \\
E_y &= -\mathrm{j}\frac{\omega\mu}{k_c^2}k_x H_{zm}\sin(k_x x)\cos(k_y y)\mathrm{e}^{-\mathrm{j}(\omega t-\beta z)}
\end{aligned} \tag{4.18}$$

式中：$m=0,1,2,\cdots;n=0,1,2,\cdots$，但 m、n 不能同时为 0。

矩形波导中 TE_{mn} 模的截止波数 k_c 的表达式与式(4.15)相同，它传输的功率为

$$P_t = \frac{ab}{2N_m N_n}\frac{\omega\mu\beta}{k_c^2}H_{zm}^2 = \frac{ab\eta_{TE}}{2N_m N_n}\left(\frac{\beta}{k_c}\right)^2 H_{zm}^2 \tag{4.19}$$

式中 η_{TE} 为矩形波导中 TE_{mn} 模的波阻抗，它可表示为

$$\eta_{TE} = \frac{\omega\mu}{\beta} \tag{4.20}$$

N_m、N_n 为诺埃曼系数

$$N_m = \begin{cases} 1 & (m=0) \\ 2 & (m \neq 0) \end{cases}$$
$$N_n = \begin{cases} 1 & (n=0) \\ 2 & (n \neq 0) \end{cases} \tag{4.21}$$

4.3 探针的耦合度与探针有效截面

4.3.1 耦合度的定义与耦合规则

1. 耦合度定义与总功率

(1) 耦合度的定义。

耦合度取正值时,它的定义为

$$C = 10\lg \frac{P_t}{P_c} \quad (\text{dB}) \tag{4.22}$$

式中:P_t 为在波导中传输的模式波功率;P_c 为电探针或磁探针耦合的功率。圆波导和矩形波导中 TM_{mn} 模和 TE_{mn} 模的功率流 P_t 我们已经给出,所以现在只要根据式(4.2)和式(4.4)求得电探针或磁探针的耦合功率,就可以得到它们的耦合度。

(2) 由耦合度求系统总功率。

反之,已知耦合度 C,测量探针耦合的功率大小 P_c,就可以求出波导中传输的总功率 P_t 为

$$P_t = P_c \times 10^{C/10} \tag{4.23}$$

这就是耦合法测量高功率微波功率的原理,可见,求出探针的耦合度是这一测量的基础。

理论上,探针的耦合度可以直接用网络分析仪测定,但在实际测量中会遇到严重困难,这主要来源于系统中模式场的激励源问题,这样的问题我们在前面也已经不止一次遇到。因为探针的耦合度与被耦合微波的模式紧密相关,高功率微波源产生的微波模式往往是多种多样的,利用网络分析仪标定耦合度时,很难在安装有探针的被测波导中激励起需要标定用的模式。因此,我们一般只能通过理论计算的方法(在模式相对简单的情况下也可以采用实验方法)来求得探针耦合度,因为在理论公式中,频率、模式、耦合位置等所有影响耦合度的因素都会考虑进去。

西北核技术研究院开展过用电探针测量相对论返波管输出功率的研究,并

测到了 400～800MW 以上的功率,与俄罗斯制造的功率探头测量结果相比,两者的相对误差在 ±15% 以下。

2. 探针耦合的基本规则

(1) 探针耦合的场一般是波导壁处的场。

在高功率微波的功率测量中,高功率微波的功率量级一般都相当大,但希望探针耦合的功率尽量小,同时也要求降低探针的引入在波导中产生打火的概率。因此,一般情况下,电探针前端都只与波导壁齐平,而很少伸入到波导内部;磁探针的耦合环不可避免地必须伸入到波导内部,否则环的另一端难以与波导壁焊接形成闭合的环,但也都会尽量减小伸入波导的程度。

(2) 与电探针耦合的场分量。

对于电探针来说,能与之发生耦合的是波导壁处的电场法向分量,而波导壁的法向是唯一的,因此,每个有电探针插入的波导壁只能对应唯一的一个电场分量能与电探针耦合,如果某个模式不存在这个电场分量,则就不可能发生与电探针的耦合。

在圆波导中,波导壁的法向是 r 方向,这就意味着,只有电场的 E_r 分量才能与电探针发生耦合。对于 TE_{0n} 模,由于只存在 E_φ 分量而没有 E_r 分量,所以电探针就不可能与 TE_{0n} 模产生耦合,从波导中耦合出微波功率。当然,这只是理论上的理想情况,实际上,探针的引入本身也会引起场的畸变,从而产生 E_r 分量,形成耦合,但这种耦合一般都十分弱。

在矩形波导中,如果取直角坐标系,而且按惯例,宽边在 x 方向,窄边在 y 方向,则对波导宽边来说,它的法向是 y 方向;而对于窄边来说,它的法向则是 x 方向。在矩形波导中,不管什么模式,电场不可能既没有 E_y 分量,同时又没有 E_x 分量(注意:在谐振腔中这种状态是可能存在的),因此,电探针与矩形波导中的电场总是可以发生耦合的,只是对于 TE_{m0} 模式来说,由于电场只有 E_y 分量,所以探针必须从波导宽边插入;而对于 TE_{0n} 模式来说,则由于电场只有 E_x 分量,所以探针只能由窄边插入。

(3) 与磁探针耦合的场分量。

在圆波导中,能与磁探针发生耦合的是波导壁处的磁场切向分量,即 H_φ 和 H_z,而这种分量在 TM 模情况下只有一个,TE 模可能会有两个。磁探针的耦合环平面应该和希望与之相耦合的磁场分量相垂直,让磁力线穿过耦合环。

TM_{0n} 模只有 H_φ 一个切向分量,所以磁探针与 TM_{0n} 模只能与 H_φ 耦合,这时耦合环的平面应与 φ 方向垂直。而 TE_{0n} 模,虽然既有 H_r 分量,又有 H_z 分量,但只有 H_z 是在切向的,所以与 TE_{0n} 模耦合时,应与 H_z 分量耦合,耦合环平面应与 z 方向垂直。其他在波导壁处既有 H_φ 切向分量,又有 H_z 切向分量的模式,如果磁探针

希望与 H_φ 耦合,耦合环平面垂直于 φ 方向,希望与 H_z 耦合,耦合环平面垂直于 z 方向,如果磁探针在其他任意方向插入,则将同时与 H_φ 和 H_z 在耦合环垂直方向上的分量相耦合。

我们知道,电磁场的结构,对于磁场来说,磁力线必须自我形成闭合,这样,在矩形波导中,在波导壁处的磁力线要形成闭合环,对于 TE_{mn} 模来说,就可能由 H_x 与 H_z 两个分量构成,也可能由 H_y 与 H_z 两个分量构成;对于 TM_{mn} 模而言,则由 H_x 与 H_y 两个分量构成力线的闭合环。因此,在矩形波导中放置磁探针,若与 H_z 分量耦合,耦合环既可以从宽边插入,也可以从窄边插入,环的平面应该与 z 方向垂直;若与 H_x 分量耦合,耦合环就必须从宽边插入,环平面应与 x 方向垂直;若与 H_y 分量耦合,耦合环就必须从窄边插入,环平面就应与 y 方向垂直。但是要注意的是,耦合环放置的所在位置,磁场分量不能正好处于 0 值。

(4) 探针耦合度的调整。

对于矩形波导,由于在波导中给定模式的场分布是确定的,在一般情况下,不论是电场还是磁场,它们沿波导内壁的分布是不均匀的,因此我们可以很方便地通过改变探针在波导壁上的插入位置来调节探针与场耦合的强弱。比如,对最常见的 TE_{10} 模,E_y 沿宽边按正弦函数分布,因此在宽边正中场最强,在两边变弱,直至在端点(与窄边连接点)变为 0,相对应的,电探针在宽边中心位置插入耦合最强,向两边偏移时,耦合逐渐减弱。磁探针的耦合也会有类似的情况,比如,同样对于 TE_{10} 模,当磁探针在波导宽边插入与 H_z 耦合时,探针越靠近宽边边缘耦合越强,而在宽边中心线上,耦合为 0,因为在这里 H_z 等于 0。此外,磁探针还可以通过调节耦合环平面相对磁场方向的角度 θ 来改变耦合的强弱,如果场沿矩形波导的某一边均匀分布,没有变化,则探针或者可以通过调节耦合环平面相对磁场方向的角度,或者通过调整探针的插入深度来改变耦合强弱。

对于均匀圆波导,虽然电磁场沿圆周在一般情况下(圆对称模 TE_{0n} 模和 TM_{0n} 模除外)也存在正弦或余弦函数分布,但这种分布在圆周上的位置是不固定的,因此探针由圆周任何角向位置插入波导都不会影响探针的耦合。对于给定模式,要调节探针的耦合度,对电探针,只能通过调整探针的插入深度来达到;对磁探针,可以通过改变耦合环平面与磁力线的夹角 θ 来实现。对于圆对称模 TE_{0n} 模,由于它没有 E_r 分量,因此不可能与电探针发生耦合,只能利用磁探针与 H_z 分量耦合;而对于圆对称模 TM_{0n} 模,在波导内壁位置,它既有 E_r 分量,也有 H_φ 分量,所以电探针和磁探针都可以与它产生耦合。

3. 探针耦合的基本假设

在进行探针耦合度推导前,为了简化推导过程,我们先给出一些基本假定:
(1) 对于电探针,我们假设它的端面与波导内壁齐平,这就意味着,它所耦合的电场是在波导内壁处的场值,即 $r=R$(圆波导)或 $x=a$、$y=b$(矩形波导)时的场值。显然,探针与波导内壁的不齐平,会影响耦合度的大小。

(2) 对于磁探针,我们假设它的耦合环刚刚伸入波导内壁,与它发生耦合的同样是在波导内壁处的场值,即 $r=R$(圆波导)或 $x=a$、$y=b$(矩形波导)时的场值。严格来说,耦合环是有一定面积的,穿过它的磁力线也就会有一定分布,更准确的计算应该求穿过耦合环的磁场分布的积分或平均值。由于我们认为磁探针耦合环的大小相对于波导尺寸要小得多,因此,可以近似认为穿过耦合环的磁场是均匀的,它就等于波导壁处对应耦合环中心位置的磁场,当然这对耦合度的计算多少会带来一些误差。

(3) 在推导中,我们假设波导填充的是空气或真空,即 $\varepsilon = \varepsilon_0, \mu = \mu_0$,因此光速 c 与介电常数和导磁系数之间有以下关系

$$c = \frac{1}{\sqrt{\varepsilon\mu}} = \frac{1}{\sqrt{\varepsilon_0\mu_0}} \qquad (4.24)$$

式中:$\varepsilon_0 = 8.854 \times 10^{-12} \text{F/m}$;$\mu_0 = 1.2566 \times 10^{-6} \text{H/m}$。

同理,我们还可以得到

$$\eta_0 = \sqrt{\frac{\mu}{\varepsilon}} = \sqrt{\frac{\mu_0}{\varepsilon_0}} \approx 377\Omega \qquad (4.25)$$

η_0 称为自由空间波阻抗。

(4) 假定探针的同轴线部分的特性阻抗 Z_0 采用的都是 50Ω。

4.3.2 探针的耦合度

1. 电探针的耦合度

(1) 圆波导中电探针的耦合度。

前已指出,圆波导中与电探针耦合的电场分量是 E_r,我们应该根据 E_r 在 $r=R$ 处的值来求电探针耦合的功率。

① TM_{mn} 模。

由式(4.5),当 $r=R$ 时,有

$$|E_r|_{r=R} = \frac{\beta}{k_c}|E_{zm}J'_m(k_cR)| \qquad (4.26)$$

代入式(4.2)可得探针耦合的功率为

$$P_{ce} = \frac{Z_0}{2}\omega^2\varepsilon^2 S_{eff}^2 \frac{\beta^2}{k_c^2} E_{zm}^2 J'^2_m(k_cR) = \frac{Z_0}{2}\left(\frac{\beta}{k_c}\right)^2 (\omega\varepsilon)^2 S_{eff}^2 E_{zm}^2 J'^2_m(k_cR) \qquad (4.27)$$

根据式(4.7)给出的 P_t 大小,就可以得到圆波导中电探针与 TM_{mn} 模的耦合度为

$$C = 10\lg\frac{P_t}{P_{ce}} = 10\lg\frac{R^2\eta_0}{4\pi N_m S_{eff}^2 Z_0}\frac{\lambda^2}{\sqrt{1-(\lambda/\lambda_c)^2}} \quad (4.28)$$

式中：λ_c 为与 k_c 对应的截止波长；η_0 为自由空间波阻抗；Z_0 是同轴线阻抗，取为 50Ω，N_m 见式(4.9)。

② TE_{mn} 模。

由式(4.10)，当 $r = R$ 时，有

$$|E_r|_{r=R} = \frac{\omega\mu m}{k_c^2 R}H_{zm}|J_m(k_c R)| \quad (m \neq 0) \quad (4.29)$$

代入式(4.2)即可得探针耦合的功率为

$$P_{ce} = \frac{Z_0}{2}\omega^2\varepsilon^2 S_{eff}^2 \frac{\omega^2\mu^2 m^2}{k_c^4 R^2}H_{zm}^2 J_m^2(k_c R) = \frac{Z_0}{2}\frac{\omega^4\varepsilon^2\mu^2 m^2}{k_c^4 R^2}S_{eff}^2 H_{zm}^2 J_m^2(k_c R) \quad (m \neq 0)$$
(4.30)

由式(4.29)可以看出，如果 $m = 0$，即对于 TE_{0n} 模式，电探针的耦合功率为 0，电探针不能与圆波导中的圆电模发生耦合，显然，这是因为在 TE_{0n} 模中不存在 E_r 场分量的缘故。

根据式(4.12)给出的 P_t 大小，就可以得到圆波导中电探针与 TE_{mn} 模的耦合度，只是这时在式(4.12)中，由于 $m \neq 0$，所以 $N_m = 2$。

$$C = 10\lg\frac{R^2\lambda^2\eta_0}{8\pi Z_0 S_{eff}^2}\left[\left(\frac{2\pi R}{m\lambda_c}\right)^2 - 1\right]\sqrt{1-(\lambda/\lambda_c)^2} \quad (m \neq 0) \quad (4.31)$$

(2) 矩形波导中电探针的耦合度。

矩形波导中的电探针，既可以与波导中的 E_y 场分量耦合，也可以与 E_x 分量耦合，当探针从波导宽边插入时，与 E_y 耦合，从窄边插入时，与 E_x 耦合。我们在这里仅给出从宽边插入的探针与 E_y 耦合时的耦合度，矩形波导中电探针由波导窄边插入与 E_x 分量耦合的情况，实际应用相对比较少，需要时，读者可以采用完全类似的方式进行推导得到其耦合度，我们在这里不再列出。

① TM_{mn} 模。

探针从宽边插入时，在 $y = b$ 处，E_y 场分量根据式(4.14)可以写为

$$|E_y|_{y=b} = |E_{yb}| = \frac{\beta}{k_c^2}k_y E_{zm}|\sin(k_x x)| = \frac{\beta n\pi}{k_c^2 b}E_{zm}\left|\sin\left(\frac{m\pi}{a}x\right)\right| \quad (m \neq 0, n \neq 0)$$
(4.32)

则电探针耦合的功率为

$$P_{ce} = \frac{Z_0}{2}|\omega\varepsilon S_{eff}E_{yb}|^2 = \frac{Z_0}{2}\frac{\beta^2}{k_c^4}\omega^2\varepsilon^2 S_{eff}^2\left(\frac{n\pi}{b}\right)^2 E_{zm}^2\sin^2\left(\frac{m\pi}{a}x\right) \quad (m \neq 0, n \neq 0)$$
(4.33)

立即可以看出，当 $m = 0$ 或 $n = 0$ 时，$P_{ce} = 0$，这很好理解，因为矩形波导中不

存在TM_{0n}模式和TM_{m0}模式,它最简单的模式是TM_{11}模。

而矩形波导中TM_{mn}模的功率已由式(4.16)给出,由此电探针对它的耦合度可以求得

$$C = 10\lg \frac{ab^3 \eta_0}{4n^2 \pi^2 Z_0 S_{\text{eff}}^2} \left(\frac{\lambda}{\lambda_c}\right)^2 \frac{1}{\sqrt{1-(\lambda/\lambda_c)^2 \sin^2(m\pi x/a)}} \quad (n \neq 0, m \neq 0) \quad (4.34)$$

由式(4.34)可见,调节探针在 x 坐标上的位置,就可以调整耦合度的大小。

② TE_{mn}模。

探针还是从波导宽边插入,在 $y=b$ 处,TE_{mn}模的 E_y 场可根据式(4.18)写为

$$|E_y|_{y=b} = |E_{yb}| = \frac{\omega \mu}{k_c^2} \frac{m\pi}{a} H_{zm} \left|\sin\left(\frac{m\pi}{a}x\right)\right| \quad (m \neq 0) \quad (4.35)$$

则电探针耦合的功率就是

$$P_{ce} = \frac{Z_0}{2} |\omega \varepsilon S_{\text{eff}} E_{yb}|^2 = \frac{Z_0}{2} \frac{m^2 \pi^2}{a^2} \left(\frac{k}{k_c}\right)^4 S_{\text{eff}}^2 H_{zm}^2 \sin^2\left(\frac{m\pi}{a}x\right) \quad (m \neq 0) \quad (4.36)$$

由式(4.36)可以看出,m 不能等于 0,否则耦合的功率 P_{ce} 就为 0,由 TE_{0n} 模的场结构很容易得出这一结论,$m=0$ 时,它的电场只有 E_x 分量,没有 E_y 分量,而 E_x 分量不能与从波导宽边插入的电探针发生耦合,只能与从波导窄边插入的电探针发生耦合。

矩形波导中 TE_{mn} 模的功率已由式(4.19)给出,但是这时式中 $m \neq 0$,所以 $N_m = 2$,因此电探针对它的耦合度应为

$$C = 10\lg \frac{a^3 b \eta_0}{2N_n m^2 \pi^2 Z_0 S_{\text{eff}}^2} \left(\frac{\lambda}{\lambda_c}\right)^2 \frac{\sqrt{1-(\lambda/\lambda_c)^2}}{\sin^2(m\pi x/a)} \quad (m \neq 0) \quad (4.37)$$

2. 磁探针的耦合度

(1) 圆波导中磁探针的耦合度。

我们已经指出,圆波导中与磁探针耦合的磁场切向分量可以是 H_φ,也可以是 H_z 分量。我们应该根据磁场分量在 $r=R$ 处的值来求出磁探针耦合的功率。

我们在这里仅讨论磁探针与 H_φ 耦合的情况,至于它与 H_z 的耦合,可以作类似的推导求出它的耦合度,我们不再具体写出它的过程。

① TM_{mn}模。

圆波导中 TM_{mn} 的场分量表达式已由式(4.5)给出,当 $r=R$ 时有

$$|H_\varphi|_{r=R} = \frac{\omega \varepsilon}{k_c} E_{zm} |J_m'(k_c R)| \quad (4.38)$$

磁探针耦合的功率应根据式(4.4)计算得

$$P_{cm} = \frac{1}{2Z_0} \omega^2 \mu^2 S_{\text{eff}}^2 \frac{\omega^2 \varepsilon^2}{k_c^2} E_{zm}^2 J_m'^2(k_c R) = \frac{\omega^4 \mu^2 \varepsilon^2 S_{\text{eff}}^2}{2Z_0 k_c^2} E_{zm}^2 J_m'^2(k_c R) \quad (4.39)$$

再由式(4.7)给出的圆波导中 TM_{mn} 模的 P_t 大小,就可以得到圆波导中磁探针与 TM_{mn} 模耦合的耦合度为

$$C = 10\lg \frac{R^2 Z_0}{4\pi N_m S_{eff}^2} \frac{\lambda^2}{\eta_0 \sqrt{1-(\lambda/\lambda_c)^2}} \tag{4.40}$$

式中:N_m 见式(4.9)或式(4.21)。

② TE_{mn} 模。

当 $r = R$ 时,由式(4.10)得

$$|H_\varphi|_{r=R} = \frac{\beta m}{k_c^2 R} H_{zm} |J_m(k_c R)| \quad (m \neq 0) \tag{4.41}$$

由此得

$$P_{cm} = \frac{1}{2Z_0} \omega^2 \mu^2 S_{eff}^2 \frac{\beta^2 m^2}{k_c^4 R^2} H_{zm}^2 J_m^2(k_c R) \quad (m \neq 0) \tag{4.42}$$

由式(4.42)可见,m 不能等于0,这是十分明显的,因为 TE_{0n} 模是圆电模,它的磁场只有 H_r 分量和 H_z 分量,没有 H_φ 分量,所以与 H_φ 耦合时,耦合功率为0。这时可以改为与 H_z 分量耦合,只要将磁探针旋转90°,使它的耦合环平面由与角向垂直变成与 z 向垂直即可。

将式(4.42)与式(4.12)结合,求出磁探针与 TE_{mn} 模 H_φ 分量耦合的耦合度(式中已代入 $N_m = 2$)得

$$C = 10\lg \frac{R^2 Z_0}{8\pi S_{eff}^2} \left[\left(\frac{2\pi R}{m\lambda_c}\right)^2 - 1 \right] \frac{\lambda^2}{\eta_0 \sqrt{1-(\lambda/\lambda_c)^2}} \quad (m \neq 0) \tag{4.43}$$

(2) 矩形波导中磁探针的耦合度。

我们还是假定磁探针从波导宽边插入,这时,它可以与 H_x 耦合,也可以与 H_z 耦合,取决于磁探针耦合环的方向。在这里,我们仅考虑与 H_x 磁场分量耦合的情况,至于与 H_z 分量耦合的情况,读者可以作类似的推导。

① TM_{mn} 模。

当 $y = b$ 时,由式(4.14)可得

$$|H_x|_{y=b} = \frac{\omega \varepsilon}{k_c^2} \frac{n\pi}{b} E_{zm} \left| \sin\left(\frac{m\pi}{a}x\right) \right| \quad (m \neq 0, n \neq 0) \tag{4.44}$$

我们知道,矩形波导中 TM 模的 m 和 n 都不能为0,即不存在 TM_{0n} 模和 TM_{m0} 模。

磁探针耦合的功率就为

$$P_{cm} = \frac{1}{2Z_0} \left(\frac{k}{k_c}\right)^4 \frac{n^2 \pi^2}{b^2} S_{eff}^2 E_{zm}^2 \sin^2\left(\frac{m\pi}{a}x\right) \quad (m \neq 0, n \neq 0) \tag{4.45}$$

与波导中传输的 TM_{mn} 模的总功率(式(4.16))相比,得出磁探针的耦合度为

$$C = 10\lg \frac{ab^3 Z_0}{4n^2\pi^2 S_{eff}^2}\left(\frac{\lambda}{\lambda_c}\right)^2 \frac{\sqrt{1-(\lambda/\lambda_c)^2}}{\eta_0 \sin^2(m\pi x/a)} \quad (m\neq 0, n\neq 0) \qquad (4.46)$$

② TE_{mn} 模。

$y=b$ 时，根据式(4.18)得

$$\left.|H_x|\right|_{y=b} = \frac{\beta}{k_c^2}\frac{m\pi}{a}H_{zm}\left|\sin\left(\frac{m\pi}{a}x\right)\right| \quad (m\neq 0) \qquad (4.47)$$

之所以 m 不能为 0，这在矩形波导中是很好理解的，因为若 $m=0$，则磁场只有 H_y 和 H_z 分量，不存在 H_x 分量。

在 $m\neq 0$ 时，TE_{mn} 模被磁探针耦合的功率就为

$$P_{cm} = \frac{1}{2Z_0}\frac{\omega^2\mu^2\beta^2}{k_c^4}S_{eff}^2\left(\frac{m\pi}{a}\right)^2 H_{zm}^2\sin^2\left(\frac{m\pi}{a}x\right) \quad (m\neq 0) \qquad (4.48)$$

与矩形波导中传输的 TE_{mn} 模的总功率(式(4.19))相比，得出探针的耦合度，注意式(4.19)中，因为 $m\neq 0$，所以其中的 N_m 应该直接用 $N_m=2$ 代入。

$$C = 10\lg \frac{a^3 b Z_0}{2N_n m^2\pi^2 S_{eff}^2}\left(\frac{\lambda}{\lambda_c}\right)^2 \frac{1}{\eta_0 \sin^2(m\pi x/a)\sqrt{1-(\lambda/\lambda_c)^2}} \quad (m\neq 0)$$
$$(4.49)$$

4.3.3 探针有效截面的标定

得到了探针的耦合度，测量探针耦合出来的功率的大小，利用式(4.23)，原则上就可以求出波导中传输的总功率了。但是在所有耦合度的计算式中，还有一个探针的有效截面 S_{eff} 没有确定，因此我们将在下面讨论 S_{eff} 的标定。

显然，探针的有效截面 S_{eff} 是探针耦合的微波模式和微波频率的函数，因此严格说来，探针有效截面的标定必须在与探针工作时实际耦合的微波场的模式和频率相同的状态下进行，但这样一来，必将给标定带来很大困难，因为这就要求标定用微波信号必须具有与高功率微波源相同的工作模式和频率。频率问题不大，信号源通常都是频率可调的，但模式的要求将导致标定系统在一般情况下变得相当复杂，我们必须首先通过单模激励器或模式变换器得到需要的工作模式。

下面将仅介绍在最方便得到的波导模式下，直接用网络分析仪来进行探针有效截面的标定的方法，其他模式下的探针有效截面的标定可以采用完全类似的方法进行。更简单和方便能得到的模式可以是矩形波导中的 TE_{10} 模，也可以是圆波导中的 TM_{01} 模，因为相对于其他模式来说，这是最容易激励的两个模式，特别是矩形波导中的 TE_{10} 模更是基模，可以做到单模传输。

1. 在矩形波导中标定

采用矩形波导标定探针有效截面,最大的优越性在于在标准矩形波导中,通过波导 – 同轴转换接头可以高效地而且是唯一地激励起 TE_{10} 模,不会有任何其他模式存在。但在实际利用探针进行高功率微波功率测量时,一般采用的都是过模波导,为了尽可能在探针的真实使用情况下进行标定,应该采用同样的过模波导。这时,假如标定仍对 TE_{10} 模进行,则过模矩形波导的高质量的波导 – 同轴转换接头成为标定系统中的关键元件,必须精心设计和制造。或者,也可以先用标准波导激励 TE_{10} 模,再利用渐变过渡波导过渡到过模波导,这或许是更方便和可靠的方案。

(1) 电探针有效截面的标定。

标定用系统如图 4 – 5 所示。

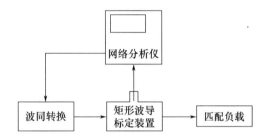

图 4 – 5 探针在矩形波导中标定的系统框图

利用上述系统,用网络分析仪测出用分贝值表示的 S_{21},该 S_{21} 定义为

$$S_{21} = 10\lg \frac{P'_c}{P'_t} = -10\lg \frac{P'_t}{P'_c} = -C \tag{4.50}$$

式中: P'_t 为被测波导的输入功率; P'_c 为探针从波导中耦合得到的功率; C 为用正值表示的耦合度。显然 S_{21} 本身是用负值表示的探针耦合度,它应该与由式 (4.37) 给出的矩形波导电探针的耦合度的负值相等,即

$$S_{21} = -10\lg \frac{a^3 b \eta_0}{2N_n m^2 \pi^2 Z_0 S_{eff}^2} \left(\frac{\lambda}{\lambda_c}\right)^2 \frac{\sqrt{1-(\lambda/\lambda_c)^2}}{\sin^2(m\pi x/a)} \tag{4.51}$$

将矩形波导 TE_{10} 模的相关参数代入: $N_n = 1$、$m = 1$、$Z_0 = 50\Omega$、$\lambda_c = 2a$、$\eta_0 = 377\Omega$;假设探针从波导宽边中心插入,则 $x = a/2$。得到

$$S_{21} = -10\lg \frac{0.0955ab\lambda^2 \sqrt{1-(\lambda/2a)^2}}{S_{eff}^2} \tag{4.52}$$

由此即可求出电探针有效截面为

$$S_{eff}^2 = 0.0955ab\lambda^2 \sqrt{1-(\lambda/2a)^2} \times 10^{-S_{21}/10} \tag{4.53}$$

（2）磁探针有效截面的标定。

与电探针类似,磁探针的有效截面也可以用工作在 TE_{10} 模的矩形波导来标定,标定系统不变,只需把电探针换成磁探针。但这时,因为探针还是从宽边中心插入,在这里 TE_{10} 模的 $H_z = 0$,所以它只能与 H_x 分量耦合,且在 $a/2$ 处, H_x 最大。

测量时磁探针的耦合环平面与 x 方向垂直。测量以分贝表示的 S_{21},根据式(4.49),有

$$S_{21} = -10\lg \frac{a^3 b Z_0}{2 N_n m^2 \pi^2 S_{eff}^2} \left(\frac{\lambda}{\lambda_c}\right)^2 \frac{1}{\eta_0 \sin^2(m\pi x/a) \sqrt{1-(\lambda/\lambda_c)^2}} = -C \tag{4.54}$$

将 $N_n = 1$、$m = 1$、$Z_0 = 50\Omega$、$\lambda_c = 2a$、$x = a/2$、$\eta_0 = 377\Omega$ 代入,得到

$$S_{21} = -10\lg \frac{ab\lambda^2}{8\pi^2 S_{eff}^2} \frac{0.1326}{\sqrt{1-(\lambda/2a)^2}} \tag{4.55}$$

$$S_{eff}^2 = \frac{1.68 ab\lambda^2 \times 10^{-3}}{\sqrt{1-(\lambda/2a)^2}} \times 10^{-S_{21}/10} \tag{4.56}$$

可见,利用网络分析仪测量用分贝表示的 S_{21},就可以求出磁探针的有效截面。

2. 在圆波导中标定

采用圆波导标定探针有效截面时,相对矩形波导来说,它利用 TM_{01} 模就没有矩形波导利用 TE_{10} 模方便,这主要是因为圆波的 TM_{01} 模不是基模,因而它的激励器激励 TM_{01} 模也就比矩形波导中用波导－同轴接头激励 TE_{10} 模相对来说困难一些,不仅反射可能会大一点,更主要的是容易产生杂模,由于标定时的计算公式是针对单一具体模式写出的,因而杂模的存在必将影响标定的准确性。

圆波导 TM_{01} 模激励器一般都采用将同轴线内导体从圆波导的一个横向端面插入,利用内导体中的高频电流在其周围产生的磁场形成 TM_{01} 模的横向磁场,从而激励起 TM_{01} 模。为了改善激励器的匹配性能,提高模式转换效率,通常把圆波导做成锥形,如图 4-6 所示。锥形段的最小端的半径 R_{min} 必须满足 TM_{01} 模的传输条件,当然最好又能让比 TM_{01} 模高一次的 TE_{21} 模截止,即要求 R_{min} 为

$$0.486\lambda > R_{min} > 0.383\lambda \tag{4.57}$$

而锥形段的最大端的半径,应与被标定的探针在高功率微波测量时实际使用的过模圆波导半径一致,并与其连接。如果在锥形段的前面有一段以 R_{min} 为半径的均匀圆波导会更好,可以使高次杂模都能有足够的衰减而消失,然后再连接锥形波导过渡到需要的过模波导。

在圆波导中标定探针有效截面的测量系统由图 4-7 给出。

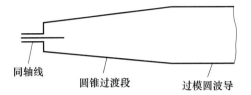

图 4-6 圆波导 TM$_{01}$ 模激励器

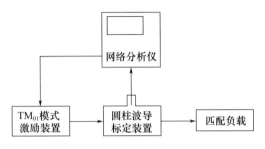

图 4-7 探针在圆波导中标定系统框图

(1) 电探针有效截面的标定。

探针与圆波导中的 E_r 分量耦合,在已激励起 TM$_{01}$ 模的系统中测量 S_{21} 的分贝值,根据式(4.28),有

$$S_{21} = -10\lg \frac{P_t}{P_{ce}} = -10\lg \frac{R^2 \eta_0}{4\pi N_m S_{eff}^2 Z_0} \frac{\lambda^2}{\sqrt{1-(\lambda/\lambda_c)^2}} \tag{4.58}$$

对于 TM$_{01}$ 模,代入 $N_m = 1$、$\lambda_c = 2.62R$,同时代入 $Z_0 = 50\Omega$、$\eta_0 = 377\Omega$,得

$$S_{21} = -10\lg \frac{0.6R^2}{S_{eff}^2} \frac{\lambda^2}{\sqrt{1-(\lambda/2.62R)^2}} \tag{4.59}$$

由此得

$$S_{eff}^2 = \frac{0.6R^2\lambda^2}{\sqrt{1-(\lambda/2.62R)^2}} \times 10^{-S_{21}/10} \tag{4.60}$$

(2) 磁探针有效截面的标定。

磁探针与圆波导中的 H_φ 分量耦合,测量 S_{21},根据式(4.40),有

$$S_{21} = -10\lg \frac{R^2 Z_0}{4\pi N_m S_{eff}^2} \frac{\lambda^2}{\eta_0} \sqrt{1-(\lambda/\lambda_c)^2} \tag{4.61}$$

对于 TM$_{01}$ 模,式中:$N_m = 1$、$\lambda_c = 2.62R$ 以及 $Z_0 = 50\Omega$、$\eta_0 = 377\Omega$,这样就可以得到

$$S_{21} = -10\lg \frac{1.0544 \times 10^{-2} R^2 \lambda^2}{S_{\text{eff}}^2} \sqrt{1-(\lambda/2.62R)^2} \qquad (4.62)$$

因此

$$S_{\text{eff}}^2 = 1.0544 \times 10^{-2} R^2 \lambda^2 \sqrt{1-(\lambda/2.62R)^2} \times 10^{-S_{21}/10} \qquad (4.63)$$

由上面得到的探针有效截面 S_{eff} 的各个表达式都可以看到,它们既包含 λ,也包含 λ_c,也就是频率与模式,可见 S_{eff} 是高功率微波频率和模式的函数,所以严格来说,对不同频率和模式的高功率微波,需要利用单模发生器或者模式变换器得到需要标定的模式后才能对 S_{eff} 进行标定。

4.4 小孔耦合法

小孔耦合法也是应用得比较多的一种高功率微波的耦合场功率测量方法,在实际测量中,小孔耦合使用的都是定向耦合器,而且定向耦合器的设计计算技术已经相当成熟,这给小孔耦合法的应用带来很大方便。

小孔一般是指孔的半径 r_0 远小于微波波长 λ 的耦合孔。

4.4.1 定向耦合器的技术指标

定向耦合器是一种用途广泛的波导元件,它可以看作是一种具有方向性的功率分配器。如图 4-8 所示,定向耦合器由两路微波传输线相耦合组成,输入微波的传输线称为主线或主波导,从主线通过小孔耦合一部分微波功率进入的传输线称为副线或副波导。对于定向耦合器来说,从主线输入的微波功率 P_1 通过小孔将一定比例的部分功率耦合到副线,并且在副线中绝大部分功率只在一个方向上(P_2^+)传播,而只有很少功率会在反方向传播($P_2^- \ll P_2^+$),这就是定向耦合器的定向性,主线中剩余的功率 P_1' 由主线的另一端输出。主线微波功率 P_1 入射端口称为输入端口,除一小部分功率被耦合到副线中外,大部分功率将仍旧由主线输出,该输出端口称为直通端口。在副线中,耦合进来的功率沿与 P_1 相同方向(正向)传播而输出的端口称为输出端口,功率在反方向(反向)传输并输出的端口称为隔离端口。对于单孔定向耦合器,输出端口与隔离端口刚好相反,即输出端口在反向,隔离端口在正向。

由于非线性元件的互易原理,微波功率可以以图 4-8 中主线的左端作为输入端口,也可以用右端作为输入端口,效果是相同的,即在副线中的输出端口与隔离端口亦随之互换,这时不仅耦合度不变,而且它们之间的定向性也不变。定向耦合器的这一特性,使得我们可以对主线中的正向波和反向波分别取样,并进行测量、监视等,可见这是很有用的一种波导元件。

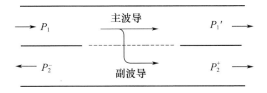

图 4-8　定向耦合器结构示意图

定向耦合器的主要技术指标包括耦合度、方向性与隔离度、输入端驻波系数和工作带宽。

1. 耦合度

定向耦合器从主线耦合到副线中去并在正向传播的功率 P_2^+ 与主线入射波功率 P_1 之比的分贝数称为耦合度,表示为

$$C = 10\lg \frac{P_2^+}{P_1} \quad (\text{dB}) \tag{4.64}$$

显然,由于 P_2^+ 总是小于 P_1 的,所以耦合度是一个负数。习惯上人们往往直接将其绝对值称为耦合度,即

$$C = \left| 10\lg \frac{P_2^+}{P_1} \right| = 10\lg \frac{P_1}{P_2^+} \quad (\text{dB}) \tag{4.65}$$

这样,耦合度的值就成为了正值。在本书中,所说的耦合度都是指式(4.65)所表示的正值的耦合度,除非另有专门说明。

2. 方向性与隔离度

方向性是定向耦合器的重要指标,其定义是从主线耦合到副线的微波功率在正、反向传播的分配比,以分贝表示,即

$$d = 10\lg \frac{P_2^+}{P_2^-} \quad (\text{dB}) \tag{4.66}$$

方向性 d 是表示定向耦合器主线耦合到副线中的功率定向传播的能力的质量指标,d 越大,表明定向耦合器的定向性越好。

通过耦合度和方向性,就可以反映出定向耦合器的隔离端口与输入端口之间的隔离度大小为

$$I = 10\lg \frac{P_1}{P_2^-} = 10\lg \frac{P_1}{P_2^+} \frac{P_2^+}{P_2^-} = C + d \quad (\text{dB}) \tag{4.67}$$

3. 输入端驻波系数

它的定义是定向耦合器直通端口(P_1' 输出端口)、正向耦合端口(P_2^+ 输出端口)及反向隔离端口(P_2^- 输出端口)都接匹配负载时,在主线输入端口测量到的驻波系数。输入端驻波系数反映了在输入端观察到的反射大小。

4. 工作带宽

工作带宽指耦合度、方向性及输入驻波系数都满足给定要求时定向耦合器的工作频率范围。

利用小孔耦合法进行高功率微波功率测量,就是根据定向耦合器的耦合度(式(4.65)),对耦合得到的功率 P_2^+ 进行测量,得到 P_2^+ 后,就可以由式(4.65)求出系统输入定向耦合器的功率,即高功率微波功率 P_1。

定向耦合器的理论基础是小孔衍射理论和相位叠加原理,我们将分别介绍它们的基本理论。

4.4.2 小孔耦合的基本理论

1. 小孔衍射理论

(1) 耦合强度。

电磁波利用小孔的绕射特点来实现能量耦合,当小孔尺寸远小于电磁波波长时,可以把小孔等效为电偶极子和磁偶极子的组合(图4-9)。电偶极子的偶极矩正比于入射波在小孔处的法向电场 E_{1n},而磁偶极子的偶极矩则正比于入射波在小孔处的切向磁场 H_{1t},切向磁场又可以分为 u、v 两个正交方向的分量,这些偶极矩都与小孔的形状和尺寸有关,它们是

$$电偶极矩 \quad P = -\varepsilon_0 p_n E_{1n} \quad (4.68)$$

$$磁偶极矩 \quad M = m_u H_{1u} + m_v H_{1v} \quad (4.69)$$

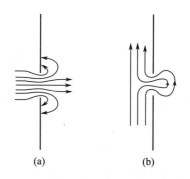

图 4-9 小孔的耦合
(a) 等效电偶极子;(b) 等效磁偶极子。

式中:p_n 为法向电极化率;m_u、m_v 为两个正交的切向的磁极化率。它们取决于小孔的形状与大小,最常用的小孔是圆形孔,少数情况下也有采用椭圆孔和矩形孔的。它们的极化率如下:

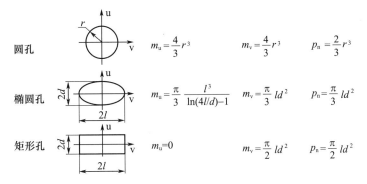

由此就可以求出主波导中的模式场通过小孔在副波导中激励起的波的相对幅值——耦合强度。假设主波导中入射波模式场在小孔所在位置的场值以下标 1 表示,而在副波导中被激励起的模式波在小孔所在位置的场值以下标 2 表示,则根据小孔耦合理论,主、副波导之间的小孔耦合强度就可以表示为

$$a^{\pm} = \frac{A_2^{\pm}}{A_1} = -j\frac{\omega}{2}(\mu_0 \boldsymbol{M} \cdot \boldsymbol{H}_{2t}^{\mp} - \boldsymbol{P} \cdot \boldsymbol{E}_{2n}^{\mp})$$

$$= -j\frac{\omega}{2}(\mu_0 m_u H_{1u} H_{2u}^{\mp} + \mu_0 m_v H_{1v} H_{2v}^{\mp} + \varepsilon_0 p_n E_{1n} E_{2n}^{\mp})$$

(4.70)

式中:A_1 为主波导中入射波的幅值系数;A_2 为副波导中被激励波的幅值系数;a 为它们的相对比值,称为耦合强度;上标" + "代表正向波," - "号表示反向波,在主波导中,只有正向的入射波,所以省略了" + "号;H_{1v},$H_{2v}^{\mp}$ 分别为主、副波导中在小孔所在位置的 v 向的归一化磁场切向分量,H_{1u},$H_{2u}^{\mp}$ 则是 u 向的归一化磁场切向分量;而 E_{1n},$E_{2n}^{\mp}$ 分别为主、副波导中小孔所在位置的归一化电场法向分量。由于主波导中的入射波与副波导中的被激励波可能模式不同,甚至可能主、副波导本身的波导类型都不同,为了使两者的场分量具有可比性,所以式中所有场分量都应是归一化值。

式(4.70)说明,主、副波导之间通过小孔存在耦合的条件是:在小孔所在位置,主、副波导中同时存在电场法向分量或相同方向的磁场切向分量,而且该分量在小孔所在位置不为0。我们可以根据式(4.70)来判断两个波导之间是否存在小孔耦合或者决定两个波导之间应取怎样的相互耦合位置才会发生小孔耦合。比如说,当用单模(TE$_{10}$模)矩形波导的窄边与主波导耦合时,即耦合孔位于矩形波导窄边与主波导的公共壁上时,则不论主波导是矩形波导还是圆波导,其中的 TM 模就不可能与副波导中的 TE$_{10}$ 模发生耦合。这就是说,主波导中的 TM 模不可能在副波导中激励起 TE$_{10}$ 模来(根据互易原理,反过来也是一样,以矩形波导作为主波导输入微波时,当以它的窄边上的小孔耦合时,其中的 TE$_{10}$

模不可能在副波导中激励起 TM 模来,不论该副波导是矩形波导还是圆波导)。这是因为,TE_{10} 模在小孔所在位置不存在垂直窄边的法向电场,而平行窄边的切向磁场在小孔位置只有 H_z 分量,但对 TM 模来说刚好相反,虽然有垂直公共壁的电场法向分量 E_n,但却没有磁场切向分量 H_z,两者之间在耦合孔所在位置上没有共同的同一方向的场分量,因而无法发生耦合。

以上耦合原则也适用于其他微波元件中的场之间的小孔耦合情况,比如谐振腔之间、谐振腔与波导之间,不同类型的传输线之间等。这一耦合原则在相当程度的近似上,也可以用来粗略考察非小孔条件下的耦合,比如喇叭与空间场的耦合情况和其他类似的情况。

需要特别强调,式(4.70)仅适用于小孔尺寸远小于电磁波波长,即 $r_0 \ll \lambda$ 的情形。r_0 为小孔半径,λ 为工作波长。

(2) 小孔耦合强度修正。

式(4.70)是在 $r_0 \ll \lambda$ 及忽略波导壁厚的假设下得到的,所以其中的场分量都只是反映在小孔圆心位置的场分布及大小,既没有考虑当耦合孔不满足小孔条件时,场分量沿小孔径向的分布对耦合强度的影响,也没有考虑电磁波穿过有一定厚度的小孔时产生的衰减,从而使 $a^{\pm}$ 的计算有一定误差。

F·斯波莱德和 H·G·翁格尔指出,耦合孔的半径大小及壁厚对耦合强度的影响,可以分别对电偶极矩和磁偶极矩乘上大孔修正因子和壁厚修正因子来进行修正。

① 壁厚修正因子。

当需要考虑壁厚对耦合的影响时,可以分为主波导和副波导中模式相同和不同两种情况,他们分别给出了对电偶极矩和磁偶极矩的壁厚修正因子 K_e 和 K_m 的表达式。

当主、副波导中模式相同时,有

$$K_e = 1 - 0.13 e^{-2\gamma_e t}$$
$$K_m = 1 - [0.35 + 0.15(kr_0)^2](1 - e^{-2\gamma_m t}) \tag{4.71}$$

当主、副波导中模式不同时,则

$$K_e = [1 - 0.14(1 - e^{-2\gamma_e t})] e^{-\gamma_e t}$$
$$K_m = [1 - \{0.1 + [0.3 + 0.15(kr_0)^2]^2\}(1 - e^{-2\gamma_m t})] e^{-\gamma_m t} \tag{4.72}$$

式(4.71)和式(4.72)中:k 为自由空间波数;t 为耦合孔的壁厚;γ_e、γ_m 分别为圆波导 TM_{01}、TE_{11} 模的传播常数。

$$\gamma_e = \left[\left(\frac{2.405}{r_0}\right)^2 - k^2\right]$$
$$\gamma_m = \left[\left(\frac{1.84}{r_0}\right)^2 - k^2\right] \tag{4.73}$$

由此可见,在壁厚对耦合强度的修正中,γ_e、γ_m 在物理实质上就是将小孔分别看作是一段 TM_{01}、TE_{11} 模的截止圆波导。

② 大孔修正因子。

当耦合孔半径不满足小孔条件 $r_0 \ll \lambda$ 时,就应该考虑对电偶极矩和磁偶极矩进行大孔修正,F·斯波莱德和 H·G·翁格尔提出了大孔修正因子 R_e、R_m 的计算公式

$$R_e = \frac{1}{1 + 0.4(kr_0)^2}$$
$$R_m = \frac{1}{1 - 0.4(kr_0)^2} \tag{4.74}$$

因子 K_e、K_m 和 R_e、R_m 在 $kr_0 \leqslant 1$,即 $r_0 \ll \lambda$ 的条件下具有相当高的精度。显然,在薄壁和小孔条件下,$K_e \approx 1$、$K_m \approx 1$、$R_e \approx 1$、$R_m \approx 1$,并由此得到式(4.70)。而引入修正因子 K_e、K_m 和 R_e、R_m 后,式(4.70)就应该修改为

$$a^{\pm} = -j\frac{\omega}{2}\left[(\mu_0 m_u H_{1u} H_{2u}^{\mp} + \mu_0 m_v H_{1v} H_{2v}^{\mp})K_m R_m + \varepsilon_0 p_n E_{1n} E_{2n}^{\mp} K_e R_e\right] \tag{4.75}$$

在高功率微波系统中主波导一般都是过模波导,尺寸比较大,相应的波导壁厚也就比较厚,因此壁厚对耦合的影响不能完全忽略。相对来说,高功率测量时需要的耦合是很小的(正的耦合度很大),这就意味着耦合孔很小,一般都会满足小孔条件 $r_0 \ll \lambda$,因此孔径大小对耦合的影响往往可以忽略。

2. 相位叠加原理

一般情况下,定向耦合器往往是由多个耦合孔构成的,多孔定向耦合器可以显著扩展工作带宽,提高方向性。当耦合不是通过单一一个孔而是多个孔来进行时,则总的耦合就不仅取决于由小孔衍射理论所决定的每个孔的耦合强度,而且还将与各个孔耦合激励的波彼此之间的相位有关。

(1) 双孔耦合。

我们先来分析一下两个耦合孔的情况(图 4-10),端口 1~端口 2 为主波导,端口 3~端口 4 为副波导。分析时我们认为小孔的耦合很弱,因而不会影响主波导中入射波的幅值,即主波导中入射波的幅值保持不变。这样,若两个孔的形状大小相同,它们的相对耦合强度也就相同,假设为 $a^{\pm}$,$a^{\pm}$ 由式(4.70)或式(4.75)决定。同时设主波导中入射波的相位常数为 β_1,而副波导中被激励产

生的波的相位常数为 β_2,两孔分别位于 $z = \pm d/2$ 处。

我们可以认为,对于两个孔在副波导中激励起来的两个正向波和两个反向波分别叠加后的合成波的情况,在不考虑波导损耗的情况下,只需要分别考察它们在副波导中 $z = +d/2$ 和 $z = -d/2$ 位置上的叠加结果就可以代表。因为对于两个孔激励起来的反向波来说,在副波导中 $z = -d/2$ 位置叠加后的合成波在 $z < -d/2$ 的波导中继续传输时,合成波的幅值不会再改变,只有合成波的整体相位变化,所以它们即使在 $z < -d/2$ 的任意位置输出,也与在 $z = -d/2$ 位置时的幅值是完全一样的,可见我们只需要在 $z = -d/2$ 位置考察两个反向波叠加的结果就可以了。同理,对于两个孔在副波导中激励起来的正向波叠加后的合成波,我们只需要在 $z = +d/2$ 位置考察就可以了。

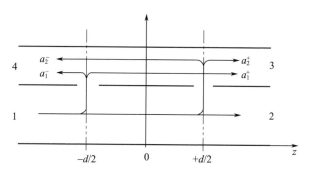

图 4-10 双孔耦合原理图

设入射波在主波导的 $z = -d/2$ 处输入,幅值为 1,相位为 0。它由位于 $z = -d/2$ 处的第一个孔在副波导中激励起来的正向波和反向波在 $-d/2$ 处的相对幅值将分别为 a_1^+ 和 a_1^-,其中 a_1^- 在 $-d/2$ 处的相对幅值保持不变,而 a_1^+ 应在副波导中经 d 距离传播才能到达 $z = +d/2$ 处,这时它的相对幅值已成为 $a_1^+ e^{-j\beta_2 d}$。入射波将先在主波导中传播 d 距离后才能抵达位于 $+d/2$ 处的第二个孔,这时入射波相对幅值将成为 $e^{-j\beta_1 d}$,因此由第二个孔在副波导中激励起来的正向波在 $+d/2$ 处的相对幅值就是 $a_2^+ e^{-j\beta_1 d}$,而反向波还将在副波导中再传播 d 距离后才能回到第一个孔的 $-d/2$ 处,即这时的相对幅值为 $a_2^- e^{-j(\beta_1+\beta_2)d}$。上面我们已指出,两个相同的孔耦合强度一样,即 $a_1^- = a_2^- = a^-, a_1^+ = a_2^+ = a^+$。

这样,在 $z = +d/2$ 处,副波导中得到的两个耦合孔激励的正方向波的合成波将为

$$A^+ = a_1^+ e^{-j\beta_2 d} + a_2^+ e^{-j\beta_1 d} = 2a^+ e^{-j(\beta_1+\beta_2)d/2} \cos(\beta_1 - \beta_2)d/2 \quad (4.76)$$

而在 $z = -d/2$ 处,副波导中得到的两个反向波的合成波为

$$A^- = a_1^- + a_2^- e^{-j(\beta_1+\beta_2)d} = 2a^- e^{-j(\beta_1+\beta_2)d/2} \cos(\beta_1 + \beta_2)d/2 \quad (4.77)$$

因为最终我们关心的只是激励产生的波的幅值大小,所以可以只考虑它们总的相对幅值,即

$$A^{\pm} = |2a^{\pm}\cos\theta^{\pm}| \tag{4.78}$$

式中:

$$\theta^{\pm} = |(\beta_1 \mp \beta_2)d/2| \tag{4.79}$$

显然,当 $\theta^+ = i^+\pi(i^+ = 0,1,2,\cdots)$ 时,$|\cos\theta^+| = 1$,两孔的耦合将在正向得到同相叠加,而当 $\theta^- = (i^- - 1/2)\pi(i^- = 1,2,\cdots)$ 时,$\cos\theta^- = 0$,两孔的耦合在反向将会抵消,即反向没有输出,从而得到理想定向耦合。

(2) 多孔耦合。

若有总共 $N = 2n$ 个耦合孔相对中心线对称分布(图 4 - 11(a)),每一对对称的孔不仅分布位置是对称的,而且形状大小也是对称的。若每一对孔的单孔耦合强度分别为 $a_1^{\pm}, a_2^{\pm}, \cdots, a_k^{\pm}, \cdots, a_n^{\pm}$,则与双孔耦合相类似的推导,可以得到它们耦合到副波导中的波的总相对幅值为

$$\begin{aligned}A^{\pm} &= |2a_1^{\pm}\cos\theta_1^{\pm} + 2a_2^{\pm}\cos\theta_2^{\pm} + \cdots + 2a_k^{\pm}\cos\theta_k^{\pm} + \cdots + 2a_n^{\pm}\cos\theta_n^{\pm}| \\ &= 2\left|\sum_{k=1}^{n} a_k^{\pm}\cos\theta_k^{\pm}\right| \quad (N = 2n)\end{aligned} \tag{4.80}$$

式中:

$$\begin{aligned}\theta_k^{\pm} &= (\beta_1 \mp \beta_2)\frac{d_k}{2} \\ d_k &= 2\sum_{k=1}^{k} S_k - S_1 \quad (k = 1,2,\cdots,k,\cdots,n)\end{aligned} \tag{4.81}$$

其中 S_k、d_k 的定义见图 4 - 11。

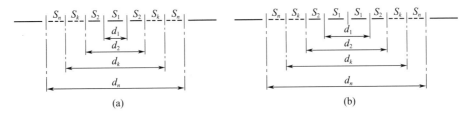

图 4 - 11 多耦合时的孔分布

(a)孔数 $N = 2n$ 的情况;(b)孔数 $N = 2n + 1$ 的情况。

如果在对称中心处存在有一个耦合强度为 $a_0^{\pm}$ 的单独耦合孔(图 4 - 11(b)),总的耦合孔数就成为 $N = 2n + 1$,则这时在副波导中被激励起的波的总相对幅值成为

$$A^\pm = a_0^\pm + 2\left|\sum_{k=1}^n a_k^\pm \cos\theta_k^\pm\right| \quad (N = 2n+1) \tag{4.82}$$

式中：

$$\theta_k^\pm = (\beta_1 \mp \beta_2)\frac{d_k}{2}$$
$$d_k = 2\sum_{k=1}^k S_k \quad (k=1,2,\cdots,k,\cdots,n) \tag{4.83}$$

不论对于 $N=2n$ 或者 $N=2n+1$ 的情形，只有当对所有不同 k 的 d_k 值对应的 θ_k 满足

$$\theta_k^+ = 2i_k^+ \pi \quad (i_k^+ = 0,1,2,\cdots) \tag{4.84}$$

或者满足

$$\theta_k^+ = (2i_k^+ - 1)\pi \quad (i_k^+ = 1,2,\cdots) \tag{4.85}$$

时，所有正向波才能获得同相叠加。这里应该注意：θ_k 值要么都满足式(4.84)，要么都满足式(4.85)，不能有的 θ_k 满足式(4.84)，有的满足式(4.85)，因为它们的余弦一个为 +1，另一个为 -1，叠加时会相互抵消。

而当

$$\theta_k^- = (i_k^- - 1/2)\pi \quad (i_k^- = 1,2,\cdots) \tag{4.86}$$

时，就可以使所有反向波反相抵消（a_0^- 除外）。

4.4.3 实用定向耦合器

在高功率微波功率测量中，实用的定向耦合器往往主要考虑大的功率容量和高的耦合度（小的耦合功率），定向耦合器的工作带宽一般不是主要考虑的指标。经过对定向耦合器的耦合度严格标定，以及衰减器和功率计（或检波器 - 示波器组合）的标定，定向耦合器就可以用来进行高功率测量，也可以作为高功率微波源输出的功率取样、监视用。

1. 高功率微波功率监测用波导 - 同轴单孔耦合器

单孔定向耦合器十分简单，由于只有一个耦合孔，因此耦合弱、正值耦合度比较高，但是它的工作频带窄、方向性比较低，经常被作为功率监视、功率取样用，当然必要时也就可以用来进行功率测量。最简单的单孔定向耦合器是矩形波导单孔定向耦合器，主波导与副波导是尺寸完全相同的标准矩形波导，它们的宽边或窄边有一部分重叠构成公共壁，耦合孔位于公共壁中心，这种定向耦合器在常规微波系统中是被经常应用到的一种定向耦合器。但对于高功率微波来说，它显然并不适用，因为高功率微波的传输和测量都要求定向耦合器的主波导必须是过模波导，而副波导则一般都会采用标准基模波导。关于专门用于功率

和模式测量的过模波导(包括矩形波导和圆波导)的定向耦合器,我们将在下面第七章介绍。在这里,我们介绍一种主要用于功率监视和取样的特殊的单孔定向耦合器——波导-同轴定向耦合器。

实际上,过模波导单孔定向耦合器也完全可以应用于高功率微波的功率测量,可惜目前实际应用还远没有探针耦合多,这主要受制于它的制造远没有探针简单,尤其是当主波导是过模波导时,耦合度的标定必须要有被标定模式的单模激励器,尺寸大,耦合孔尺寸相对要小得多,制造更为困难一些。传输功率太高时也容易引起耦合孔击穿。另外耦合孔的存在可能会激发高次模式,降低测量精度。

当单孔定向耦合器作为微波信号取样监测用时从副波导耦合出的信号总是进入小功率系统后对其进行测量的。有很多测量仪器的输入端口往往是同轴线接头,可见,如果定向耦合器副波导的输出直接是同轴线而不是波导,就会使它与测量仪器的连接方便得多,波导-同轴线单孔定向耦合器正是适应这种需要而发展起来的,并在现在得到了越来越广泛的应用,它不仅使用方便,而且结构简单,体积小,且由于其主、副波导是不同类型的的传输线,主波导很方便采用过模矩形波导。但在高功率微波的功率监视和测量中,这种定向耦合器的应用目前还比较少,其实如果科技工作者准备采用小孔耦合法进行高功率微波监视和测量时,波导-同轴线单孔耦合器应该是可以考虑的方案之一。

波导-同轴线单孔定向耦合器的主波导为矩形波导,而副波导则为位于封闭的圆柱腔中的带状线,带状线的下底板即圆柱腔体的底就是与矩形波导宽边构成的公共壁,耦合小圆孔位于公共壁中央,带状线的两端与同轴线内导体相连,而同轴线的外导体与圆柱腔的上盖板即带状线的上底板相连接。图4-12给出了这类定向耦合器的结构示意图。

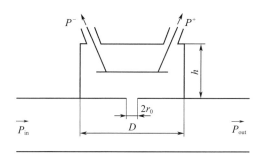

图4-12 波导-同轴线单孔定向耦合器

波导-同轴线单孔定向耦合器也可以利用小孔衍射理论来进行设计,不同的是现在副波导是带状线,主波导是过模矩形波导。主波导过模波导中的高次模的场分量我们很容易写出,问题就在于如何得到圆柱腔带状线中的场分量表达式,本书作者先后提出了三种解决问题的方法。其基本思路是利用施瓦兹-克里斯托夫保角变换方法,将位于封闭的圆柱腔中的带状线变换成平板电容,从而求出其场分布,再根据式(4.70)计算出耦合器的耦合度。作者由简单到复杂,精确程度一步步提高地提出了三种变换方法,很好地解决了这种单孔定向耦合器的设计计算问题。

(1) 理想带状线模型 I。

当带状线中心导电带的宽度远小于接地板的大小,厚度远小于上、下接地板之间的距离,并假定中心导电带两端与输出同轴线匹配时,作为一种近似,我们可以把实际带状线看成接地板无限大而中心导电带厚度为 0 的理想带状线。在这种近似下,利用变换函数

$$z_1 = e^{\frac{\pi z}{h}}$$
$$\omega = \arccos z_1 \tag{4.87}$$

可以把原 $z = x + jy$ 平面上的理想带状线变换到 $z_1 = x_1 + jy_1$ 平面上,然后再从 z_1 平面变换到 $\omega = u + jv$ 平面,成为平板电容器,平板间距为 $\pi/2$,宽度为 $\mathrm{arccosh}(e^{\pi b/2h})$,$b$ 为中心导电带长度,h 为腔体上、下底距离。

平板电容器上的电位分布 $\varphi(\omega)$ 可表示为

$$\varphi(\omega) = V_0 - \left(\frac{2V_0}{\pi}\right)u \tag{4.88}$$

由此可求得 z 平面上带状线的电场分布

$$E(z) = -\left(\frac{d\varphi}{dz}\right)^* = -\left[\left(\frac{d\varphi}{d\omega}\right)\left(\frac{d\omega}{dz_1}\right)\left(\frac{dz_1}{dz}\right)\right]^*$$
$$= -\frac{2V_0}{h}r^{-\frac{1}{2}}\left(\cos\frac{\varphi}{2} + j\sin\frac{\varphi}{2}\right) \tag{4.89}$$

式中:"*"号表示共轭;V_0 为中心导电带的电位,由于带状线中的场是 TEM 波,因此 V_0 可理解为场的幅值系数。由于在 z 平面上,x 是实轴,y 是虚轴,所以式(4.89)可直接写为

$$\boldsymbol{E}^{\pm}(z) = A^{\pm} r^{-\frac{1}{2}}\left[\boldsymbol{a}_x \cos\frac{\varphi}{2} + \boldsymbol{a}_y \sin\frac{\varphi}{2}\right] \tag{4.90}$$

利用关系式

$$\frac{E_x^{\pm}}{H_y^{\pm}} = -\frac{E_y^{\pm}}{H_x^{\pm}} = \pm \eta \tag{4.91}$$

我们又可以得到 z 平面上带状线的磁场分布

$$H(z) = \frac{\pm A^{\pm} r^{-\frac{1}{2}} \left[\boldsymbol{a}_x \sin\frac{\varphi}{2} - \boldsymbol{a}_y \cos\frac{\varphi}{2} \right]}{\eta} \quad (4.92)$$

式中:$\eta = \sqrt{\mu_0/\varepsilon_0}$,上述各式中

$$r = \sqrt{2} \exp\left[\left(-\frac{\pi}{h}\right)x\right] \left[\operatorname{ch}\left(\frac{2\pi}{h}\right)x - \cos\left(\frac{2\pi}{h}\right)y\right]^{1/2}$$

$$\varphi = \arctan \frac{-\exp\left[\left(-\frac{2\pi}{h}\right)x\right] \sin\left[\left(\frac{2\pi}{h}\right)y\right]}{\exp\left[\left(-\frac{2\pi}{h}\right)x\right] \cos\left[\left(\frac{2\pi}{h}\right)y\right] - 1} \quad (4.93)$$

$$\left(\frac{\pi}{2} \leqslant \varphi \leqslant \frac{3\pi}{2}, x \geqslant 0, -\frac{h}{2} \leqslant y \leqslant \frac{h}{2}\right)$$

至此,利用式(4.90)与式(4.92)以及主波导矩形波导中的场分量表达式,我们就可以由式(4.70)进行耦合强度的计算并由此进行耦合度与方向性的计算了。

(2) 理想带状线模型Ⅱ。

与理想带状线模型Ⅰ不同的是,我们采用了下述施瓦兹-克里斯托夫变换

$$W = -\cosh^2 \frac{\pi z}{h}$$

$$W' = \frac{\operatorname{sn}^{-1}\left[(-W)^{\frac{1}{2}}, k\right] - \operatorname{sn}^{-1}\left(\frac{1}{k}, k\right)}{\operatorname{sn}^{-1}(1, k) - \operatorname{sn}^{-1}\left(\frac{1}{k}, k\right)} \quad (4.94)$$

将 $z = x + jy$ 平面上的带状线首先变换到 $W = u + jv$ 平面上,然后再由 W 平面变换到 $W' = u' + jv'$ 平面上成为平板电容器。式中:sn^{-1} 为反椭圆正弦函数,k 为它的模。

$$k = \operatorname{arccosh} \frac{\pi d}{2h} \quad (4.95)$$

平板电容器的电位及带状线电磁场分量的计算可用与模型Ⅰ类似的方法进行。利用这一方法计算得到的定向耦合器耦合度与实测结果比较,两者的一致性程度比模型Ⅰ高。

(3) 考虑接地板长度与中心导电带厚度时的带状线模型Ⅲ。

实际的波导-同轴线单孔定向耦合器的带状线部分尺寸总是有限的,中心导电带的厚度也不为0,考虑带状线接地板有限尺寸和把中心导电带的横截面近似为一个很扁的椭圆带后,我们可以利用下述施瓦兹-克里斯托夫变换:

$$Z = x + jy = C_1 \left\{ \lambda F(\arcsin t \mid m) - \frac{j}{(1-m\alpha^2)^{1/2}} F\left[\arcsin\left(\frac{1-m\alpha^2}{1-mt^2}\right)^{1/2} \mid g\right] \right\} + C_2$$

$$W = u + \mathrm{j}v = C_3 \int_0^{t/\alpha} \frac{\mathrm{d}t}{[(1-t^2)(\alpha^2-t^2)]^{1/2}} + C_4 = C_3 F(\arcsin \frac{t}{\alpha} | \alpha^2) + C_4$$

(4.96)

式中：

$$g = \frac{1-m}{1-m\alpha^2}$$

(4.97)

将 Z 平面的带状线变换到 t 平面，然后再变换成 W 平面上的有限尺寸平板的电容器。式中：F 为第一类椭圆积分，λ、α、m 及 C_1、C_2、C_3、C_4 均为常数，在变换过程中可以确定，它们与实际带状线的尺寸包括圆柱腔直径及导电带厚度等有关。

计算表明，在考虑了带状线接地板的有限尺寸和中心导电带的厚度后，定向耦合器耦合度的计算值与实测值相比较，比理想带状线模型Ⅱ精确度更高。

应该指出，模型Ⅱ和Ⅲ的具体变换过程比较复杂，因此我们在这里不作进一步推导，有兴趣的读者可参考作者的相关论文（参考文献[47~49]）。波导－同轴线单孔定向耦合器与矩形波导单孔定向耦合器一样，需要调节带状线中心导电带的中心线与波导宽边中心线的夹角 θ 来提高方向性，而且其方向性也不是很高。另外，这种定向耦合器同样在副波导反方向才是输出端（图4－12中 P^- 端口）。

2. 高功率微波功率测量用圆波导多孔耦合器

在高功率微波系统中，过模圆波导是应用得最为广泛的传输线，因此要通过耦合法进行功率测量的话，圆波导定向耦合器是最为重要的耦合元件，图4－13是最常见的一种圆波导定向耦合器，它的主波导是过模圆波导，而副波导一般采用基模矩形波导，以方便耦合输出信号与测量系统连接，因为测量仪器连接方式一般都是同轴线或基模矩形波导，而几乎没有采用圆波导的。如果测量仪器需要同轴连接，则矩形波导－同轴转换接头也是十分成熟的产品，因此，采用基模矩形波导输出是最便于与测量系统连接的。

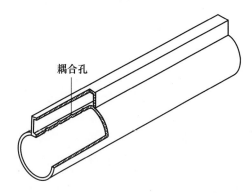

图4－13 圆波导－矩形波导定向耦合器结构示意图

图4-13所示的定向耦合器,是通过矩形波导的窄边与圆波导的公共壁上的一系列小孔进行耦合的,根据我们对式(4.70)所作出的耦合原则说明,这种定向耦合器最适合对圆波导中的TE_{0n}模耦合,因为主波导圆波导中的TE_{0n}模与副波导矩形波导中的TE_{10}模在耦合孔所在位置都有H_z分量,可以通过磁场进行耦合。如果主波导圆波导中传输的是TM_{0n}模,则应该改用副波导矩形波导的宽边与圆波导作为公共壁,这时,圆波导中TM_{0n}模的E_r分量和H_φ分量与矩形波导中的E_y分量和H_x分量不仅分别方向相同,而且在耦合孔所在位置都不为0,所以都可以发生耦合,既有电耦合,也有磁耦合。

如果在这种耦合器中,所有耦合孔不仅孔间距相同,都等于S,而且孔半径r_0也都相同,即单孔耦合强度都相同,假设等于$a^\pm$,则这种情况我们称为等间距等强度耦合,这时,式(4.80)和式(4.82)就可以进一步简化为

$$A^\pm = \left| a^\pm \frac{\sin N\varphi^\pm}{\sin\varphi^\pm} \right| \tag{4.98}$$

定向耦合器的指标就可以写为

$$\begin{cases} C = 20\lg A^+ = 20\lg \left| a^+ \dfrac{\sin N\varphi^+}{\sin\varphi^+} \right| \\ d = 20\lg \dfrac{A^+}{A^-} = 20\lg \left| \dfrac{a^+}{a^-} \dfrac{\sin N\varphi^+}{\sin N\varphi^-} \dfrac{\sin\varphi^-}{\sin\varphi^+} \right| \\ \varphi^\pm = \dfrac{(\beta_1 \mp \beta_2)S}{2} \end{cases} \tag{4.99}$$

式中:S为耦合孔间距;$a^\pm$为单孔耦合强度;N为耦合孔数。必须要指出的是,由于这时主、付波导中的模式不同,$a^\pm$应该在功率归一化条件下计算,对这种情况我们将在7.3.2小节进行讨论,并给出$a^\pm$的计算公式。

若主、副波导传输模式的相位常数相同,即$\beta_1 = \beta_2 = \beta$,$\varphi^+ = 0$,$\varphi^- = \beta S$,这时

$$\lim_{\varphi^+ \to 0} \left| \frac{\sin N\varphi^+}{\sin\varphi^+} \right| = N \tag{4.100}$$

这样,式(4.99)就可进一步简化为

$$\begin{cases} C = 20\lg |Na^+| \\ d = 20\lg \left| \dfrac{Na^+ \sin\beta S}{a^- \sin N\beta S} \right| \end{cases} \tag{4.101}$$

这时,a^+可以在给定耦合孔半径r_0后由式(4.70)或式(4.75)计算,或者在给定要求的C值并选定N后,由式(4.101)中的第一式求出a^+值,然后再计算r_0及a^-值。

由式(4.101)可以看出,只要N足够大,方向性d也可以在比双孔定向耦合器宽得多的频率范围内保持较高的值。这一点,从物理意义上可以这样来理解:

双孔定向耦合器只有在中心频率上,两个孔耦合到副波导中去形成的两个反向波会刚好反相,相互抵消,而在不大的频率范围内可以接近相互抵消,因此总的来说工作带宽比较窄。而在多孔定向耦合器中,N个耦合孔将在副波导中激励起N个反向波,这N个反向波在叠加时,就完全可能会不只在一个频率上接近相互抵消,即接近相互抵消的频率机会大大增加了,这种机会随着N的增加而越来越多,也就是能保持足够方向性值的频率范围越来越宽,所以多孔耦合器可以做到宽带工作。

定向耦合器还有多种耦合方式,比如以某种函数分布形式做成的连续耦合隙缝进行的耦合、十字形孔的耦合等;其小孔的孔半径或者孔间距也有多种分布方式,比如切比雪夫分布、二项式分布等,它们都是为了进一步提高定向耦合器性能而专门设计的。

3. 模式选择性耦合器

在分析定向耦合器的工作原理时,我们已经知道,小孔的耦合强度是与主、副波导的模式相关的,因而定向耦合器的耦合度也就随模式不同而改变,在给定的频率下,如果副波导工作在矩形波导TE_{10}模以及耦合孔的大小已确定后,耦合度就取决于主波导中的工作模式。当主波导中传输有多个模式时,利用这一特性,结合相位叠加原理(改变孔间距),我们就可以设计出模式选择性耦合器,使副波导只与主波导中的某一个模式发生耦合,即与该模式有一定大小的耦合度,而几乎不与其他模式耦合,即与其他模式的耦合十分弱(正的耦合度很大)。这样,我们只要针对主波导中的每一个模式设计一个这样的耦合器,就可以使每一个耦合器只输出一种模式,从而将模式分开。

模式选择性耦合器的设计方法我们将在第七章关于模式测量的叙述中进行介绍,在这里提它只是想说明,利用模式选择性耦合器,也可以进行功率测量,显然,测出每一个模式的功率,叠加起来就是主波导中的总功率。具体的测量方法,我们也将在介绍利用模式选择性耦合器进行模式测量时一起讨论。

4.5 定向耦合器的标定

定向耦合器耦合度、方向性等技术指标的标定,在一般情况下利用网络分析仪就可以实现,但是这个方法存在一个相当大的障碍,就是模式激励器的制造。常规的定向耦合器,它们的主、副波导都是标准矩形波导,更主要的是它们都以矩形波导的基模TE_{10}模作为工作模式,因而利用商用同轴-波导转换接头就可以十分方便地激励起TE_{10}模,而且没有杂模存在。但在高功率微波领域,高功率微波器件输出的一般都是高次模式,而且多数用圆波导,即使使用到矩形波导,也是工作在矩形波导中的高次模式上。因此这时定向耦合器需要耦合的都是高次模式的微波能量,在标定时,首先我们就应该在主波导中输入需要的高次模(副波导则一般都以工作在 TE_{10} 模的矩形波导为主),才能对该模式的耦合度进行标定。只有一些比较低次的模式,模式激励器才比较容易得到,对于相当多的模式来说,高纯度的模式激励是十分困难的,从而这种定向耦合器的标定也就相当麻烦。这种情况与前面提到的探针有效截面 S_{eff} 的标定遇到的困难完全相同。

对于一些结构相对比较简单、特征值(模式的次数)不是很高的模式,我们可以直接利用探针或耦合孔进行激励,最为大家熟悉和常用的如同轴-波导接头,就是一种由同轴线 TEM 模利用探针在矩形波导中激励 TE_{10} 模的模式激励器。这些激励器模式转换效率高,所得到的模式纯度高,杂模含量低。但是,大多数模式实际上不能简单地由探针或耦合孔直接激励得到,而应该通过相对比较复杂的模式变换器,亦称模式转换器来获得。模式激励器和模式变换器两者虽然叫法不同,但并没有明确区分,作者个人认为:一般来说,直接由矩形波导 TE_{10} 模或者同轴线 TEM 模通过探针或耦合孔(包括大孔和小孔)耦合产生所需要模式的元件称为模式激励器;由本身已经是高次模式通过比较复杂的波导变化得到所需模式的元件称为模式变换器,但这一区分并不严格,因而在称呼上也经常通用。

因为定向耦合器利用网络分析仪标定时只需要在小功率下进行,所以模式激励器或模式变换器也可以不考虑功率容量问题。

各国学者已经提出了大量的模式激励器和模式变换器方案,尤其是大量种类繁多、结构复杂、应用场合广泛的模式变换方案见诸报道,由于文献太多,我们不可能在这里一一详细讨论。下面简要介绍一些在高功率微波测量中对参数的标定可能适用的简单的模式激励器或模式变换器。

4.5.1 模式激励器

1. 圆波导 TE_{11} 模激励器

圆波导中的 TE_{11} 模是圆波导的基模,而且它的场结构与矩形波导中的基模 TE_{10} 模十分相似,因此可以由矩形波导直接渐变成圆波导,其中的电磁场也就由矩形波导的 TE_{10} 模自然过渡成为圆波导的 TE_{11} 模(图 4-14),这样的圆波导 TE_{11} 模激励器通常称为方-圆过渡。

2. 圆波导 TE_{01} 模耦合孔激励器

在回旋管,特别是常规回旋管中,圆波导 TE_{01} 模是常用的工作模式,因此,对于回旋放大管来说,必须输入 TE_{01} 模的信号,但是一般情况下,输入信号源输出的都是矩形波导 TE_{10} 模,或者同轴线 TEM 模。即使是同轴线 TEM 模,它也很容易通过同轴-波导转换转变成矩形波导 TE_{10} 模,因此,利用矩形波导 TE_{10} 模

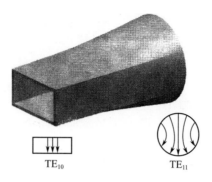

图 4–14　方–圆过渡由矩形波导 TE_{10} 模产生圆波导 TE_{11} 模

激励圆波导 TE_{01} 模是回旋管中一个非常重要的激励问题。

利用环绕在圆波导外围的矩形波导，在它的宽边与圆波导的公共壁上沿圆周均匀分布开 4 个矩形耦合孔，耦合孔足够大，一般可以开到孔长与矩形波导宽边长度接近或等长。这时，矩形波导中 TE_{10} 模的磁场（H_x）平行于波导宽边，与圆波导中 TE_{01} 模的纵向磁场 H_z 刚好具有相同的方向，两者可以发生耦合，从而就可以由矩形波导中的 TE_{10} 模在圆波导中激励起 TE_{01} 模，图 4–15 是在回旋放大管中常见的激励器。

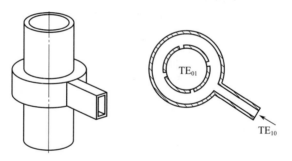

图 4–15　由矩形波导 TE_{10} 模在圆波导中激励 TE_{01} 模的一种激励器示意图

图 4–16 是我国台湾学者提出的另一种圆波导 TE_{01} 模激励器的结构，这是可以在更广泛范围中应用的一种激励方法，它利用两级 Y 分支功分器将输入的 TE_{10} 模电磁波等幅值等相位分成四路，四路的端口直接与圆波导侧壁上等角度分布的耦合孔连接，耦合孔与矩形波导端口尺寸相同，四路矩形波导从第一级功分器开始端直到与圆波导连接端的长度必须相等，以保证四路中的微波到达耦合口时相位相同。在耦合口，矩形波导中 TE_{10} 模的 H_x 与圆波导中 TE_{01} 模的 H_z 发生耦合。

圆波导中的 TE_{01} 模具有突出的特点，因为 TE_{01} 模是圆电模，在 $r = R$ 的波导

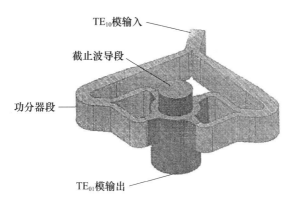

图4-16 矩形波导 TE_{10} 模利用矩形耦合孔激励圆波导 TE_{01} 模的另一种结构示意图

壁上,TE_{01} 模的磁场只有 z 向分量 H_z,因而它在波导壁上的高频电流只有 φ 方向的分量 J_φ 而没有纵向管壁电流,当传输功率一定时,随着频率的提高,其波导损耗反而单调下降。因此当工作频率提高时,TE_{01} 波在圆波导中传输时的衰减可以非常小,这使得它适合于毫米波的远距离传输和作为高 Q 腔的工作模式,在电子回旋脉塞器件、等离子体处理系统、直线对撞机等领域都有重要应用。

3. 圆波导 TM_{01} 模探针激励器

圆波导 TM_{01} 模激励器比较简单,图4-6已经给出了它的结构示意图。

4. 矩形波导 TE_{20} 模激励器

结构比较简单,加工方便的矩形波导 TE_{20} 模可以由 TE_{10} 模标准波导通过波导截面形状的改变来激励,如图4-17所示。这种激励器实际上是我们将在4.5.2节中介绍的 Marie 型矩形波导 TE_{10} 模-圆波导 TE_{01} 模模式变换器中的第一段,其设计方法亦在4.5.2小节中已经给出。在必要时它还可以再通过线性

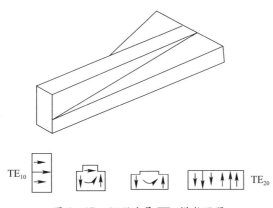

图4-17 矩形波导 TE_{20} 模激励器

过渡波导变换到可传输 TE_{20} 模所要求的尺寸的过模矩形波导。类似地利用波导截面形状的改变得到 TE_{20} 模的激励器还有其他一些方案,我们不再一一介绍。

另外,直接利用探针,类似于波导-同轴转换接头在矩形波导中激励 TE_{10} 模,我们也可以激励起 TE_{20} 模,其激励器的结构示意图如图 4-18 所示。在 E-T 分支波导的 E 面分支中输入 TE_{10} 模微波,根据 E-T 分支的特性,该电磁场将等幅反相地从主路两个方向分别输出,经过相同长度的波导传输,利用探针分别在被激励矩形波导的宽边两侧各离窄边 $a/4$ 处(a 为波导宽边尺寸)将能量耦合进被激励波导,由于两路微波的相位相反、幅值相等以及它们激励的位置都满足了矩形波导 TE_{20} 模的场结构要求,因此激励起了 TE_{20} 模。

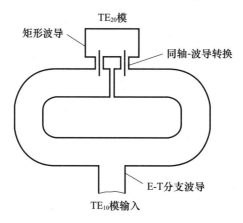

图 4-18 矩形波导 TE_{20} 模双探针激励器

5. 矩形波导-圆波导多种模式的耦合孔激励器

日本学者野田健一(Kenichi)在 1960 年提出将矩形波导短路端的宽边或窄边与圆波导端口垂直连接,在矩形波导的连接壁上开不同分布和形状的耦合孔,就可以在圆波导中激励各种 TE 模或 TM 模。如果要在圆波导中激励起 TM 模式,则应在矩形波导宽边上开孔并与圆波导端口耦合,如果要在圆波导中激励起 TE 模式,则应在矩形波导窄边上开孔并与圆波导端口耦合,从而在圆波导中激励起各种不同的模式,包括 TE_{11}、TM_{01}、TE_{01}、TM_{11}、TE_{12}、TE_{21}、TE_{31}、TE_{41} 等。野田健一不仅给出了耦合结构图,并且给出了模式场分布的测量结果,测量是在 24GHz 频率上进行的。可能是因为他给出的只是一份研究报告,似乎并没有引起更多人的重视,以后类似的研究也不是很多。但是这类激励器结构十分简单,报告认为模式转换效率也很高,因此我们在这里将野田健一的研究结果择要列出(图 4-19~图 4-26),主要是想引起大家的关注,使有兴趣的读者能作进一步的研究并应用到高功率微波测量的标定系统中去。

(1) TM$_{01}$激励器。

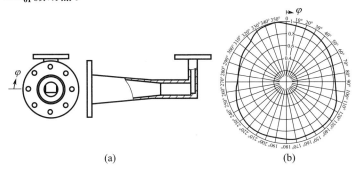

图 4-19　圆波导 TM$_{01}$ 模式激励器

(a)激励器结构示意图；(b)TM$_{01}$ 模式的 H_φ 沿 φ 方向分布的测量结果。

(2) TE$_{21}$激励器。

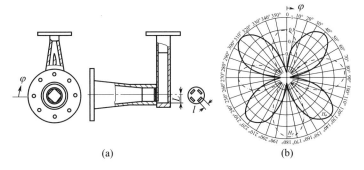

图 4-20　圆波导 TE$_{21}$ 模式激励器

(a)激励器结构示意图；(b)TE$_{21}$ 模式的 H_φ（实线）和 H_z（虚线）沿 φ 方向分布的测量结果。

(3) TM$_{11}$激励器。

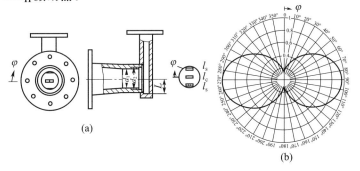

图 4-21　圆波导 TM$_{11}$ 模式激励器

(a)激励器结构示意图；(b)TM$_{11}$ 模式的 H_φ 沿 φ 方向分布的测量结果。

(4) TE_{31} 激励器。

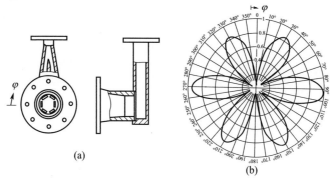

图 4-22　圆波导 TE_{31} 模式激励器

(a)激励器结构示意图；(b)TE_{31} 模式的 H_z 沿 φ 方向分布的测量结果。

(5) TE_{41} 激励器。

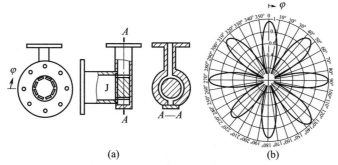

图 4-23　圆波导 TE_{41} 模式激励器

(a)激励器结构示意图；(b)TE_{41} 模式的 H_z 沿 φ 方向分布的测量结果。

(6) TE_{12} 激励。

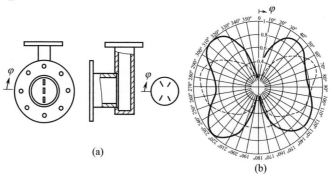

图 4-24　圆波导 TE_{12} 模式激励器

(a)激励器结构示意图；(b)TE_{12} 模式的 H_z 沿 φ 方向分布的测量结果。

(7) TM_{21} 激励器。

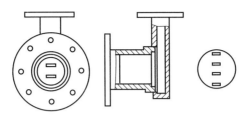

图 4-25　圆波导 TM_{21} 模式激励器结构示意图

(8) TM_{02} 激励器。

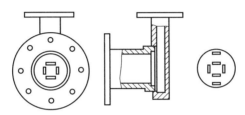

图 4-26　圆波导 TM_{02} 模式激励器结构示意图

4.5.2　模式变换器

模式变换器大体上可分成波导变换器和准光变换器两类，前者主要是通过波导尺寸（包括截面形状变化、尺寸大小的改变、轴线的弯曲等）的改变，有时还会在波导中辅之于增加膜片、耦合孔等，从而达到模式变换的目的；后者则主要由弗拉索夫辐射天线与多级金属反射镜组成，利用弗拉索夫天线的模式变换功能与反射镜的聚束和相位校准作用实现将圆波导中的高次模变换成高斯波束输出。模式变换器一般来说结构相对比较复杂，而且前面我们已经指出，已提出的方案太多，所以这里只介绍几种结构相对简单以及适合在高功率微波测量中对探针和小孔耦合器标定中应用的模式变换器。对于大量在各种高功率微波系统的输出装置中应用的模式变换器，如 TE_{0n} - HE_{11} 变换器、TM_{0n} - HE_{11} 变换器，其中每种变换器中又包括了若干变换段，或者说是由几个变换器的组合实现的，比较具体的内容可以参考文献[5]和[53]，我们在这里不作讨论。

1. 圆波导 TE_{01} 模变换器

(1) Marie 型十字形波导变换器。

TE_{01} 模是常规回旋管中最常用的工作模式，G. R. F. Marie 提出的由矩形波导 TE_{10} 模到圆波导 TE_{01} 模的变换器得到了广泛应用，它由三段构成：首先将矩

形波导 TE_{10} 模转换成矩形波导 TE_{20} 模;第二段将矩形波导过渡成十字形波导,与此同时,其中的模式也就由矩形波导的 TE_{20} 模转换成了十字波导中的 TE_{22} 模;最后一段再把十字形波导扩展为圆波导,其中的模式同时自然地由十字波导中的 TE_{22} 模转换为圆波导中的 TE_{01} 模(图 4 - 27)。

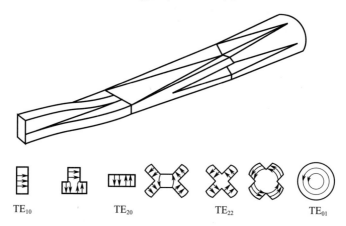

图 4 - 27 Marie 型矩形波导 TE_{10} 模 - 圆波导 TE_{01} 模模式变换器

Marie 型模式变换器的设计方法比较简单:

第一段的起始端为标准矩形波导,其尺寸 $a_1 \times b_1$,而其末端则为宽边增加一倍的矩形波导,其尺寸为 $a_2 \times b_2$,为方便,窄边尺寸可以保持不变,即其中 $a_2 = 2a_1, b_2 = b_1$。但 a_2 与 a_1、b_2 与 b_1 在空间位置上刚好对调,即始端的宽边 a_1 到末端变成窄边 b_2(图 4 - 28(a)),而始端的窄边 b_1 到末端变成宽边 a_2(图 4 - 28(b))。最简单的办法是采用线性变换,而且 $a(z)$ 与 $b(z)$ 变换的起始位置与结束位置互相错开 $L_1/4$ 长度,L_1 可取标准波导 $a_1 \times b_1$ 中 TE_{10} 模在设计频率上的波导半波长 $\lambda_g/2$ 的 5 ~ 8 倍,即 $L_1 = (5 ~ 8)\lambda_g/2$。

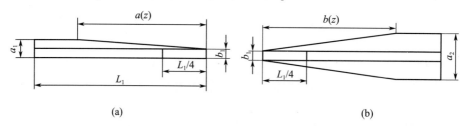

图 4 - 28 Marie 型模式变换器第一段尺寸变换
(a)第一段 $a(z)$ 变化图;(b)第一段 $b(z)$ 变化图。

$a(z)$、$b(z)$ 在第一段的变化规律为

$$\begin{cases} a(z) = a_1 & (0 \leqslant z \leqslant 0.25L_1) \\ a(z) = a_1 - \dfrac{(a_1 - b_2)}{0.75L_1}(z - 0.25L_1) & (0.25L_1 \leqslant z \leqslant L_1) \end{cases} \quad (4.102)$$

$$\begin{cases} b(z) = a_2 & (0.75L_1 \leqslant z \leqslant L_1) \\ b(z) = b_1 + \dfrac{(a_2 - b_1)}{0.75L_1}z & (0 \leqslant z \leqslant 0.75L_1) \end{cases} \quad (4.103)$$

在第二段,将 $a_2 \times b_2$ 波导的 b_2 边沿以 $a_2 \times b_2$ 的对角线长度为直径 ϕ_0 的圆弧呈扇形线性扩展(图 4-29(a))。

$$\phi_0 = [a_2^2 + b_2^2]^{1/2} \quad (4.104)$$

当由 b_2 过渡形成的圆弧的弦长扩展达到 $2b_2$ 时,开始将其从中心以 90°分叉(图 4-29(b)),随着距离的增加,分叉线性扩大,同时保持分成的每条臂的宽度尺寸为 b_2 不变,直至成为十字形波导(图 4-29(c))。十字形波导的每条臂始终保持宽度为 b_2,ϕ_0 则保持不变,而此时,$a(z)$ 已减小到零,$d(z)$ 则增加到 d_3。

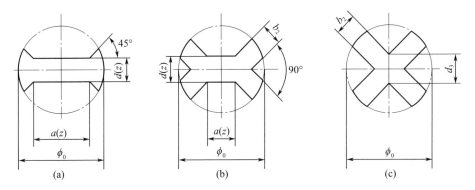

图 4-29 Marie 型模式变换器第二段尺寸变换

(a)矩形波导的扇形线性扩展;(b)扇形开始从中心以 90°分叉;(c)形成十字形波导。

第二段的长度 L_2 应比第一段长,一般可取 $\lambda_g/2$ 的 7~15 倍。第二段 $a(z)$、$d(z)$ 的变化规律为

$$a(z) = a_2 - \frac{a_2}{L_2}z \quad (0 \leqslant z_2 \leqslant L_2) \quad (4.105)$$

$$d(z) = b_2 + \frac{(\sqrt{2}-1)b_2}{L_2}z \quad (0 \leqslant z_2 \leqslant L_2) \quad (4.106)$$

第三段由十字形波导开始,线形增加四条臂的宽度,同时,外切圆的直径由 ϕ_0 增至 ϕ_m(图 4-30)。

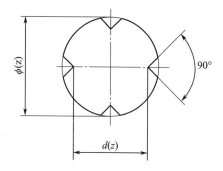

图 4-30 Marie 型模式变换器第三段尺寸变换

ϕ_m 根据以下原则来确定:使在以 ϕ_m 为直径的圆波导中的 TE_{01} 模的截止波长等于该变换器输入端矩形波导中 TE_{10} 模的截止波长,即

$$\lambda_{c(TE_{10})} = \lambda_{c(TE_{01})} \qquad (4.107)$$

由此即可得

$$2a_1 = 1.64R = 0.82\phi_m$$

$$\phi_m = \frac{4a_1}{1.64} \qquad (4.108)$$

ϕ_m 不一定满足高功率微波器件传输系统对圆波导尺寸的要求,这时,应该再通过过渡波导把圆波导直径从 ϕ_m 过渡到要求的尺寸,过渡波导可以线性变化,也可以以其他函数形式变化,比如上升余弦函数变化、切比雪夫函数变化等,文献[5]给出了几种三角函数(及其平方、四次方)过渡波导的变化方程及设计实例。

第三段的长度 L_3 可以等于第一段长度 L_1,在这段, $d(z)$、$\phi(z)$ 的变化规律就是

$$d(z) = \sqrt{2}b_2 + \frac{\phi_m - \sqrt{2}b_2}{L_3}z \quad (0 \leq z_3 \leq L_3) \qquad (4.109)$$

$$\phi(z) = \phi_0 + \frac{\phi_m - \phi_0}{L_3}z \quad (0 \leq z_3 \leq L_3) \qquad (4.110)$$

(2) 扇形波导激励器。

在早期,也曾提出过另一种矩形波导 TE_{10} 模 - 圆波导 TE_{01} 模模式变换器,称为扇形圆波导 TE_{01} 模激励器(变换器),如图 4-31 所示。

这种变换器由于需要从圆心处开始形成一个尖劈,给加工带来很大困难,难以保持尖劈的尖端不变形和不损坏,所以实际应用后来越来越少。

2. 圆波导 TE_{0n} 模阶梯波导变换器

H. Stickel 等人提出了一种十分简单的、利用阶梯突变的过模圆波导实现

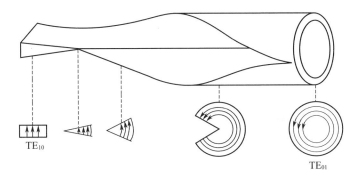

图4-31 矩形-扇形-圆形 TE_{10} 模-TE_{01} 模模式变换器

TE_{01}-TE_{0n} 模式变换的变换器,其结构形式如图4-32所示,我们在这里将介绍这种变换器的设计理论。

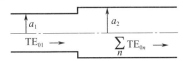

图4-32 阶梯圆波导 TE_{01}-TE_{0n} 模式变换器

如图4-32所示的一段阶梯圆波导,阶梯两侧的圆波导半径分别为 a_1 和 a_2,假设从左端半径 a_1 的波导入射 TE_{01} 模的微波,由于阶梯的不均匀性,在阶梯右侧半径 a_2 的波导中将激励起所有波长不大于 TE_{0N} 模的截止波长的 $TE_{0n}(n=1,2,\cdots,N)$ 模,N 为半径 a_2 的波导中能够传输的最高次模式。对于 TE_{01} 模来说,有

$$E_{\varphi 1} = -j\frac{\omega\mu}{k_{c1}}H_{01}J_1(k_{c1}r)e^{-j(\omega t-\beta_1 z)} \tag{4.111}$$

而对于 TE_{0n} 模来说,则有

$$E_{\varphi n} = -j\frac{\omega\mu}{k_{cn}}H_{0n}J_1(k_{cn}r)e^{-j(\omega t-\beta_n z)} \tag{4.112}$$

其中:$k_{c1}=\mu_1/a_1$,$k_{cn}=\mu_n/a_2$;μ_1、μ_n 为零阶贝塞尔函数的导数的第一和第 n 个根。注意式中 $J_1(kr) = -J_0'(kr)$。

如果阶梯引入的不均匀性不是很大,则由阶梯产生的反射波的幅值相对于输出的 TE_{0n} 波的幅值可以忽略。基于相同的理由,在阶梯右侧波导中激励起来的 $m\neq 0$ 的 TE_{mn} 高次模同样可以忽略,因此在波导阶梯的边界上,就应该有

$$E_{\varphi 1} = \sum_{n=1}^{N} E_{\varphi n} \tag{4.113}$$

我们取阶梯的边界的坐标为 $z=0$,该边界可以分成两部分,即 $r\leqslant a_1$ 部分和

$a_1 \leq r \leq a_2$ 部分。将式(4.111)和式(4.112)代入式(4.113),显然就有

$$\sum_{n=1}^{N} \frac{H_{0n}}{H_{01}} \frac{k_{c1}}{k_{cn}} J_1(k_{cn}r) = \begin{cases} 0 & (z=0, a_1 \leq r \leq a_2) \\ J_1(k_{c1}r) & (z=0, r \leq a_1) \end{cases} \quad (4.114)$$

式中:$H_{0n}k_{c1}/H_{01}k_{cn}$ 为 TE_{01} 模变换成 TE_{0n} 模的转换系数。

在式(4.114)两边乘上 $J_1(k_{cn}r)$ 并在 $0 \sim a_2$ 上积分,注意到式(4.114)右边的积分具有贝塞尔函数的正交性,即所有 $m \neq n$ 的贝塞尔函数项积分为 0,所以积分结果成为

$$\int_0^{a_2} J_1(k_{c1}r) J_{cn}(k_{cn}r) r dr = \int_0^{a_2} \frac{H_{0n}}{H_{01}} \frac{k_{c1}}{k_{cn}} J_1^2(k_{cn}r) r dr \quad (4.115)$$

利用积分公式得

$$\int_0^{a_2} J_1^2(k_{cn}r) r dr = \frac{a_2^2}{2} J_0^2(k_{cn}a_2) \quad (4.116)$$

及

$$\int_0^{a_2} J_1(k_{c1}r) J_1(k_{cn}r) r dr = \frac{a_2 k_{cn}}{k_{c1}^2 - k_{cn}^2} J_0(k_{cn}a_2) J_1(k_{c1}a_2) \quad (4.117)$$

将式(4.116)和式(4.117)代入式(4.115),则

$$\frac{H_{mn}}{H_{m1}} \frac{k_{c1}}{k_{cn}} = \frac{2\mu_n^2}{\alpha[\alpha^2 - \mu_n^2]} \frac{J_1(\alpha)}{J_0(\mu_n)} \quad (4.118)$$

式中:

$$\alpha = \mu_1 \frac{a_2}{a_1} \quad (4.119)$$

当 $\alpha = \mu_N$,即 $a_2/a_1 = \mu_N/\mu_1$ 时,则

$$\frac{H_{0N}}{H_{01}} \frac{k_{c1}}{k_{cN}} = 1 \quad (4.120)$$

这就意味着,TE_{01} 模全部转换成了 TE_{0N} 模,可见当 $\alpha = \mu_N$,即

$$a_2 = a_1 \frac{\mu_N}{\mu_1} \quad (4.121)$$

时,就可以获得 100% 的转换效率,式(4.121)就是圆波导 TE_{0n} 模阶梯波导变换器的设计基础。

H. Stickel 等人对实际制造的阶梯过模圆波导模式变换器进行了远场测试,得到了 TE_{0n} 模式的角向电场沿径向的分布图,测试表明,阶梯波导模式变换器可以实现 $TE_{01} - TE_{0n}$ 模的转换,但只有比较低次的模式可以得到较理想的结果,模式次数一高,所得到的模式纯度就比较差,测试具体结果可见本书 6.3.2 节。

作者领导的课题组利用上述理论也研制了圆波导 TE_{01} 模 – TE_{02} 模、TE_{01} 模 – TE_{03} 模、TE_{01} 模 – TE_{04} 模的阶梯波导变换器并进行了辐射场模式测试,测试结果也在 6.3.2 节给出。

4.5.3 利用网络分析仪对耦合器标定

当用网络分析仪对高功率微波功率测量用的定向耦合器进行标定时,要特别注意的是,定向耦合器输入端输入的应该是我们需要标定耦合度的模式,而不能直接将网络分析仪信号源输出的同轴线 TEM 模或矩形波导 TE_{10} 模作为输入信号来进行标定,必须将网络分析仪信号源输出信号经过适当的模式变换转变成我们需要的模式后才能用于标定。

定向耦合器一般都可以用网络分析仪对它的技术指标进行标定,标定时对定向耦合器各个端口采用如图 4 – 33 所示的编号。其中端口 1 为输入端口,端口 2 为直通端口,端口 3 是正向耦合输出端口,称为输出端口,端口 4 则是反向耦合输出端口,或者称为隔离端口。我们用 a 表示各端口入波信号的归一化电压,b 表示各端口出波信号的归一化电压。

图 4 – 33 定向耦合器的 S 参数网络

1. 反射系数和驻波系数

测量端口 1 的反射系数时,端口 2、3、4 应接上匹配负载。同样道理,测量端口 2 的反射系数时,除被测端口 2 外,其余各端口也都要连接匹配负载。用网络分析仪分别测量 S_{11} 和 S_{22},即得到端口 1 和端口 2 的反射系数 Γ。

$$\Gamma_1 = S_{11} = \frac{|b_1|}{|a_1|}$$
$$\Gamma_2 = S_{22} = \frac{|b_2|}{|a_2|} \tag{4.122}$$

当用驻波系数 ρ 表示反射大小时

$$\begin{cases} \rho_1 = \dfrac{1 + |S_{11}|}{1 - |S_{11}|} \\ \rho_2 = \dfrac{1 + |S_{22}|}{1 - |S_{22}|} \end{cases} \tag{4.123}$$

对于互易元件,有 $\Gamma_1 = \Gamma_2, \rho_1 = \rho_2$。

在网络分析仪测量中,经常采用 S 参数的分贝值输出,它的分贝表示式为

$$S_{11}(功率分贝值) = 10\lg |\Gamma|^2 \quad (dB)$$
$$\Gamma = 10^{S_{11}(dB)/20} \quad (4.124)$$
$$\rho = \frac{1 + |\Gamma|}{1 - |\Gamma|}$$

可见,当用分贝值来表示 S 参数的大小时,一般采用的都是功率分贝值。而且特别要注意,反射系数 Γ 都是小于 1 的,因此由 Γ 求出的 S_{11} 分贝值应该是负值,比如 $S_{11}(dB) = -20dB$ 时,表示反射系数 $\Gamma = 0.1$,驻波系数 $\rho = 1.222$。

2. 耦合度

定向耦合器和其他任何耦合元件的以正值表示的耦合度 C 可以定义为在输入端口的输入归一化功率与正向耦合输出端口的输出归一化功率之比的分贝数,由于耦合输出的功率总是小于输入端口的输入功率,所以这样得到的耦合度为正值。在网络分析仪测量中,以分贝值表示的 S_{31} 是负的耦合度,它的负值才是正值的耦合度。对于对称网络,由于 $S_{13} = S_{31}$,所以也可以测量 S_{13} 来得到耦合度。测量耦合度时,端口 2 和端口 4 应该连接匹配负载。

$$C = 10\lg \frac{|a_1|^2}{|b_3|^2} = 10\lg \frac{1}{|S_{31}|^2} = -20\lg |S_{31}| = -20\lg |S_{13}| \quad (dB) \quad (4.125)$$

3. 隔离度

定向耦合器和功率分配器、环形器、微波电桥等元件输入端口 1 的输入归一化功率与隔离端口 4 的输出归一化功率之比的分贝数称为隔离度,用网络分析仪测量时,即测量以分贝值表示的 S_{41} 或者 S_{14},它们的负值即为隔离度。测量隔离度时,端口 2 和端口 3 应该接匹配负载。

$$I = 10\lg \frac{|a_1|^2}{|b_4|^2} = 10\lg \frac{1}{|S_{41}|^2} = 20\lg \frac{1}{|S_{14}|} = -20\lg |S_{14}| \quad (dB) \quad (4.126)$$

4. 方向性

定向耦合器的方向性 D 定义为耦合输出端口 3 的输出归一化功率与隔离端口 4 的输出归一化功率之比的分贝数,或者说,耦合臂中正向输出归一化功率与反向输出归一化功率之比的分贝数。方向性可以表示为隔离度与耦合度的差,因此,应该通过测出隔离度和耦合度来求出方向性。

$$D = 10\lg \frac{|b_3|^2}{|b_4|^2} = 20\lg |S_{31}| - 20\lg |S_{41}| = 20\lg |S_{13}| - 20\lg |S_{14}|$$
$$= -C + I = I - C \quad (dB) \quad (4.127)$$

式中:I 和 C 都为正值。

第5章 高功率微波功率的其他电磁效应测量

在前面介绍常规重复脉冲功率测量时讨论过的晶体检波二极管功率计、电磁波压力效应功率计、霍耳效应功率计、克尔效应功率计、热释电效应功率计等也都可以进行高功率单次脉冲的测量。除此之外,各国学者还提出了其他多种高功率单次脉冲或低重频脉冲功率的测量方法,这些方法也都是基于电磁场的各种电磁效应而工作的,其中主要有:

(1) 真空检波二极管——电子效应功率计。
(2) 电阻探测器——热效应功率计。
(3) 毛细管能量计——也是一种热效应功率计,它实际上是一种静止式液体功率计。
(4) 表面声波功率计——电致伸缩效应和压电效应功率计。
(5) 其他电磁效应,如电磁波压力效应、霍耳效应、磁光效应、热释电效应等,也都可以作为单次纳秒级脉冲的功率探测器。

本章我们将讨论目前在高功率微波测量中已用到的一些特殊变换器,主要是指电子效应变换器、热效应变换器和电声变换器。

5.1 真空二极管功率计和毛细管能量计

5.1.1 真空检波二极管测量法

利用真空检波二极管测量微波功率与晶体检波二极管的测量原理是相同的,不同的是,真空检波二极管的功率容量远大于晶体检波二极管,因此它可以在高功率微波功率测量中应用。动态范围从零点几瓦至200W,若采用分压器,上限可提高到几百千瓦,但其频率上限低,只能工作到厘米波段,体积大。

文献[59]提出的真空二极管检波器如图5-1所示,它采用苏联6D16D高频检波管检波,为了减少由于在BJ-100波导宽边中心插入了真空二极管而引起的反射,检波器采用了三螺钉调配器来调节匹配。为实现高功率微波脉冲的检波,真空二极管的输出信号应通过专门设计的同轴低通滤波器滤去干扰信号。

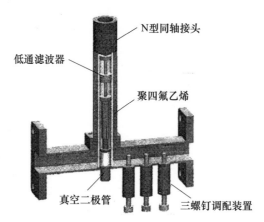

图 5-1 真空二极管检波器结构

用输出功率和输出脉冲宽度可调的大功率微波源就可以对真空二极管检波器进行标定,即得出在不同脉宽下检波器输出电压与输入微波功率之间的关系曲线。标定结果表明,该检波器能承受的微波脉冲功率可以达到大约 10kW,响应时间小于 2ns,检波输出电压高达数十伏,动态范围大。

中国工程物理研究院也开展过用真空二极管测量大功率微波脉冲功率的实验,该实验在大功率微波脉冲的自由空间辐射场中测量功率密度值及其分布,其测量得到的功率密度达 $100kW/cm^2$。在 X 波段可直接测量 10kW 的微波脉冲峰值功率,响应时间小于 5ns;在 S、L 波段,可测量的输入功率峰值范围均不小于 20kW。

真空二极管大功率微波脉冲测量系统在对 X 波段返波管的测量中得到验证和使用,记录的脉冲峰值电压为 912mV,脉冲宽度为 22ns,脉冲前沿为 5ns,对应输入到检波器的微波脉冲峰值功率为 7.2kW,喇叭波导天线馈入口的峰值功率密度为 $38kW/cm^2$,计算得到的微波源输出脉冲峰值功率为 500MW。

5.1.2 热离子二极管测量法

中国工程物理研究院应用电子学研究所提出了一种基于热离子二极管检波的新型高功率脉冲微波测量探测器,该二极管具有承受微波脉冲峰值功率高(可达 100kW)、响应时间短(小于 2ns)、不需要同步信号、抗干扰能力强的特点,因此,适合高功率微波单次和低重频脉冲峰值功率的测量。

1. 探测器工作原理与结构

(1) 工作原理。

热离子二极管的基本结构如图 5-2 所示,它结构简单,仅由阴极和阳极两个电极组成,为了加热阴极,还应该有阴极热子。热离子二极管的阴极和阳极分置在处于真空状态下的矩形波导两侧宽边中央。

阴极被热子加热,处于待发射状态,当有微波脉冲在波导中通过时,在波导中形成一个强的交变高频电场 $E_W(t)$,该电场作用在热离子二极管的阴极和阳极上。在正向电场的作用下,阴极将发射电子束,从而在输出回路中形成电流 $I(t)$,该电流大小与电场 $E_W(t)$ 相关。正向电流经进一步滤波后通过取样电阻并在电阻上产生电压,将该电压输入数字示波器,就可以测量出电流 $I(t)$ 的幅值与波形。对探测器的灵敏度进行准确标定,便可实现高功率微波脉冲峰值功率和功率包络的准确测量。

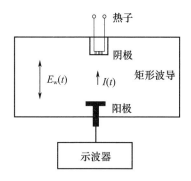

图 5-2 热离子二极管的结构示意图

(2) 探测器的结构。

基于热离子二极管的波导型大功率微波探测器结构如图 5-3 所示。波导中传输的模式为 TE_{10} 模,由于 TE_{10} 模在波导宽边中心处电场最强,所以在波导宽边中心打孔,将热离子二极管由该孔插入。为了减小反射或其他干扰对热离子二极管的影响,在波导末端连接波导型匹配负载,以完全吸收通过二极管的微波能量,并屏蔽了其他信号从波导末端耦合进入传输波导。由于在波导中安装了热离子二极管,其必然会引起反射,使得在波导输入口的驻波系数增大,影响对输入信号测量的精度,因此需要引入阻抗调配器,最简单而有效的方法是在波导的窄边加入吸收介质片。吸收介质片除了可以消除反射,达到微波信号匹配传输的作用外,还可以起到对微波信号衰减的作用,既可以吸收正向传输的微波能量从而增大探测器的测量范围,又可以吸收反向传输的反射能量,降低微波信号来回反射形成振荡的可能,但对热离子二极管功率计标定时,就应该考虑吸收介质片引起的微波损耗的衰减量。另外,为了避免测量得到的微波检波信号受振荡干扰,需要对热离子二极管的输出电流进行滤波,应该采用波导型的低通滤波器,以滤除波导能够传输的信号频率范围以外的低频干扰信号。

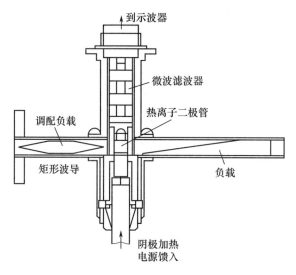

图 5-3 热离子二极管波导型探测器结构

经过对石墨、聚酯材料、铁磁材料等进行实验,表明铁磁材料作为调配负载时探测器性能最好,通过多次调试,得到在工作频率点附近的驻波系数小于1.1的调配负载。

2. 探测器灵敏度的标定与实验

探测器的灵敏度是指微波输入功率与热离子二极管的输出电压的对应关系。探测器灵敏度的标定系统主要由大功率微波源、输入功率监测系统、探测器和输出信号测量系统组成。

大功率微波脉冲信号源(如速调管)的输出脉冲宽度和功率应该可调,该微波脉冲经过隔离器后直接输入到热离子二极管探测器进行检波,检波得到的脉冲信号送入示波器显示出电压大小,通过热离子二极管后的微波功率由匹配负载吸收。标定系统中接入输入功率测量与监测系统,它可以在隔离器后面连接一级或者两级定向耦合器将微波信号耦合出一小部分来,该部分功率由微波晶体检波器检波后也送入示波器测量输出的检波电压,并利用耦合度和衰减量换算出大功率微波源输出功率,即热离子二极管输入功率的大小,同时也起到了实时监测微波功率的作用。调节可调衰减器使送入示波器的信号符合示波器测量范围,以提高测量精度。示波器同时显示出了脉冲波形(脉宽、重复频率)。由此即可以建立起输入微波功率与热离子二极管探测器检波电压之间的联系,改变微波功率或者脉冲宽度,即标定了在不同功率和不同脉宽下微波输入功率与热离子二极管输出信号电压之间的关系,即灵敏度曲线。这样标定的结果,由晶体检波器输出经耦合度和衰减量换算得到的大功率微波源输出功率将比它的实际输出功率小,这是因为换算时并没有包括探测器为匹配而引入的调配负载引起的衰减,而输入热离子二极管探测器的功率实际上还要经过调配负载的衰减而损失一部分,使由热离子二极管探测器输出的电压会有所降低。因此,更严格的标定,应该考虑对这部分损耗进行修正。

10cm 波段的热离子探测器标定结果表明,该探测器的探测功率范围较大,低端可以到 1kW 甚至更低,高端可以超过 70kW。利用该探测器对高功率微波辐射源输出功率的实际测量,表明微波源的输出功率达到 1.2GW。

5.1.3 毛细管能量计测量法

毛细管能量计采用与玻璃液体温度计相同的测量原理来测量微波能量,这是我国西北核技术研究院提出并应用的一种高功率微波功率测量方法。毛细管能量计由微波传输波导、感温泡、感温液体、与感温泡相连的毛细管和毛细管中液面高度测量装置等组成,图 5-4 即显示了以酒精作为感温液体,测量在圆波导中 TM_{01} 模的高功率微波功率的毛细管能量计结构示意图。

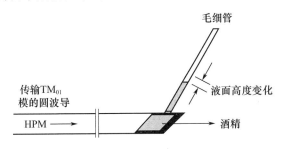

图 5-4　X 波段毛细管能量计结构示意图

1. 毛细管能量计的灵敏度

假设从波导入射的微波能量被能量计充分吸收,则我们就可以根据感温液体的物理特性计算出该液体吸收的微波能量与毛细管中液面上升高度之间的关系。

液体吸收的能量与温升的关系为

$$Q = c_p \rho V_1 \Delta T \tag{5.1}$$

式中:Q 为被吸收的微波能量(J);c_p 为感温液体的比定压热容(J/g·K);ρ 为感

温液体的密度(g/cm^3);V_1 为感温液体在吸收微波前的体积,也就是感温泡的容积(cm^3)(更精确的计算,还应包括毛细管中液面原有高度对应的体积,如果毛细管的体积远比感温泡的容积小,则也可以忽略毛细管中原有液体体积);ΔT 是吸收微波后液体的温升(K)。

感温液体在吸收微波后温度升高的同时,其体积还会膨胀,由于感温泡的容积是固定不变的,因此液体体积的膨胀只能由毛细管液面高度的上升反映出来。我们引入体积膨胀系数的概念来描述液体温度升高与体积膨胀之间的关系:当液体的温度改变1℃时,其体积的变化与它在0℃时的体积之比,就称为该液体的体积膨胀系数,以 $\beta(K^{-1})$ 表示。在温度不很高时,β 可以直接根据下式求出:

$$\beta = \frac{V_T - V_0}{V_0 T}$$

$$V_T = V_0(1 + \beta T) \tag{5.2}$$

式中:V_0 为感温液体在0℃时的体积;V_T 则是它在温度 T 时的体积。

由于 β 一般都很小,在温度不很高时,β 可以直接根据物体膨胀前后的体积求出,而无需再求0℃时的体积,即

$$\begin{cases} \beta = \dfrac{V_2 - V_1}{V_1 \Delta T} = \dfrac{\Delta V}{V_1 \Delta T} \\ \Delta V = V_2 - V_1 = \pi r_m^2 \Delta l \end{cases} \tag{5.3}$$

式中:V_2 为感温液体吸收微波后的体积;V_1 为吸收微波前的体积;ΔT 为吸收微波后液体的温升;r_m 为毛细管的内半径;Δl 为毛细管液面上升的高度。

由上述三式不难得

$$D = \frac{\Delta l}{Q} = \frac{\beta}{c_p \rho \pi r_m^2} \tag{5.4}$$

该式反映了液体吸收的微波能量与毛细管液面上升的高度之间的关系,即毛细管能量计的灵敏度 D。

要注意的是,毛细管液面的上升高度 Δl 是指毛细管垂直放置时测到的上升高度。另外,毛细管的顶端不要封口,以避免液体上升时空气受挤压对液体上升形成阻力,影响液面自由上升。如果需要封口,则应在封口前采取必要的措施将空气排空。

由毛细管能量计采用的液体的特性参数和几何尺寸,就可以求出灵敏度的大小。然后,根据毛细管中的液面上升高度,求出液体吸收的微波能量 Q,再根据微波的脉冲宽度、重复频率即可以由 Q 求出微波功率。

2. 毛细管能量计的应用

(1) 液体的选择。

表 5-1 给出了三种常见液体材料的相关特性。

表 5-1 水、酒精和水银的物理特性及不同 r_m 下的灵敏度

液体	密度 $\rho/(g/cm^3)$	比定压热容 $c_p/(J/(g \cdot K))$	体积膨胀系数 β/K^{-1}
水	1.0	4.18	0.207×10^{-3}
酒精	0.79	2.38	1.12×10^{-3}
水银	13.5951	0.1394	0.16×10^{-3}

$\dfrac{\Delta l}{Q}/(mm/J)$	r_m		
	0.1mm	0.2mm	0.5mm
水	1.6	0.4	0.06
酒精	19.0	4.7	0.76
水银	2.7	0.7	0.11

由表 5-1 可以看出，采用酒精作为感温液体时，毛细管能量计的灵敏度最大，因此，在实际应用的毛细管能量计中以酒精作为感温液体最好。

以酒精为例，当毛细管的内半径 $r_m = 0.48$mm 时，根据表 5-1 中数据，可求得这时能量计灵敏度为 0.823mm/J。

(2) 感温泡与毛细管能量计的匹配。

毛细管能量计的感温泡一般都采用石英玻璃制作，为了保证微波能量尽可能被感温泡中的感温液体全部吸收，应该做到感温泡（包括其中的液体）与微波传输波导尽可能匹配连接。这个问题往往取决于感温泡的形状和感温泡在波导中的放置方式。在毛细管能量计中，感温泡的功能实际上与液体式量热计中的水负载所起的作用是完全类似的，图 2-4 中已经给出了最常用的几种水负载的结构形式，包括了水负载本身的形状和在波导中的放置方式。感温泡完全可以采取类似的方式来制造，不同的是水负载应用于流动式液体功率计中，而感温泡则应用于静止式液体功率计中，因此，应该将水负载的两个进出水管换成感温泡的一根毛细管，而且为了准确读出毛细管中液面的变化，毛细管必须垂直向上放置以方便计量液面受热后的上升高度。如果毛细管相对竖直方向有一定的倾斜，则计算液面热膨胀上升高度时应对此倾角进行修正，即转换成垂直方向的高度与体积的变化。

为了检验感温泡与波导连接的匹配程度，需要测量能量计的驻波系数。由于毛细管能量计是依赖于感温液体的热效应实现功率测量的，它仅取决于液体吸收的微波能量的大小，与微波模式无直接关系，因此，只要感温泡与波导连接

达到匹配,就可以做到对微波能量的理想吸收。当然,匹配的好坏在一定程度上也与模式相关,但是一种匹配很好的感温泡的形状和在波导中的放置方式在多数情况下对不同的模式来说驻波系数可近似认为差别不大。在模式激励相对比较简单的情况下,能直接利用待测高功率微波模式进行毛细管能量计驻波系数测量当然是一种更为理想的选择。

若感温泡不能全部吸收波导传输过来的微波能量,就一定会引起部分微波的反射,导致驻波的增加,因此,直接测量毛细管能量计的驻波系数,就反映了感温泡吸收微波能量的效率 η,即

$$\eta = 1 - \left(\frac{\rho - 1}{\rho + 1}\right)^2 \tag{5.5}$$

式中:ρ 为测量得到的毛细管能量计的驻波系数。

西北核技术研究院对测量圆波导 TM_{01} 模功率所采用的毛细管能量计进行驻波系数测量的系统示意图如图5-5所示,该系统采用了 TM_{01} 模模式激励器产生毛细管能量计实际测量高功率微波功率时的模式,使得驻波系数的测量更加准确。测出 ρ 并计算得到 η 后,应对式(5.1)进行修正。

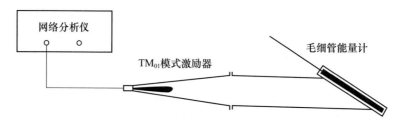

图5-5 毛细管能量计驻波系数测量系统示意图

(3) 毛细管能量计的标定。

毛细管能量计在用于功率测量前,需要先对它的灵敏度进行标定,标定系统如图5-6所示。

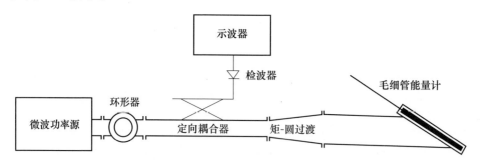

图5-6 对毛细管能量计进行标定的系统示意图

① 为了灵敏度的标定在尽可能接近实测时的条件下进行,信号源不能再利用网络分析仪的输出信号,它的功率太小,标定的灵敏度误差太大,不适合高功率条件下的实际测试;另外,连续波信号也不利于能量与功率的换算。因此,这时应该采用功率量级比较高(如百千瓦甚至兆瓦量级)的脉冲功率源作为测量信号。

② 由于毛细管能量计是对微波的能量大小作出的反应,而不是对微波模式作出的反应,因此,只要毛细管能量计的感温泡能尽可能全部吸收微波能量而不反射,它的灵敏度就只取决于微波能量的大小而与微波模式无关。这样,我们就可以不必将标定用信号源的输出模式转换成将要被测的高功率微波模式,只需要使能量计做到与信号源尽量匹配,以求能量计尽量全部吸收信号源输出的微波能量就可以了。因此,在标定系统中只采用了矩-圆过渡以将微波源输出的矩形波导变换到毛细管能量计的圆波导,而并没有再接入模式变换元件。

为了改善标定系统的匹配性能,可以对矩-圆过渡波导的驻波单独进行测量并调整尺寸以提高匹配性能。矩-圆过渡波导驻波的测量最直接的办法是做一个圆波导的匹配负载连接在圆波导端,矩形波导端或者已经是标准波导,或者可以通过过渡波导变换成标准波导,从而就可以连接网络分析仪进行测量。但是,圆波导匹配负载的制造和性能的鉴定会遇到一定困难,矩-圆过渡波导驻波的另一种测量方法是采用两个完全相同的矩-圆过渡波导背靠背的方式进行,这时两个矩-圆过渡波导的圆波导端直接连接,测量过程中还需要加接一小段同尺寸的圆直波导,而两个矩形波导端就可以分别连接网络分析仪和匹配负载进行测量,具体的测量和计算方法可参考文献[62]。

在背靠背测量时,还可以同时测量 S_{21} 以检查矩-圆过渡波导的传输效率,S_{21} 既包括了矩-圆过渡波导的反射损耗,也包括了它自身的高频损耗,因此更准确地反映了它向能量计输送微波能量的效率。

③ 接在测量系统后的毛细管能量计与接在标定系统后的毛细管能量计应该是同一个能量计,这样它们的灵敏度是一样的,不致产生测量误差。

(4) 高功率微波的功率测量。

如果高功率微波的脉冲宽度是 $\tau(s)$,重复频率是 $F(Hz)$,能量计的灵敏度为 $D = \Delta l/Q(\text{mm/J})$,测量时能量计毛细管液面上升高度是 Δl,则微波功率为

$$P = \frac{\Delta l/D}{\tau F} \tag{5.6}$$

但是要注意的是,式(5.6)隐含着一个限制,即高功率微波源只工作1s。因为,功率是通过微波能量与作用到能量计上的时间的比值得出的,式(5.6)中 F 表示 1s 产生微波脉冲的次数,τ 表示每个脉冲的工作时间,所以 τF 就代表了微

波在1s时间内总的工作时间(单位为s),而 $\Delta l/D$ 则是该微波作用于能量计时产生的能量(焦耳值),因此它们两者的比值就是功率。

在实际应用时,微波的工作时间一般不容易直接控制或精确测定,这就给功率测量带来不确定性,因为随着微波工作时间的增加,能量计吸收的热量相应增加,毛细管液面不断升高,但这种变化并不是线性的,能量计会通过传导、辐射、空气对流的渠道散失热量,而且温度越高,热量散失越快,这就导致毛细管液面的升高也呈现出非线性特性,并在经过一定时间后达到平衡,液面不再升高。我们在2.2.1节中分析干式量热计的热平衡过程时已经指出,量热计达到热平衡后,经过校准,稳态温升就可以用来作为被测功率的量度,类似的分析也可以应用到这里来对毛细管能量计进行分析。

一般情况下,利用毛细管能量计,最好仅对单次脉冲微波进行功率测量,这时,式(5.6)中分母中的 $F=1$,而由于脉冲宽度是已知的,它就代表了微波脉冲的总工作时间,因而就可以根据测量得到的能量比较准确地计算出功率。

但是,由于酒精对热量的响应速度比较低,而热平衡过程相对比较长,导致毛细管能量计的灵敏度相对比较低,从而使得毛细管能量计的测量精度相对来说不是很高,由此也就限制了它的广泛使用。

5.2 电阻探测器功率测量

电阻探测器(Resistive Sensors)实际上可以归结为我们在2.3节中已介绍过的半导体测热电阻的一种,它们都是某种半导体材料,并在受热后发生电阻值的改变。只是我们在2.3节中介绍的半导体测热电阻更为突出其热反应的灵敏度,所以称为热敏电阻(Thermal Resistor);而在这里将讨论的电阻探测器则特别突出他对热的响应速度和功率容量,以适应高功率极短脉冲微波的测量。

利用电阻探测器进行高功率微波测量最初是由立陶宛维尔纽斯的半导体物理研究所微波实验室的 M. Dagys、Z. Kancleris 等提出的,主要研究工作也由该实验室完成。

5.2.1 电阻探测器

1. 电阻探测器介绍

半导体材料的电阻率对温度非常敏感,大家熟知的热敏电阻就是利用这一特性制成的一种半导体元件,但是它能承受的功率容量十分低,只能用于小功率微波测量,能承受微波大功率的半导体电阻材料则是电阻探测器,虽然利用它们做成的功率计都是一种热效应功率计,但两者在工作原理上是不同的。热敏电阻是半导体材料吸收微波能量后整体温度的升高,从而引起材料电阻增加;而电阻探测器则是材料中的载流子——电子在微波电场作用下被加热,导致电子在迁移过程中更多地被晶格不规则散射,使迁移率随温度升高迅速减小,即电阻增加。由于整个探测器的电阻足够大,而微波脉冲的持续时间十分短,因此,微波电场的作用只能引起电子的热效应,导致电阻增加,而来不及在脉冲持续时间内引起整个探测器的温度变化使电阻改变。这一现象早在50多年前就已被发现,当存在强电场时,通过半导体材料的电流将不再服从欧姆定律,这正是由于在强电场中,电子获得了额外的能量,这种被加热的电子就会更多地被晶格散射,导致电阻增加。

在微波脉冲测量方面,电阻探测器也不同于二极管检波器。点接触或者肖特基二极管被普遍用于测量小功率(不超过百毫瓦量级)的微波脉冲,脉冲峰值功率比较高时,就必须借助探针或小孔(定向耦合器)耦合出小功率,或者通过衰减器降低微波脉冲功率,使进入检波器的测量功率在检波器允许最大功率电平以下;大衰减量的耦合或衰减器的应用,必将导致测量精度的降低,以及增加了测量系统的体积和重量,同时测量系统的控制也变得复杂;而电阻探测器由于具有很大的输出信号范围(可以高达数十伏),因而能够直接测量高功率脉冲,不再需要定向耦合器或者衰减器。

我们在第2章介绍的热效应功率计包括热敏电阻功率计,都只能测量连续波微波功率或者连续脉冲微波平均功率,由于不可忽略热惯性,热响应时间远超出微波脉冲的持续时间,因此它们不适合用来测量单次脉冲或低重频脉冲的脉冲功率。而在由n型半导体Si构成的电阻探测器中,电子的加热是一个非常快的过程,特征时间在几皮秒数量级,因此电阻探测器的实际响应时间只取决于加到电阻探测器上的偏压的上升时间,它主要依赖于电阻探测器的电阻大小。

电阻探测器在微波电场作用下电阻发生变化的现象最初是在n型锗半导体材料上发现的,在每厘米几百伏的强电场作用下,半导体的伏安特性不服从欧姆定律,说明它的电阻发生了变化。目前已更多地采用n型硅半导体材料,因为它可以承受更高的温度(200℃),即更强的微波电场。大约1kV/cm的微波电场,能引起1%的温度变化,在X波段的波导内,这大约相当于1kW的微波功率。

目前,电阻探测器的工作频率范围可以达到1~40GHz。测量的脉冲功率范围为:在波导内,S波段100kW,X波段70kW,Ka波段3kW。响应时间是:S波段2.5ns,X波段0.5ns,Ka波段0.2ns。可见,电阻探测器十分适合用于高功率微波的极短脉冲功率测量。

2. 电阻探测器的灵敏度

由于电阻探测器电阻的变化定量反映了在波导中传输的微波脉冲功率,所

以电阻探测器的灵敏度 ζ 就可以定义为

$$\zeta = \frac{\Delta R/R}{P} \quad (5.7)$$

式中：$\Delta R/R$ 为电阻探测器敏感元件即半导体元件在微波电场作用下电阻值的相对变化；P 为波导中传输的微波脉冲功率。

为了测量电阻的变化，电阻探测器必须与一个直流电源或者一个脉宽比微波脉冲宽度宽得多的脉冲电源连接，以便根据 $R = U_0/I$ 来测量电阻探测器的电阻大小及其变化，我们也可以统一称它们为直流偏压，以 U_0 表示。当采用脉冲电源时，$\Delta R/R$ 的大小应该取微波电场在一个脉宽内通过电阻探测器的电流瞬时值的平均值来求得。

在小功率情况下，电阻探测器中的平均电场强度相当小，因此，将电阻探测器电阻的变化对电阻探测器敏感元件（指电阻探测器功率探头中的半导体材料元件）中的平均电场的功率展开成级数时，可以只取第一项，这样，在线性区域，式(5.7)中的 $\Delta R/R$ 就可以写为

$$\frac{\Delta R}{R} = \beta^*(f)\langle E_m^2 \rangle \quad (5.8)$$

式中：$\langle E_m^2 \rangle$ 为在电阻探测器敏感元件中的微波电场幅值的平方的平均值，它正比于平均电场的功率；$\beta^*(f)$ 为有效温电子系数，定义为电压 – 电流特性对欧姆定律的偏离，是频率的函数。它可以很好地用式(5.9)表示，该式考虑到了在微波电场中电阻变化时的电子热惯性，即

$$\beta^*(f) = \beta \left[\frac{1}{2} + \frac{1}{1 + (2\pi f \tau_\varepsilon)^2} \right] \quad (5.9)$$

式中：f 为微波场的频率；τ_ε 为一个常数；β 为在直流偏压电场中的温电子系数。将式(5.8)和式(5.9)代入式(5.7)，可以得到

$$\zeta = \frac{\beta}{2}\left[1 + \frac{2}{1 + (2\pi f \tau_\varepsilon)^2}\right] \frac{\langle E_m^2 \rangle}{P} \quad (5.10)$$

微波传输线中的功率 P 与 E_0^2 成正比，E_0 为在空波导中心处的电场幅值，所以 ζ 应该与 $\langle E_m^2 \rangle/E_0^2$ 成正比。将波导中传输模式的功率表达式代入式(5.10)，就可以得到 ζ 与 $\langle E_m^2 \rangle/E_0^2$ 的关系式；对于 n – Si 型半导体，Z. Kancleris 等通过合适的 $\beta^*(f)$ 的测量值在相当宽的频率范围内，在室温下得到 $\tau_\varepsilon = 2.9 \times 10^{-12}$ s。

M. Dagys、Z. Kancleris 等给出，n – Si 型半导体在 300K 温度下，当电场沿晶体 <111> 方向时，温电子系数 β 的大小是：电阻率为 $5\Omega \cdot cm$ 时，$\beta = 6.0 \times 10^{-8} cm^2/V^2$；电阻率为 $20\Omega \cdot cm$ 时，$\beta = 6.2 \times 10^{-8} cm^2/V^2$；电阻率为 $200\Omega \cdot cm$ 时，$\beta = 6.7 \times 10^{-8} cm^2/V^2$。

这样，在 ζ 的计算式中，只有 $\langle E_m^2 \rangle$ 为未知项，它可以利用时域有限差分法（FDTD）计算波导中传输模式的场分量，从而求出在电阻探测器敏感元件中的电场幅值的平均值。

5.2.2 电阻探测器功率探头

1. 矩形波导

(1) TE_{10} 模的探头。

电子的热效应是引起电阻探测器电阻变化的唯一原因，为了记录电阻探测器电阻的变化值，我们必须给电阻探测器加上一定直流偏压 U_0，并通过电容耦合输出由微波脉冲引起的电阻探测器产生的脉冲信号，构成的功率探头原理图如图 5-7 所示。对电阻探测器加上高功率微波脉冲信号后，功率探头输出的脉冲幅值为 U_s，它可以表示为

$$U_s = U_0 \frac{\Delta R}{R} \tag{5.11}$$

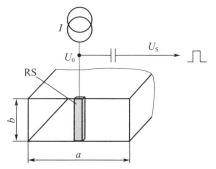

图 5-7 电阻探测器测量高功率微波脉冲功率的电原理图
RS-电阻探测器。

实际的探头结构如图 5-8(a) 所示，电阻探测器做成矩形棒状，其两端形成欧姆接触，它的电阻率大约在 $20 \sim 200\Omega \cdot cm$。欧姆接触是指金属与半导体的接触，其接触面的电阻值远小于半导体本身的电阻，使得对组件加上电压时，大部分的电压降在半导体的活动区（Active Region）而不是接触面上。实现欧姆接触的主要措施是在半导体端面层进行高掺杂或者引入大量复合中心。然后将该半导体元件放置在矩形波导的两个宽边之间（平行窄边），其接地的一端与波导宽边直接接触，另一端与波导绝缘并与测量电路连接。

为改善电阻探测器的热特性并扩展它测量高功率脉冲功率的范围，M. Dagys、Z. Kancleric 等发展了薄膜型的 TE_{10} 模功率探头（图 5-8(b)），将电阻

探测器放置在一片金属薄膜和波导宽边之间,电阻探测器的半导体元件长度大约是波导窄边高度的1/10。薄膜型电阻探测器探头的优点是:首先扩展了功率测量的电平,因为这时电阻探测器不再承受波导宽边之间的整个高频电压,只需要承受通过波导的大约1/10的微波功率,从而使能通过整个波导的功率得以提高;其次,由于减小了半导体元件高度,使得电阻探测器的热特性得到改善;再次,由于电阻探测器探头只占据波导截面的一小部分,使得即使在电阻探测器特性电阻比较小的情况下,对微波功率传输的反射都会降低。这种探测器已经在俄罗斯、瑞典、美国等实验室中应用,用于测量S波段到Ka波段的纳秒级高功率微波脉冲,这种功率探头的功率容量,采用辐射远场测量法,已测量到$3MW/m^2$的功率密度,图5-9给出了这种探头的实物照片。

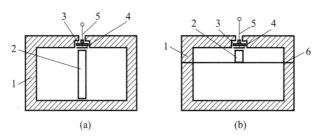

图5-8 矩形波导中TE_{10}模电阻探测器功率探头

(a)电阻探测器放在整个波导中的功率探头;(b)薄膜型功率探头。

1—波导;2—电阻探测器半导体元件;3—绝缘垫圈;4—金属垫圈;5—输出引线;6—金属薄膜。

图5-9 薄膜型的TE_{10}模功率探头实物照片

由式(5.11)可以看出,从电阻探测器输出端输出的信号将随着施加在电阻探测器上的直流电压而线性增加,但直流电压不能增加得太多,否则将会引起电阻探测器的过热。为了克服这一困难,以获得更大的输出信号,可以使用同步脉冲源来替代直流偏压源,该脉冲源产生比被测信号脉冲宽度宽大约300μs的电流脉冲,它的幅值可以调节到要求的大小,在 280μs 时,触发高功率微波脉冲,输出信号由示波器指示。但是,这种探测器需要同步触发信号才能正常工作,这就使得实时在线测量尤其是远距离测量比较困难;同时,由于目前多数脉冲功率源存在触发开关抖动的问题,导致该探测器不能保证捕捉到每一个微波脉冲信号,特别是重复频率工作下的微波脉冲的每一个脉冲信号。

(2) TE_{10} 模探头的灵敏度。

利用时域有限差分法,可以求出在电阻探测器的半导体敏感元件中的微波电场幅值的平均值 $\langle E_m \rangle$,为了便于计算,我们取其对空波导中电场幅值 E_0 归一化的无量纲值 $\langle E_m/E_0 \rangle$,E_0 可表示为

$$E_0^2 = \frac{4P}{ab} \frac{\sqrt{\mu_0/\varepsilon_0}}{\sqrt{1-(f_c/f)^2}} \quad (5.12)$$

式中:a 和 b 为矩形波导的宽边和窄边尺寸;f_c 为 TE_{10} 模的截止频率。利用式(5.7)~式(5.12),我们就得到了电阻探测器在输出信号随输入功率变化的线性区的灵敏度为

$$\zeta(f) = \frac{4\beta}{ab} \frac{\sqrt{\mu_0/\varepsilon_0}}{\sqrt{1-(f_c/f)^2}} \left[\frac{1}{2} + \frac{1}{1+(2\pi f \tau_\varepsilon)^2}\right] \frac{\langle E_m^2 \rangle}{E_0^2} \quad (5.13)$$

$\langle E_m \rangle$ 通过 FDTD 方法计算。

2. 圆波导

(1) 功率探头。

在圆波导中的电阻探测器的功率探头如图 5-10 所示。

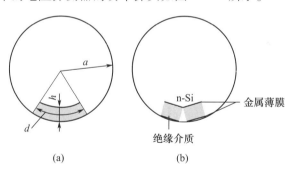

图 5-10 圆波导电阻探测器功率探头的横截面图
(a)理想形式;(b)实际应用形式。

将 n-Si 半导体敏感元件紧贴在圆波导内壁上,顶部涂上金属薄膜,底部则涂上绝缘薄膜,并通过绝缘薄膜上的孔与外电路(偏压馈入和信号输出)连接,就构成了圆波导电阻探测器功率探头。其理想的形式应该如图 5-10(a)所示,

但实际上,这种理想方案是很难实现的,因为要将 n-Si 型敏感元件做成圆环的一小段并且其圆弧还要与圆波导的壁贴合,难度较大。最可能的方式如图 5-10(b)所示,它由两块矩形电阻探测器半导体片紧靠在一起形成,它们的顶部通过金属薄膜连接在一起(电短路),而其中一块半导体片的底部与圆波导内壁欧姆连接接地,另一块半导体片的底部则与波导绝缘,两块形成并联电路,并通过绝缘膜上的孔使电阻探测器与导线连接,由此对电阻探测器馈入直流偏压并输出脉冲信号。这样,两块电阻探测器对于直流电流来说是串联的,而对于微波电场来说是并联的,这样的设计利用半导体技术是完全可实现的。

(2) 灵敏度。

① TE_{11} 模。电阻探测器的灵敏度定义在式(5.7)、式(5.8)中已给出,利用圆波导中 TE_{11} 模的场分量的表达式,通过对圆波导中 TE_{11} 模的坡印亭矢量在整个波导截面上的积分,就可以计算出它的功率并代入式(5.7),并得到 TE_{11} 模的灵敏度

$$\zeta = \frac{\beta^*}{\pi a^2} \left[J_0^2(\mu_{11}) + \left(1 - \frac{2}{\mu_{11}^2}\right) J_1^2(\mu_{11}) \right]^{-1} \frac{\sqrt{\mu_0/\varepsilon_0}}{\sqrt{1-(\lambda/\lambda_c)^2}} \left(\frac{\langle E_m \rangle}{E_0}\right)^2 \quad (5.14)$$

式中:a 为圆波导的半径;E_0 为空圆波导中 TE_{11} 模场的最大幅值;λ 和 λ_c 是 TE_{11} 模微波信号在自由空间的波长和在圆波导中的截止波长;J_0 和 J_1 为第一类零阶和一阶贝塞尔函数;μ_{11} 是 J_1 的导数等于 0 的第一个根,$\mu_{11} = 1.841$。

② TE_{01} 模。将圆波导中 TE_{01} 模的功率表达式代入灵敏度定义式(5.7),并利用式(5.8),我们就可以得到圆波导中电阻探测器 TE_{01} 模的灵敏度为

$$\zeta = \frac{2\beta^*}{\pi a^2} \left(\frac{J_1(\mu_{11})}{J_0(\mu_{01})}\right)^2 \frac{\sqrt{\mu_0/\varepsilon_0}}{\sqrt{1-(\lambda/\lambda_c)^2}} \left(\frac{\langle E_m \rangle}{E_0}\right)^2 \quad (5.15)$$

式中:λ、λ_c 为 TE_{01} 模在自由空间的波长和在圆波导中的截止波长;$\mu_{01} = 3.832$ 是 J_0 的导数等于 0 的第一个根;其余符号定义与式(5.14)相同。

3. 电阻探测器的响应时间

电阻探测器对微波脉冲的响应时间可以利用时域反射器法(Time Domain Reflectometry,TDR)进行测量,TDR 是利用信号在某一传输线中传输,当传输路径中发生阻抗变化(不均匀性)时,一部分信号会被反射,另一部分信号则继续沿传输线传输,只要在时域上测量出反射点到信号输出点的时间,就可以计算出传输路径中阻抗变化点的位置。电阻探测器在接受微波脉冲作用前后的阻抗是不同的,它们引起的反射也会不同,测量两次不同反射的时间差,就得到了对微波脉冲的响应时间。

测量时电阻探测器偏压由一个上升时间在亚纳秒量级的脉冲提供,测量初

始脉冲与反射脉冲的时间间隔,就可以计算出电阻探测器的响应时间,对不同波段的测量结果由表5-2给出。

表 5-2 电阻探测器的响应时间

波段	响应时间 τ/ns	响应时间 τ 与微波振荡周期 T 相比的倍数(τ/T)
S	2.5	8
C	2	10
X	0.5	5
Ka	0.4	7
Ku	0.2	7

从以上数据可以看出,电阻探测器对微波的响应时间一般不会超过10个微波振荡周期。

5.2.3 电阻探测器的功率测量

1. 灵敏度与信号频率关系的测量

电阻探测器灵敏度的测量可采用如图 5-11 所示测量系统,频率可调的微波信号源输出平均功率约 200mW,使用低功率微波源可以使电阻探测器灵敏度的频率响应测量有效提高。采用调制器对微波信号进行调制,选择 10kHz 调制频率,这样可以避免由于晶格加热引起电阻的额外变化。一般来说,加到电阻探测器上的信号是微波信号和调制信号的叠加,因而其电阻的变化将由电子的热效应和晶格的焦耳热叠加共同引起,由于晶格的加热只取决于制造电阻探测器的 n-Si 型半导体的特征电阻,并且随着调制频率的提升而降低,因此为了避免

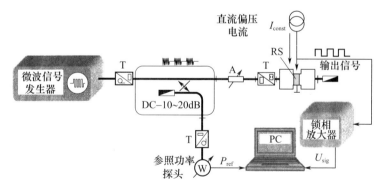

图 5-11 电阻探测器灵敏度测量系统
T—同轴-波导转换或者矩形波导-电阻探测器功率探头转换;
RS—电阻探测器;W—功率指示器;A—可变衰减器;PC—计算机。

晶格的发热影响输出信号,调制频率必须选择得足够高,这时焦耳热对信号(也可以说对电阻变化)的影响就可以忽略。加到电阻探测器上的微波源的功率利用平均功率计测量,电阻探测器输出的信号采用锁相放大器提升测量精度。

通过测量从锁相放大器输出的信号和传输到电阻探测器上的功率,电阻探测器的灵敏度就可以表示为

$$\zeta = \frac{\pi U_\mathrm{m}}{\sqrt{2} U_0 P} \tag{5.16}$$

式中:U_m为经锁相放大器放大的输出信号;U_0为加到敏感元件上的直流偏压。

改变微波信号源输出的工作频率,再进行灵敏度测量,就可以最终得到灵敏度与信号频率的关系曲线。如果微波信号源输出功率比较小,经定向耦合器耦合出来的功率太小,则也可以用功分器从信号源直接分出一部分功率作为测量用信号。

2. 在波导中传输的微波功率的测量

测量功率与电阻探测器输出信号关系时,我们应该采用大功率的微波信号源,一般使用磁控管,测量系统如图5-12所示。电阻探测器直接与磁控管输出连接,输出微波的脉冲宽度为 $4\mu s$,重复频率为 $25Hz$。参考功率探头与定向耦合器耦合输出波导连接,通过改变精密衰减器的衰减量 L 调节磁控管输出功率;在不同的输出功率下测量电阻探测器的输出信号,就得到输出信号与微波脉冲功率的关系。直流偏压设定为10V,直接加到电阻探测器上。输出信号可以通过或者不通过放大器进行测量,放大器的放大倍数根据需要调节。

测量电阻探测器的输出信号 U_s,电阻的变化 $\Delta R/R$ 可以按下式计算,即

$$\frac{\Delta R}{R} = \frac{U_\mathrm{s}}{U_0} \frac{1 + R/R_\mathrm{a}}{1 - U_\mathrm{s} R/U_0 R_\mathrm{a}} \tag{5.17}$$

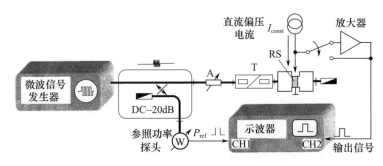

图5-12 电阻探测器的电阻变化与微波脉冲功率关系测量系统
T—矩形波导-电阻探测器功率探头转换;RS—电阻探测器;W—功率指示器;A—可变衰减器。

式中:R_a为放大器或者示波器的输入阻抗,由于R_a远比电阻探测器的电阻R大,因此电阻探测器的电阻相对变化比较容易测定,如果在式(5.17)中忽略等式右边的第二个因子,就得到了方程式(5.11)。

$\Delta R/R$与微波脉冲功率P的关系在相当宽的功率范围内,都可以近似表示成$\Delta R/R$的二次多项式,即

$$A\frac{\Delta R}{R} + B\left(\frac{\Delta R}{R}\right)^2 = P \tag{5.18}$$

式中:系数A和B根据$\Delta R/R$与P的关系的实验测量数据确定。

如果我们只取式(5.18)的线性区,即忽略二次项,然后与式(5.7)比较,则可以得

$$\zeta = \frac{1}{A} \tag{5.19}$$

3. 在辐射空间的微波功率的测量

利用电阻探测器进行高功率微波脉冲功率的测量可以采用辐射远场测量系统,如图5-13所示,测量在微波暗室中进行,电阻探测器直接与接收天线连接,不再需要定向耦合器或者衰减器,避免了由此带来的附加测量误差,该系统能够测量的脉冲功率密度达到数兆瓦每平方米。

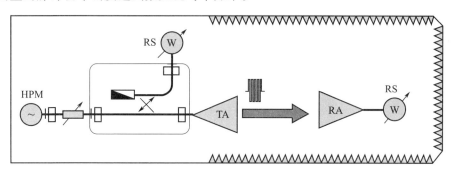

图5-13 利用电阻探测器进行高功率微波脉冲功率测量的系统示意图
HPM—高功率微波源;RS—电阻探测器;W—功率指示器;TA—辐射天线;RA—接收天线。

辐射远场测量系统的灵敏度可以表示为

$$\chi = \frac{4\pi l^2 U_s}{G_s P U_0} \tag{5.20}$$

式中:l为辐射天线到测量电阻探测器之间的距离;U_s为由电阻探测器输出的信号;G_s为辐射天线的增益;P为传输给辐射天线的微波功率;U_0为电阻探测器的偏压。

5.2.4 电阻探测器在我国的应用

1. p 型半导体 3cm 波段探测器

在我国,利用电阻探测器测量高功率微波脉冲功率的研究工作主要是在西北核技术研究院进行的,在 3cm 波段,与由 M. Dagys、Z. Kancleris 提出的电阻探测器采用 n-Si 型半导体制造不同的是,他们采用的是 p 型半导体 Si 制成的电阻探测器,在强微波电场的作用下,其载流子能量瞬态增加而跃迁回价带顶,其结果使载流子的动量弥散时间减小,从而使探测器敏感元件的体电阻增加,微波峰值功率则通过该体电阻的变化量来表征。

p 型 Si 半导体可以在 3~30GHz 的频率范围内制成各种不同型号的探测器,响应时间小于 2ns,承受功率比普通微波检波器高近 6 个数量级,主要受波导击穿的限制;其电阻率对微波电场的响应在皮秒量级,承受电场强度大于 50kV/cm;电阻探测器所加脉冲偏压是 18V、脉宽 500μs。

西北核技术研究院研制的 BJ-100 标准波导电阻探测器的功率探头结构如图 5-14 所示,波导由上下两部分组成,利用定位销钉和固定螺丝连接成整体。在波导中,平行于宽边并与窄边中心对称地固定两片铜箔,其厚度为 0.1mm,铜箔之间间距为 2mm,两铜箔应保持平行,这样的结构可以保证铜箔对波导内 TE_{10} 模极化电场分布最小的扰动,探测器敏感元件固定在两铜箔中心位置,尺寸为 4.0mm×2.0mm×1.0mm,其两端面与铜箔应具有良好的欧姆接触。一个铜箔与波导侧壁(窄边)具有良好电接触作为接地电极,即与固定在波导顶面的同轴电缆外导体同电位;另一个铜箔与波导绝缘并与同轴电缆内导体连接作为探测器检测信号的输出和偏压输入。探测器探头的各电极连接环节应产生尽可能小的寄生电容和电感。

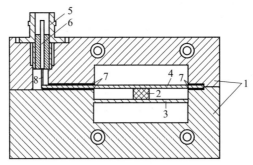

图 5-14　p 型 Si 半导体探测器功率探头结构
1—波导;2—p 型 Si 半导体敏感元件;3、4—铜箔;5—同轴电缆接头外导体;
6—同轴线内导体;7—绝缘介质;8—同轴传输线。

该探测器工作在8.2~12.5GHz范围内,测试结果表明,该探测器的响应时间至少小于1.7ns,可在100V、80μs的驱动电源下可靠工作,可承受200kW以上的微波功率。

2. n型半导体探测器

(1)太赫兹波段探测器。

西北核技术研究院更为成功的工作是采用n-Si型半导体研制了过模波导的0.3~0.4THz微波脉冲探测器。由于在太赫兹波段,标准波导的尺寸太小,电阻探测器的敏感元件本身尺寸也就更小,很难制造,将它放入波导并固定更是难以逾越的障碍,因此,他们提出了将标准波导过渡到过模波导的方案,从而增大了波导尺寸(图5-15)。

这种电阻探测器的功率探头类似于圆波导中的电阻探测器功率探头(图5-10(b)),两块电阻探测器的敏感元件矩形块直接粘贴在过模波导的宽边底部中央,它们的顶部由金属薄膜连接,形成短路;底部则有一块敷有金属薄膜并与波导宽边连接接地,另一块与波导宽边绝缘,但通过电缆线与偏压源连接并输出信号。

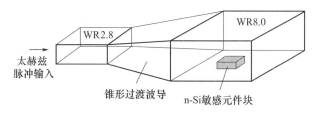

图5-15 太赫兹脉冲过模波导电阻探测器的功率探头

功率探头中的电磁场分量分布、电压驻波系数和平均电场利用三维时域有限差分法得到,通过调节电阻探测器敏感元件的长度、宽度、高度和特征电阻大小,使电阻探测器的性能得到优化。其相对灵敏度约$0.24kW^{-1}$,其波动不超过±22%,最大电压驻波系数在0.3~0.4THz频率范围内是2.74。由于采用了过模波导,这样的电阻探测器得以顺利制造和装配。

(2)X、S波段探测器。

西北核技术研究院经过对n型半导体探测器制造工艺的改进,设计了新的偏置电源和探测器结构,使探测器的检测灵敏度提高了一个数量级,X波段探测器在微波功率60kW时检测到的输出脉冲信号幅度达到9V,S波段探测器在600kW时输出脉冲信号幅度达到10V,可以适用于10~500ns脉宽的高功率微波功率测量。

探测器(功率探头)的结构如图5-16所示,整个探头直接安装在波导法兰内与法兰构成一体,使结构更为紧凑,加工更为方便,波导内部没有焊缝,微波传输损耗更小。电极由薄铜片制作,铜片平面在波导内保持与微波电场垂直,以尽可能减小对微波场的影响,电极与 BNC 接头的内导体连接,BNC 接头作为偏压的输入和探测器输出接口。

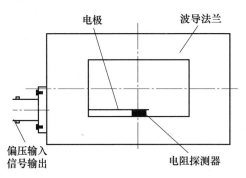

图 5-16　西北核技术研究院研制的 S 波段 n 型半导体电阻探测器功率探头结构

利用该功率探头对 S 波段相对论返波管测量的结果由图 5-17 给出,测量在纳秒量级的短脉冲和 200ns 的宽脉冲两种情况下进行,都得到了良好的脉冲波形,经过标定,即可以换算出返波管的功率大小。

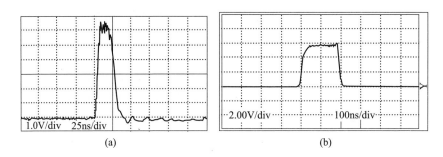

图 5-17　电阻探测器检测到的相对论返波管的脉冲波形
(a)短脉冲波形;(b)宽脉冲波形。

5.3　电声法功率测量

5.3.1　电声法基本原理

在本章已介绍过的高功率微波功率测量的方法中,除电阻探测器法外,其余都只能输出微弱的检测信号,因而信噪比低,或者说抗噪声能力差,影响测量精度与分辨率;另外,检测器体积相对比较大,直接放置在波导中,都不可避免地会对波导场造成干扰,而电声法测量在很大程度上可以克服这些不足。

1. 声表面波

声表面波是20世纪60年代末期才发展起来的一门新兴技术,它是声学和电子学相结合的一门边缘学科。目前声表面波技术已在许多学科和技术领域,如地震学、天文学、信号处理、航空航天、石油勘探和无损检测、电子标签等得到了广泛应用。

当外加交变电场通过换能器作用于压电材料时,就会在压电体中激发起材料变形引起的弹性波,压电体的这种功能称为逆压电效应。反过来,压电体中的弹性波也可以激励起电信号,这称为正压电效应。弹性波会产生沿压电体表面传播的声表面波(Surface Acoustic Wave,SAW)。所谓声表面波,就是在压电基片材料表面产生并传播,且其振幅随深入基片材料的深度的增加而迅速减小的弹性波。声表面波的振动频率与外加交变电信号频率相同,与沿固体介质内部传播的体声波比较,SAW有两个显著的特点:一是能量密度高;二是传播速度慢。

主要的压电材料为石英单晶、$LiNbO_3$、$LiTaO_3$、$Bi_{12}GeO_{20}$、压电陶瓷等。

2. 声表面波器件

声表面波器件的工作原理是:在压电基片上制作两个声-电换能器,基片一端的换能器(输入换能器)通过逆压电效应将输入的电信号转变成声信号,此声信号沿基片表面传播,最终由基片另一端的换能器(输出换能器)将声信号再转变成电信号输出。整个声表面波器件的功能是通过对在压电基片上传播的声信号进行各种处理,并利用声-电换能器的特性来完成的。

可见,制作和应用声表面波器件的关键是换能器,目前最有效的换能器是交叉指。

声表面波器件的基本结构是采用半导体集成电路的平面工艺,在具有压电特性的基片材料抛光面上蒸镀$0.1\mu m$厚的铝膜,再利用掩模图案进行光刻,分别作出输入换能器和输出换能器。

声表面波器件的优越性如下:

(1)声表面波具有极慢的传播速度和极短的波长,因此,在同一频段上,声表面波器件的尺寸比相应电磁波器件的尺寸减小了很多,重量也随之大为减轻。例如,用1km长的微波传输线所能得到的延迟,只需用传输路径为1m的声表面波延迟线即可完成,可见,利用声表面波技术能实现电子器件的超小型化,一个声表面波器件往往只有零点几毫米大小,换能器的线宽仅$0.25 \sim 0.2\mu m$。

(2)由于声表面波沿固体表面传播,加上传播速度极慢(一般3000~4000m/s),是电磁波的7万至10万分之一,这使得时变信号在给定瞬时可以完全呈现在晶体基片表面上,于是当信号在器件的输入和输出端之间行进时,就容易对信号进行取样和变换,如脉冲信号的压缩和展宽,编码和译码以及使两个任意模拟信号进行卷积等。

由于在声表面波器件中信号的输出相对于输入有较长延迟,在此期间,干扰信号已经被衰减,这种器件具有很高的抗噪声能力。

此外,在很多情况下,声表面波器件的性能还远远超过了最好的电磁波器件所能达到的水平。例如,用声表面波可以做成时间 – 带宽乘积大于5000的脉冲压缩滤波器,在UHF(特高频,频率为300~3000MHz的分米波)频段内可以作成 Q 值超过50000的谐振腔,以及可以作成频率响应不平坦度仅 ± 0.3 ~ ± 0.5dB,带外抑制达40dB以上的滤波器。

(3) 由于声表面波器件是在单晶材料上用半导体平面工艺制作的,所以它具有很好的一致性和重复性,易于大量生产,而且当使用某些单晶材料或复合材料时,声表面波器件具有极高的温度稳定性。

(4) 声表面波器件的抗辐射能力强,动态范围很大,可达100dB。这是因为它利用的是晶体表面的弹性波而不涉及电子的迁移过程。

声表面波器件的主要特点:频率选择性优良(可选频率范围在10MHz~3GHz)、输入输出阻抗误差小、传输损耗小、抗电磁干扰性能好、可靠性高、体积小、重量轻,而且能够实现多种复杂的功能。SAW的不足之处在于所需基片由于是采用单晶材料,因此价格较贵,另外对基片的定向、切割、抛光和制造工艺要求较高。受到基片结晶工艺苛刻和制造精度要求较严的影响,它的成本较高。

由于受工艺的限制,声表面波器件的工作频率上限被局限在2~3GHz。

3. 换能器

(1) 线性叉指换能器。

能实现声 – 电能量转换的器件称为换能器,曾经提出过多种激励声表面波的换能器方案,如楔形换能器、梳状换能器等,但这些方法变换效率低,难以获得高频率的声表面波,因此难以实用。到目前为止,用得最广泛且很有效的换能器是叉指换能器(Interdigital Transducer,IDT),其基本结构形式如图5-18所示。

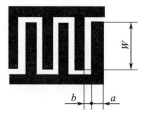

图 5-18 叉指换能器结构

IDT由若干沉积在压电衬底材料上的金属薄膜电极条组成,这些电极条互相交叉配置,两端由汇流条连在一起。它的形状如同交叉平放的两排手指,故称交叉指电极,或简称叉指电极。叉指电极既用作发射换能器,用来激励声表面波,又可以作为接收换能器,用来接收声表面波并激励产生电信号,因而它是可逆的。在发射IDT上施加适当频率的交流电信号后,压电基片内出现如图5-19所示的电场分布,该电场可分解为垂直与水平两个分量E_v和E_u,由于基片的逆压电效应,这个电场使指条电极间的材料发生形变,也就是使质点发生位移,E_u使质点产生平行于表面的压缩和膨胀位移,E_v则产生垂直于表面的上下切变位移,随着所施加信号的周期性变化,这种位移也将是周期性变化的,从而产生沿IDT两侧表面传播出去的声表面波,其频率等于所施加的电信号的频率。一侧无用的波可用一种高频损耗介质吸收,另一侧的SAW传播至接收的IDT,借助于正压电效应再将SAW转换成电信号输出。

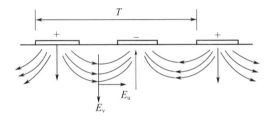

图5-19 叉指换能器加上微波信号后其中的电场分布

(2) 非线性栅条换能器。

栅条的结构由一系列互相平行且等长的沉积在衬底材料上的电极条组成,它可以通过两种方法得到:第一种方法是用半导体集成电路工艺将金属铝(或金)沉积在电致伸缩材料或者非线性压电材料基底上,再用光刻技术将金属薄膜刻成栅条形状,这时,基底材料没有被金属薄膜覆盖的区域,就成为激励产生声表面波的区域;第二种方法是在介质基底上沉积电致伸缩材料或者非线性压电材料的栅条。这种栅条结构既可以作为声-电能量转换的换能器,也可以作为对声表面波反射的反射器。

栅条作为反射器时,最典型的应用例子是构成声表面波谐振器,它能做成微波波段品质因数达数万的高Q谐振器:在两个叉指换能器的两端各做一个栅条反射器,其中一个叉指换能器作为输入端口,另一个作为输出端口。将输出信号经外接放大器放大后,反馈到它的输入端,只要放大器的增益能补偿谐振器及其连接导线的损耗,同时又能满足一定的相位条件,谐振器就能起振。起振后的声表面波谐振器的振荡频率会随着温度、压电基体材料的变形等因素影响而发生变化,因此,它可以用来做成测量各种物理量的传感器。

5.3.2 电声法测量高功率微波脉冲功率

1. 功率探头

在本节一开始,我们就已经指出了在前面已经介绍过的各种测量高功率微波脉冲功率的方法的不足,用电声法测量高功率微波脉冲功率可以在一定程度上克服这些不足。

利用电声法测量兆瓦级高功率微波脉冲电场强度的探头如图 5-20 所示。探头的基本元件是 Y 型铌酸锂压电材料平板,平板上沉积两个电声换能器。图中 1 是作为输入端的非线性栅条换能器,在微波电场作用下激励产生脉冲声波,该声波的脉冲宽度取决于换能器的长度和声波的传播速度,即 L_1/v,而其载波频率则由栅条的空间周期 h_1 决定。向右传播的声表面波信号由线性叉指换能器 3 接收,重新激励起脉冲电信号,通过同轴线输入存储示波器显示。输出信号的幅值与微波电场的强度相关,所以输入换能器应放置在电场最强处。由于声表面波传播速度低,输入换能器产生的声表面波在经过一段时间的延迟时间后才能到达输出换能器,在此延迟期间,来自周围的无线电干扰已有足够的时间被衰减,不会对探头的有效输出信号产生干扰,也就是说这种功率探头具有高的噪声抑制能力。

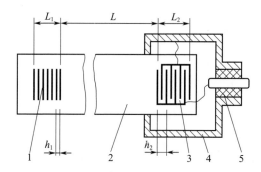

图 5-20 电声法测量 MW 级高功率微波脉冲电场强度的探头
1—非线性栅条换能器;2—介质平板;3—线性叉指换能器;
4—声波导(屏蔽外壳);5—同轴线。

电声法功率探头与波导的连接方式如图 5-21 所示,探头的输入换能器伸入波导内放置,由于其尺寸十分小,仅零点几毫米,从而最大限度降低了探头对微波场的扰动。

2. 实验特性

实验利用输出功率 4~5MW、脉冲宽度 500ns、波长 3.9cm 的相对论器件进行。由电致伸缩材料薄膜做成的输入换能器激励起的声信号的幅值比例于电场强度

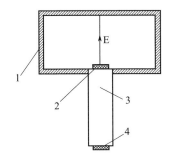

图 5-21 电声法功率探头与波导的连接方式
1—微波波导；2—非线性输入换能器；3—声波导；4—线性输出换能器。

的平方 E^2，这一脉冲信号可能延迟 100μs 并被输出换能器转换成电信号输出。

实验得到的校准曲线，即输出电信号的幅值与电场强度的关系曲线，如图 5-22 所示，经过对示波器的标定，由此就可以得到相对论器件输出功率与功率探头输出信号之间的关系，从而由输出电信号幅值得到功率大小。

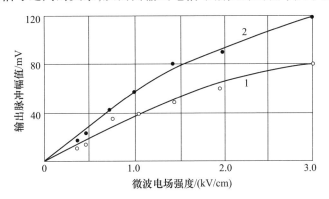

图 5-22 实验测到的输出电信号与电场强度的关系曲线
1—体声波，延迟 21μs；2—表面声波，延迟 13μs。

电声法测量的特点如下：

（1）功率容量大。功率容量主要受限于波导本身，实验系统在 3.9cm 波段进行了 5MW 的功率测量。

（2）灵敏度高，对微波场的干扰十分小。

（3）抗干扰能力强，由于输入换能器与输出换能器之间存在一个时间延迟，在这一延迟过程中，各种干扰信号已经被衰减。

（4）制造工艺易集成化、一体化，重复性和可靠性好。

（5）体积小，重量轻。

（6）目前声表面波器件的工作频率还主要限于厘米波段。

第6章 高功率微波模式的模式场测量

6.1 引　　言

在第1章,我们已经介绍了在高功率微波测量中进行模式识别和分析(模式测量)的必要性,也扼要介绍了模式测量的主要方法,从本章开始,我们将具体讨论模式测量的各种方法。

在高功率微波传输系统中,通常都采用过模波导来传输微波功率。过模波导是指对于一定频率的被传输的微波来说,波导的尺寸比能够传输该频率的基模所要求的尺寸大,从而允许高功率微波源输出的高次模式传输的波导。或者简单地说,在一定频率下,能够传输比基模更高次的模式的波导就是过模波导,因为在这样的波导中,为了传输该高次模式而要求的波导尺寸比基模波导尺寸大,因此比该高次模式次数低(指截止频率比该高次模截止频率低的模式)的所有模式(包括基模)将都能传输,所以称为过模波导。我们在这里先要对模式次数的高低作出一个说明,对于尺寸一定的波导,截止频率越高(截止波长越短)的模式就认为次数越高,反之,在一定的频率下,波导尺寸越大,波导可能传输的模式次数越高,而且所有比该最高次模式截止频率低的模式将都可以在该波导中传输。特别是在高功率微波系统中,高功率微波源输出模式的次数越高,就要求能传输该模式的波导过模越严重。有时为了传输更高的功率需要,甚至会使波导尺寸比高功率微波源输出的高次模所要求的尺寸还要大,使比高次工作模式更高次的寄生模式也能传播。

HPM 采用过模波导传输的主要原因在于以下几个方面。

(1) 大多 HPM 源输出的微波往往是高次模式。

比如,回旋管往往工作在 TE_{0n}、TE_{12}、TE_{13}、TE_{21} 等模式上,毫米波回旋管则更多地工作在高阶边廊模 TE_{mn}(一般 $m \geqslant 10, n \geqslant 2$)上,虚阴极振荡器也一般输出 TM_{0n} 多模等。因此,只有能传输这些高次模式的过模波导才能作为这些器件的输出系统。

(2) 为了满足提高系统功率容量的需要。

由于 HPM 源的输出功率都在百兆瓦级以上,甚至达到数十吉瓦,这样的功率电平会在普通标准单模波导中产生极高的高频电压,引起波导击穿,从而使微波能量的传输被中断。为了避免发生击穿,提高波导系统的功率容量,就必须扩大波导尺寸,也就是要采用过模波导。

HPM系统中过模波导的应用,不可避免地会带来多模传输问题,即在波导系统中除主要模式外,还会同时存在多个其他模式,即寄生模式或杂模。一方面因为一些HPM器件本身的输出模式就不是纯的单一模式,而往往包含一些杂模,回旋管、虚阴极振荡器等都存在这种现象;另一方面,即使HPM源输出的是单一模式,在过模系统中传输时,任何不均匀性,如波导尺寸、形状及轴线的微小变化,波导的连接,耦合探针或小孔的存在等,都将激励起其他比HPM源输出模式更低次,在波导尺寸允许时甚至也可能激励起更高次的寄生模式。因此,在过模波导系统中,多模传输几乎是不可避免的,即寄生模式(杂模)或多或少总会存在。

既然在HPM传输系统中存在多模并存的现象,而且根据规则波导模式正交性原理,除了波导尺寸对于它们已经截止的一些更高次模式,在传输过程中将被衰减不能继续传输外,其余的模式都可以独立地在过模波导中传播,具有各自的功率,因此,为了了解高功率系统中的模式组成以及每个模式的功率的相对含量,对这些传输模式进行识别、分析和测量,就成为必要。

在第1章中,我们将模式识别方法分成了模式场测量法和模式谱测量法两大类,每种方法中又包括多种具体测量方法,我们在本章先讨论模式场测量方法,第7章再介绍模式谱测量法。模式场测量是指直接对高功率微波系统的辐射场或者波导场进行测量,根据测量得到的场分布识别和分析模式组成的一种方法,可见,该方法的最大特点是对模式场结构的直接测量。该方法主要包含图像显示法、辐射场测量法、热像分析法、波导场测量法。

6.2 图像显示法

将微波系统传输的微波模式的电场结构直接以平面图像方式显示出来,从而判断模式的方法称为图像显示法。图像显示法是基于微波能量作用于某些材料或元件上使之变色或发光而展现模式场结构的方法,因此,根据被作用的材料或元件不同,它又有若干不同的具体方法。

图像显示法直观、简单、方便和快速,而且不受频率影响,适用于任何波段。它的缺点是一般只适用于单模或同时存在少量几个模式的识别,对于更多模式同时存在的情况,由于图像重叠模糊,往往就很难进行区分。另外,这种方法也不能在线测量,即不能在微波系统与工作负载正常连接状态下进行测量,也就是说,为了获得模式图像,微波源必须与工作负载脱离(需要时,也可以在终端接匹配负载),使微波能量专门用来成像。当然,图像显示法也更不能给出模式功率的相对大小,仅能根据图像上不同区域的变色程度或发光亮度大致判断其相对电场强度大小。

6.2.1 烧蚀法

将质地比较好的白纸直接夹在高功率微波源输出波导连接法兰中间,利用微波能量在纸上烧蚀出焦斑,焦斑烧蚀的位置与程度即对应微波电场的分布和强度,即场结构,因此,根据焦斑的形状与烧蚀程度,即可识别出微波系统中的传输模式。输出波导的终端应该连接匹配负载,防止反射波影响图像的准确形成。这是回旋管研制工作者早期经常采用的一种最简单易行的方法,这种方法要求微波源输出有足够的平均功率和一定的烧蚀时间;微波功率太小,则不论烧蚀时间多长,总的能量不足,都不可能在纸上留下焦斑;达到一定微波平均功率后,则需要的烧蚀时间与功率大小成反比。一般来说,以平均功率密度每平方厘米几瓦至几十瓦为宜,时间为数十秒至几分钟,功率太大或者时间太长就会把纸烧穿,焦斑扩散,不能正确反映出场的分布,反之,则不可能在纸上形成清晰完整的场结构图像。

烧蚀法不能得到十分清晰的模式图像,也基本上只适用于单模的识别和比较低次的模式识别,存在多模时或对于较高次的模式,模式焦斑的重叠和烧蚀部位的扩散,都将使得模式图像模糊,以致无法辨认。

图6-1为电子科技大学研制的回旋管的工作模式的烧蚀图像,它们分别工作在15GHz(TE_{01}模)、37.5GHz(TE_{13}模)和65GHz(TE_{53}模),可以看出,对TE_{53}模的识别已经相当困难。

TE_{01} TE_{13} TE_{53}

图6-1 回旋管输出模式TE_{01}、TE_{13}、TE_{53}模的烧蚀图

6.2.2 热敏纸(膜)法

利用特制的热敏纸或者液晶膜在受热状态下会变色的特性,将它们置于微波系统的输出端口或者离端口一定距离的位置上,在微波能量作用下,它们将会变色,形成热敏图像,根据图像变色的程度和变色区域的分布就可以确定微波模

式。热敏纸和液晶膜灵敏度很高,因此可以快速识别中小功率微波系统的传输模式,但它们的过载能力也差,功率稍大或者微波作用时间稍长,都易于将它们烧坏。与烧蚀法相比,它所得到的模式图像的空间分辨率要稍高一些,图像更清晰。热敏纸和液晶膜的另一个优点是它们的变色在微波功率照射停止后经过一段时间可以消失,因而可以反复使用。显然这也是一种简单易行、低成本的模式识别方法。

1. 模式成分的重建

一般来说,当热敏薄膜形成的图像是由多个模式的微波电场联合作用形成时,要识别这些模式类型,特别是它们的组成成分就会比较困难。要解决这一问题,就需要借助模式场的理论计算与热敏图像的对比,或者说,利用人为设定的模式组成通过理论计算来重建电场图像,与实际测量图像对比,当两者基本一致时,就可以认为设定的模式组成就是实际的模式组成。

在我们已经获得某一个微波模式的热敏图像后,为了确定该图像的模式组成和各模式的相对成分,可以假设该图像包含 N 个确定的模式,其合成电场在极坐标系中可表示为

$$E(r,\phi) = \left| \sum_{m=1}^{N} A_m \exp(j\varphi_m) \bm{e}_m(r,\phi) \right| \tag{6.1}$$

式中:e_m 为第 m 个模式的归一化电场;A_m 和 φ_m 为 m 模式的幅值和相位,可见,确定一个模式需要幅值和相位两个参数。显然,在热敏图像上每一点的温升正比于空间该点的微波功率,即该点电场强度 $|E|$ 的平方,因此可以认为

$$P(r,\phi) \propto |E(r,\phi)|^2 = \left| \sum_{m=1}^{N} A_m e^{j\varphi_m} \bm{e}_m(r,\phi) \right|^2 \tag{6.2}$$

如果我们假设某个热敏图像是由设定的 N 个模式形成的,我们在该图像上读取 $2N$ 个温升数值(利用红外相机连接计算机读取),由于温升对应着微波功率,或者说对应着 $|E|^2$,所以作为相对量计算时,这 $2N$ 个数据就可以直接作为 $P(r,\varphi)$ 代入式(6.2)中,得到 $2N$ 个方程。由于我们只需要考虑各个模式场之间的相对大小,因此我们一般就可以把主模式的幅值设定为1,相位设定为0°,从而需要确定的模式就只剩 $(N-1)$ 个了,由此我们只需要建立 $2(N-1)$ 个方程就可以。

联立解这 $2(N-1)$ 个方程的方程组,就得到方程式(6.1)中 N 个模式的幅值和相位,然后,利用求出的这 N 个模式(包括主模式),利用式(6.1)将它们叠加重建模式图像,如果得到的图像与测量得到的热敏图像在可接受程度上十分接近,这就说明一开始我们假设的 N 个模式是正确的。由于得到的各模式的幅值都已经是对主模式幅值的归一化值(因为我们已设定主模式的幅值是1),由此其他各模式的 A_m^2 值就是该模式的功率相对主模式的含量,当然也可以把所

有模式的 A_m^2 加起来作为总功率相对值,再分别计算各模式,包括主模式在总功率中的相对含量。

由于图像显示法的空间分辨率总的说来还是比较低,因此我们在热敏图像上读出的温度往往已经是在某一小区域内的平均值,这会给上述模式重建过程带来一定误差。为此,我们可以直接将对某一点的温度测量用某一区域的温度平均值,亦即相对电场强度平方的平均值或者说相对功率的平均值代替,同时直接取对两个测量值的比来得到方程。根据图像的具体结构,我们可以用以下两种方法来读取相对功率的平均值。方法一:在热敏图像上,如从 r_1 到 r_2 和 r_3 到 r_4 的两个不同圆环上测量它们的相对电场强度平方的比,即

$$\frac{\int_{r_1}^{r_2}\int_0^{2\pi} P(r,\varphi)\mathrm{d}r\mathrm{d}\varphi}{\int_{r_3}^{r_4}\int_0^{2\pi} P(r,\varphi)\mathrm{d}r\mathrm{d}\varphi} = \frac{\int_{r_1}^{r_2}\int_0^{2\pi} |E(r,\varphi)|^2\mathrm{d}r\mathrm{d}\varphi}{\int_{r_3}^{r_4}\int_0^{2\pi} |E(r,\varphi)|^2\mathrm{d}r\mathrm{d}\varphi} \tag{6.3}$$

方法二:我们也可以取相同半径为 a 的两个不同扇形,如从 φ_1 与 φ_2 之间和 φ_3 与 φ_4 之间,取两个扇形的相对电场强度平方比为

$$\frac{\int_0^a\int_{\varphi_1}^{\varphi_2} P(r,\varphi)\mathrm{d}r\mathrm{d}\varphi}{\int_0^a\int_{\varphi_3}^{\varphi_4} P(r,\varphi)\mathrm{d}r\mathrm{d}\varphi} \propto \frac{\int_0^a\int_{\varphi_1}^{\varphi_2} |E(r,\varphi)|^2\mathrm{d}r\mathrm{d}\varphi}{\int_0^a\int_{\varphi_3}^{\varphi_4} |E(r,\varphi)|^2\mathrm{d}r\mathrm{d}\varphi} \tag{6.4}$$

将式(6.1)或式(6.2)代入式(6.3)或式(6.4),以式(6.3)或者式(6.4)所得结果作为理论值,在热敏图像上与式(6.3)或式(6.4)对应的区域上读取测量值,同样在设定 N 个模式组合后,一共选取 $2N$ 个区域,读出 $2N$ 个测量值,由于式(6.3)或式(6.4)是两个测量值的比才能建立一个方程,当然我们可以都与同一个测量值来比,因此 $2N$ 个测量值只能建立起 $2(N-1)$ 个方程。解这个联立方程,就求出了 $(N-1)$ 个模式的相对幅值和相位,从而重建 $(N-1)$ 个模式的模式图像,与实测图像对比,判断理论图像的正确与否。

上述温升数值,即相对电场强度平方值或者说相对功率的值可以利用红外相机与计算机技术相结合来获得,这还可以显著提高图像分辨率。

2. 热敏纸模式图

图 6-2 给出了德国学者利用热敏纸所得到的一个三级模式变换器每一级的模式变化图像。这是在可控热核聚变研究中,利用回旋管输出功率进行等离子体加热时,为了得到接近线性极化的毫米波波束而设计的一个由三段组成的

模式变换器,工作在28GHz,回旋管的输出模式为TE_{02}模,然后经$TE_{02} \rightarrow TE_{01} \rightarrow TE_{11} \rightarrow HE_{11}$三节变换得到需要的输出模式。从图上可以看到,$TE_{02}$模式的轴对称性稍微偏离理论情况,这表明输出模式中包含一小部分非对称寄生模,这是由于回旋管本身输出模式不纯和输出系统中的90°弯波导的不均匀性引起的,但其含量仅1%左右。

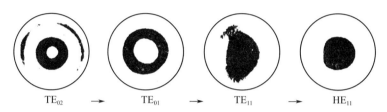

图6-2 模式变换器中模式逐级变换情况的热敏纸显示图

3. 液晶膜模式图

(1) 回旋管FUIVA输出模式。

日本福井大学学者利用液晶平面膜显示了回旋管FUIVA的输出模式图像,这是一个TE_{23}高阶模式,回旋管工作频率为294.7GHz,输出功率11W,在微波作用时间分别为5s、6s和7s下实验测到的模式图像如图6-3所示。为了估计该回旋管输出的主要寄生模式TE_{22}模的成分,设定该图像是由TE_{23}和TE_{22}两个模式形成的,然后在图像上取三个圆环的测量值,采取类似于方程式(6.3)的方法,建立起两个方程。解这个方程组,得到TE_{23}和TE_{22}两个模式的相对功率比分别是91%~94%和6%~9%,它们之间的相位差则是π。以TE_{23}模93%的相对功率和TE_{22}模7%的相对功率、相位差为π时来重建模式图像,得到如图6-4所示的结果,与实测图像相比,两者在相当程度上有较好的一致性。

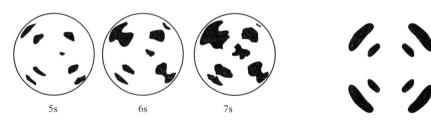

图6-3 回旋管FUIVA的输出模式液晶平面膜图像　　图6-4 理论重建的图像

(2) TE_{02}模回旋管的实验。

日本福井大学学者将液晶膜放在另一只主模为TE_{02}模的回旋管输出波导口前端一定距离,根据微波照射时间的不同,得到了工作在207.5GHz、输出功率2.2W时TE_{02}模的图像(图6-5)。从图上不难发现,5s的微波照射时间比较合适,6s则显得过长,图像分辨率变差,而3s则照射时间明显不足,未能形成完整的图像。但即使在4~5s微波照射时间下,所得到的图像也并不完全符合TE_{02}模的场结构。

日本学者假设图像与TE_{02}模的场结构存在差异是由寄生模式TE_{22}模造成的,他们取图像上的两个圆环,利用方程式(6.3)建立了一个相对强度方程,再利用图6-5的图像上同一圆半径的两段扇形,根据方程(6.4)建立了另一个相对强度方程,两个方程的联立求解,得出TE_{02}模和TE_{22}模的相对功率分别是85%~87%和13%~15%,而它们的相位差则为0°。他们采用86%的TE_{02}模相对功率和14%的TE_{22}模相对功率、相位差为0°时重建了两个模式的综合图像,如图6-6所示,可以认为,它与测量图像良好吻合。

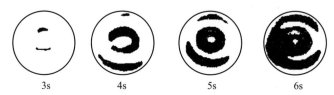

图6-5 不同微波照射时间下另一个回旋管输出模式的液晶显示图

图6-6 理论重建的图像

4. 氯化钴浸纸模式图

日本学者野田健一提出的各种矩-圆模式激励器(见4.5.1节),利用氯化钴浸湿的纸,也得到了这些激励器的输出模式的图像。将氯化钴浸纸放在已激励起需要模式的圆波导口处,微波电场将作用于纸上,电场强的地方,纸被加热、干燥、氯化钴变蓝,而没有被微波电场加热的部分,则成为浅桃色,从而显示出了模式图像,并可以拍照记录。图6-7给出了激励产生的TE_{11}、TE_{01}、TE_{41}、TE_{31}、TM_{11}和TE_{12}各模式的图像。

6.2.3 氖管阵法

微波能够激发气体放电管发光,利用这一现象,我们就可以实现模式图的光显示。具体方法是,利用波导端口或喇叭将微波能量向空间辐射,在其前方放置

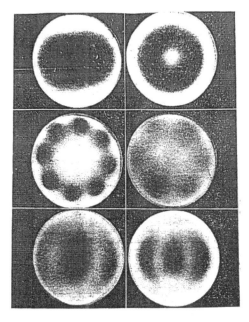

图6-7 野田健一提出的各种模式激励器输出模式场分布图
从左到右,上排:TE_{11}、TE_{01};中排:TE_{41}、TE_{31};下排:TM_{11}、TE_{12}。

一块由规则排列的大量氖管组成的平板显示装置,当辐射的微波功率作用于氖管阵时,氖管就会发光,氖管发光的分布和发光亮度的强弱就反映了电场的空间结构分布,从而判定辐射场的模式。由于氖管阵可以做得足够大,使得我们可以将它放到离微波辐射口相对较远的距离上,因而这种方法适合于功率相当大的单次脉冲工作的相对论器件的模式鉴别。但在远场区域,辐射场与系统中的模式场在分布上会有所不同,因而所得到的图像并不能严格地直接反映模式场的结构,但在单模情况下,作为模式识别还是完全可行的。

苏联科学院应用物理研究所和强电流电子学研究所的学者用这一方法就成功显示了相对论奥罗管(Orotron)和相对论返波管的输出模式 TE_{13} 和 TE_{01} 的模式图(图6-8)。其中相对论奥罗管工作在8mm和5mm波段,输出功率分别为 $120 \pm 20MW$ 和 $50 \pm 20MW$,脉宽为 $6 \sim 8ns$。

也可以用紧密排列在一起的荧光灯来显示模式图,因为荧光灯在微波电场激发下也会发光,而且发光亮度与受照射微波强度相关,由此即可以显示出模式场的结构,图6-9即为 TE_{11} 模的荧光灯显示图像。由于荧光灯体积比氖管大得多,因此,它所显示的模式图显然也会粗糙得多,远没有氖管阵显示的图像精细,不适宜显示比较复杂的模式结构图像,所以在实际上不宜应用。

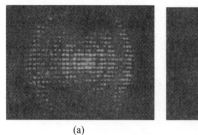
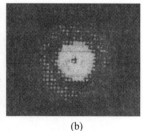

图 6-8 相对论器件输出模式的氖管阵显示图像
(a)相对论奥罗管输出的 TE_{13} 模图像;(b)相对论返波管输出的 TE_{01} 模图像。

图 6-9 利用荧光灯管显示的 TE_{11} 模的场图

6.3 辐射场测量法

6.3.1 概述

1. 辐射场模式测量

将微波系统的波导终端开口或接以辐射喇叭,使高功率微波模式场向空间辐射,然后对空间辐射场进行测量,通过对所测得的辐射场分布图(方向图)进行分析,就可以获得系统中的模式组成,这就是辐射场模式识别的基本原理。在单模或只有两个模式的情况下,根据所测得的辐射场在球坐标中 φ 方向或 θ 方向上的场分布就可以直接判定模式;而在多模辐射时,测到的辐射场方向图会变得比较复杂,这时就很难从辐射图上直接判别出模式组成,可以通过与理论辐射场的对比或进行数值计算来确定模式成分。如果辐射场的测量足够精确,我们还能定量分析出各模式之间的功率相对大小,当然,在实际上,辐射场的精确测量是十分困难的,这不仅由于多模的辐射场相互重叠,使场分布十分复杂,而且因为这种复杂性既要受到各模式之间相对功率比例变化的影响,又要受到它们之间相位差不同的影响。另外,由于测量使用的接收喇叭总是有一定口径大小的,我们实际上只能测到辐射场在接收喇叭有效截面上的平均值,而不可能真正测出空间每一点的场值。

辐射场测量法在理论上可以进行多模识别。由于微波模式的辐射场在数学上是已知的,因此只要微波辐射场分布测量足够精确,不论多少个模式的同时辐射,在理论上来说都应该可以通过对理论辐射场分布与实测分布图的对比,分析得到模式组成。但实际上,由于一些实际因素的影响,辐射场本身不可能严格符合理论分布,而且对辐射场的测量也会存在相当的误差,我们不可能真正做到对场的逐点精确测量,从而掩盖了辐射场分布上的大量细节;另外,在模式比较多时,必须反复设定模式,根据测量得到的场分布图建立多个方程再联立求解这些方程,理论重建模式场分布图,并与实测图比较,这一过程必须反复进行,直到两者比较一致为止,整个过程就十分复杂,而且十分费时。这些都限制了辐射场测量法可以识别的模式数目及识别的准确性,因而对于同时存在较多模式时的模式识别,这种方法就十分不方便了。

对于模式比较少(1~2个),而且模式场结构比较简单(低次对称模)的情况,辐射场测量法不失为一种简单而有效的模式判别方法,得到较多应用。

2. 坐标系统

在辐射场测量法中所采用的球坐标系(R,θ,φ)如图6-10所示。实际测量时,在离辐射口距离为R的位置上放置开口矩形波导或矩形喇叭作为接收天线,后端接基模矩形波导和晶体检波器,使其在yOz平面上以$r=R$作弧线移动或在相同平面上以$z=R$沿y坐标轴方向作直线移动,逐点测出辐射场的相对功率,当接收波导或接收喇叭的宽边平行y轴放置时,测量的将是辐射场的E_φ(或E_x)分量,所得结果在晶体检波器平方律检波范围内正比于$|E_\varphi|^2$(或$|E_x|^2$);而

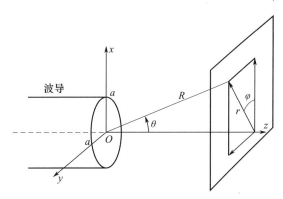

图6-10 辐射场测量时采用的坐标系

当接收天线的宽边平行于 x 轴放置时,测量的将是 E_θ(或 E_y)分量,所测得的结果正比于 $|E_\theta|^2$(或 $|E_y|^2$)。也可以让接收天线在 xOz 的平面上以 $r=R$ 作弧线移动或在相同平面上以 $z=R$ 沿 x 坐标轴方向作直线移动,这时波导或喇叭口宽边的方向与测量的辐射场分量之间的关系是,宽边平行于 x 轴放置时测的是 E_φ(或 E_y)分量,得到正比于 $|E_\varphi|^2$(或 $|E_y|^2$)的值,而宽边平行于 y 轴放置时,测的是 $E_\theta(E_x)$ 分量,得到的是正比 $|E_\theta|^2$(或 $|E_x|^2$)的值。

不论 $|E_\theta|^2$ 或 $|E_\varphi|^2$,都与微波功率成一定比例,因此,将逐点测到的辐射场相对功率画成曲线,就得到了辐射方向图,亦即场分布图。

6.3.2 直接判别法

根据辐射场测量所得到的方向图直接判断传输系统中的模式的方法称为直接判别法,这种方法一般只适用于传输模式为单模或只存在一个寄生模式的高功率微波系统的模式识别,如回旋管、模式变换器等,特别是对于圆电对称模,采用这种方法进行识别更为普遍。在国际上,这一方法在开展高功率微波研究的单位也得到广泛应用。

1. 阶梯圆波导模式变换器模式图

阶梯圆波导模式变换器是最简单的模式变换器之一,它由两段不同直径的圆波导直接连接组成,连接处形成一个阶梯,正确设计两段圆波导的直径,就可以实现 TE_{01} 模到 TE_{0n} 模的变换,我们在 4.5.2 节中已经给出了关于这种模式变换器的设计理论。

(1) 德国 H. Stickel 等研制的变换器模式图。

图 6-11 给出了一组阶梯圆波导模式变换器的输入和输出模式的辐射远场测量图,这是德国学者设计的 $TE_{01}-TE_{0n}$ 圆波导模式变换器的实测结果,图中纵坐标表示相对功率大小,即正比于 $|E_\varphi|^2$,横坐标是偏离轴线(图 6-10 中 z 轴)的角度 θ,这表明接收喇叭是在图 6-10 所示的 xOz 的平面内移动,且喇叭宽边平行 x 轴。我们从图上可以很清楚地直接判别出主要模式的类型,进一步观察还可以判别出其中主要的寄生模式,例如,在 TE_{02} 模和 TE_{03} 模的输出方向图中,存在相当明显的 TE_{01} 输入模式成分,而 TE_{04} 输出模式中,显然包含不可忽视的 TE_{03} 模成分,同样,在 TE_{05} 和 TE_{06} 输出模式中,都表明有 TE_{04} 模的存在。

(2) 电子科技大学研制的变换器模式图。

根据 4.5.2 节介绍的理论,作者的课题组也研制了 TE_{01} 模到 TE_{02}、TE_{03} 和 TE_{04} 模的阶梯圆波导模式变换器,为了先获得圆波导中的 TE_{01} 模,我们还制作了一个 Marie 型十字形波导变换器(4.5.2 节),由标准矩形波导中的 TE_{10} 模变换

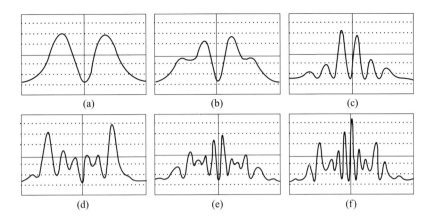

图 6-11 阶梯圆波导模式变换器在 132GHz 上测得的输入和输出模式远场方向图

(a)输入 TE_{01} 模式;(b) TE_{01} - TE_{02} 变换器的输出模式;(c) TE_{01} - TE_{03} 变换器的输出模式;
(d) TE_{01} - TE_{04} 变换器的输出模式;(e) TE_{01} - TE_{05} 变换器的输出模式;(f) TE_{01} - TE_{06} 变换器的输出模式。

得到圆波导 TE_{01} 模。这些变换器的辐射场测量结果如图 6-12 所示。

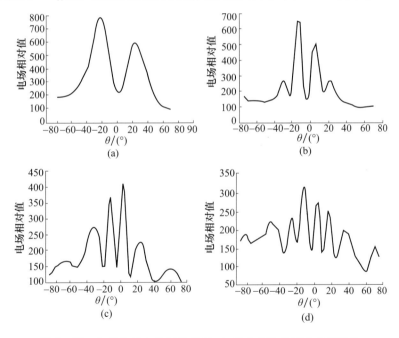

图 6-12 电子科技大学制作的 Marie 型十字波导模式变换器和
阶梯圆波导模式变换器辐射场测量结果

(a) Marie 型十字波导变换器输出的 TE_{01} 模;(b)阶梯圆波导变换器输出的 TE_{02} 模;
(c)阶梯圆波导变换器输出的 TE_{03} 模;(d)阶梯圆波导变换器输出的 TE_{04} 模。

183

从图中可以看到,由于十字波导模式变换器输出的 TE_{01} 模场分布对称性不够理想,导致后面得到的 TE_{02}、TE_{03} 和 TE_{04} 模的场分布也出现对称性的缺陷,TE_{01} 模场分布的不对称是由于在加工十字波导模式变换器中的十字波导的电铸芯模时,十字形的四条臂对称性不够理想而引起的。

2. 其他圆波导模式变换器模式图

德国斯图加特大学 M. Thumm 等提出了一系列圆波导模式变换器结构,并利用远场测量法对这些变换器进行了测量和分析,得到了变换器的输出模式组成、每个模式的相对含量、变换器的变换效率等许多重要参数,我们仅举出波纹波导模式变换器为例,以及一些测量结果来说明远场测量法在模式变换器的模式判定和分析中的应用。

当圆波导的内半径 a 按规律

$$a(z) = a_0[1 + \varepsilon_0 \sin(2\pi z/\lambda_B)] \tag{6.5}$$

变化时,就可以实现圆波导 TE_{0n} 模到 $TE_{0n'}$ 模的变换,称为波纹波导模式变换器(图 6-13),在一般情况下,只能 $n' = n - 1$。式中:a_0 为波导平均半径;$a_0\varepsilon_0$ 为波导半径变化幅值;λ_B 为模式 TE_{0n} 与模式 $TE_{0n'}$ 的拍波波长,即

$$\lambda_B = l\frac{\lambda_{0n}\lambda_{0n'}}{|\lambda_{0n} - \lambda_{0n'}|} \quad (l = \pm 1, \pm 2, \cdots) \tag{6.6}$$

式中:λ_{0n} 和 $\lambda_{0n'}$ 分别为 TE_{0n} 模和 $TE_{0n'}$ 模在以 a_0 为半径的均匀圆波导中的波导波长。

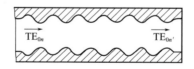

图 6-13 波纹波导模式变换器

在 $f = 28\text{GHz}$、$a_0 = 31.75\text{mm}$ 时,一个 $TE_{01} - TE_{02} - TE_{01}$ 循环变换的模式变换器随变换器的长度(λ_B 的整数倍)改变而得到的系列远场方向图如图 6-14 所示,该图是在小功率情况下测量的结果,图中变换器长度从 $0\lambda_B$ 增加到 $13\lambda_B$,每增加一个 λ_B 的长度测量一次远场分布。从图上可以看出,该变换器以 $6\lambda_B$ 为循环周期,$0\lambda_B$ 即输入端,输入 TE_{01} 模,经过 $6\lambda_B$ 长度,变换成为 TE_{02} 模,再经过 $6\lambda_B$ 长度,在 $12\lambda_B$ 时变回 TE_{01} 模。实际上,可以把整个模式变换器看成是两个模式变换器的连接:从 $0\lambda_B$ 到 $6\lambda_B$ 是第一段变换器,它以 TE_{01} 模作为输入模式,而以 TE_{02} 模作为输出模式;从 $6\lambda_B$ 到 $12\lambda_B$ 是第二段变换器,这时 TE_{02} 模成为输入模式,而 TE_{01} 模成为了输出模式,根据线性无源波导元件的互易原理,第二段完全可以认为是第一段的反向应用。

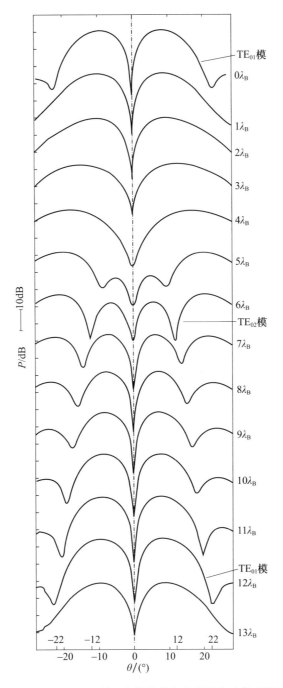

图 6-14　28GHz、TE_{01}-TE_{02}-TE_{01} 循环变换模式变换器的小功率测量的系列远场方向图

测量得到的 TE_{02}-TE_{01} 的变换效率为 98.5%，而数值求解的结果表明：TE_{02} 模变换到 TE_{01} 模的变换系数达到 99.2%，输出微波中 TE_{02} 模仅占 0.3%，同时还有 0.4% 的 TE_{03} 模。

波纹波导模式变换器也可以实现 TM_{0n}-$TM_{0n'}$ 的模式变换，与 TE_{0n}-$TE_{0n'}$ 变换类似，一般也只能以 $n'=n-1$ 的方式进行变换，经过 $(n-1)$ 次变换才能变换成 TM_{01} 模。

M. Thumm 等还提出了其他一系列圆波导模式变换器，如曲折波导模式变换器（TE_{01}-TE_{11}、TM_{01}-TM_{11}）、皱纹波导模式变换器（TE_{11}-HE_{11}、TM_{11}-HE_{11}）、弯曲波导模式变换器（TE_{01}-TM_{11}）和 S 形弯曲波导变换器（TM_{01}-TE_{11}）等，它们的鉴定，完全可以利用同样的方法。例如，图 6-15 是工作在 28GHz 上的 TE_{01}-TE_{02}-TE_{03}-TE_{04} 波纹波导模式变换器小功率测量的远场方向图；图 6-16 则是曲折波导 TE_{01}-TE_{11} 模式变换器工作在 70GHz 上的远场 H 面和 E 面的测量方向图。由于我们在这里讨论的主要是模式的识别，模式的变换并不是本书讨论的重点，因此这些变换器的具体形状及设计方法不再作详细介绍，读者可以阅读文献[5]、[53]和[84]。

由此可以看出，利用远场测量法，可以很方便地对模式变换器变换前后的模式和变换的效果进行判断和分析。

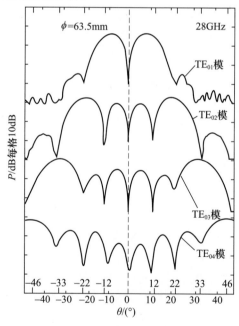

图 6-15 TE_{01}-TE_{02}-TE_{03}-TE_{04} 波纹波导模式变换器的小功率测量远场方向图

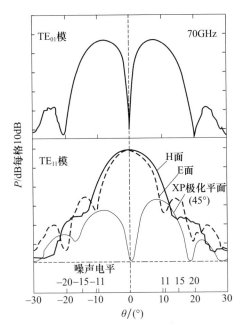

图 6-16 TE$_{01}$-TE$_{11}$ 曲折波导模式变换器在远场 H 面和 E 面上的小功率测量方向图

6.3.3 数值计算法

1. 理论基础

过模圆波导中 TE$_{mn}$ 模和 TM$_{mn}$ 模在距离辐射口 R 处的辐射远场($R > 2D^2/\lambda$, $D = 2a$, a 为圆波导半径, λ 为自由空间波长)我们已经在式(3.2)~式(3.5)中给出,为了分析方便,将它们重新写成以下形式。

TE$_{mn}$ 模:

$$\begin{cases} E_r = 0 \\ E_\theta = j^{m+1} \left(\dfrac{m\omega\mu}{2R} \right) U_{mn}(\theta) \cos\left[m\varphi + (m-1)\dfrac{\pi}{2} \right] e^{-jkR} \\ E_\varphi = -j^{m+1} \left(\dfrac{ka\omega\mu}{2R} \right) V_{mn}(\theta) \sin\left[m\varphi + (m-1)\dfrac{\pi}{2} \right] e^{-jkR} \end{cases} \quad (6.7)$$

其中

$$\begin{cases} U_{mn}(\theta) = \left[1 + \dfrac{\beta_{mn}}{k}\cos\theta + \varGamma\left(1 - \dfrac{\beta_{mn}}{k}\cos\theta\right) \right] \dfrac{J_m(k_c a) J_m(ka\sin\theta)}{\sin\theta} \\ V_{mn}(\theta) = \left[\dfrac{\beta_{mn}}{k} + \cos\theta - \varGamma\left(\dfrac{\beta_{mn}}{k} - \cos\theta\right) \right] \dfrac{J_m(k_c a) J'_m(ka\sin\theta)}{[1 - (k\sin\theta/k_c)^2]} \end{cases} \quad (6.8)$$

式中:k 为自由空间波数;J_m 为 m 阶第一类贝塞尔函数,J'_m 为它的导数;β_{mn} 为纵向传播常数(相位常数),$k_c^2 = k^2 - \beta_{mn}^2$;$\Gamma$ 为波在辐射端口的反射系数,对于 $\beta_{mn}a > 1$ 的传输模式,Γ 一般都很小,可以忽略不计。

$$k_c = \frac{\mu'_{mn}}{a} \tag{6.9}$$

式中:μ'_{mn} 为 J'_m 的第 n 个零点,即 $J'_m(\mu'_{mn}) = 0$。当 $m = 0$ 时,$E_\theta = 0$,即 TE_{0n} 模的辐射场仅有 E_φ 分量。

TM_{mn} 模

$$\begin{cases} E_r = 0 \\ E_\varphi = 0 \\ E_\theta = -j^{m+1}\dfrac{ka}{2R}Q_{mn}(\theta)\cos m\varphi e^{-jkR} \end{cases} \tag{6.10}$$

其中

$$Q_{mn}(\theta) = k_c\left[\frac{\beta_{mn}}{k} + \cos\theta + \Gamma\left(\frac{\beta_{mn}}{k} - \cos\theta\right)\right]\frac{J'_m(k_c a)J_m(ka\sin\theta)}{\sin\theta[1 - (k_c/k\sin\theta)^2]} \tag{6.11}$$

这时

$$k_c = \frac{\mu_{mn}}{a} \tag{6.12}$$

式中:μ_{mn} 为 J_m 的第 n 个零点,即 $J_m(\mu_{mn}) = 0$,其余符号意义同 TE_{mn} 模。

数值计算法进行模式识别的方法是这样进行的:每个可能的模式都可以由它在波导端面上的振幅 A 和相位 α 这两个参数确定,即对于辐射远场,在多模共存的情况下,如果考虑到它们之间的相位差 ϕ_{mn},则由若干具有功率 P_{mn} 的 TE_{mn} 模的组合在 P 点的辐射场就可以写成以下形式:

$$\begin{cases} E_r = 0 \\ E_\theta = \sum\limits_{mn} j^{m+1}A_{mn}\dfrac{m}{2R}U_{mn}(\theta)\sin\left[m\left(\varphi + \dfrac{\pi}{2}\right)\right]e^{-j(kR+\phi_{mn})} \\ E_\varphi = \sum\limits_{mn} j^{m+1}A_{mn}\dfrac{ka}{2R}V_{mn}(\theta)\cos\left[m\left(\varphi + \dfrac{\pi}{2}\right)\right]e^{-j(kR+\phi_{mn})} \end{cases} \tag{6.13}$$

其中

$$A_{mn} = \frac{1}{J_m(\mu'_{mn})}\left[\frac{\varepsilon_m \eta}{\pi}P_{mn}\frac{k}{(\mu'^2_{mn} - m^2)\beta_{mn}}\right]^{1/2} \tag{6.14}$$

式中:$\eta = 377\Omega$ 为自由空间波阻抗;P_{mn} 为 TE_{mn} 模传输功率;当 $m = 0$ 时,$\varepsilon_m = 1$;当 $m \neq 0$ 时,$\varepsilon_m = 2$。

可见,在给定远场点 $P(R,\varphi,\theta)$,对于多模共存的情况,只要能求得每个模

式的幅值 A_{mn} 和相位 ϕ_{mn}，整个辐射场就可以确定了。为了求解值 A_{mn} 和 ϕ_{mn} 的大小，先设定一组模式成分，如，某 N 个不同的 TE_{mn} 模式，这样就一共会有 $2N$ 个待定的参数。然后在所测得的辐射方向图（如，$|E_\varphi|^2$ 分布图）上读取 $2N$ 个不同 θ 角度上的辐射相对功率 $|E_\varphi|^2$ 值，利用辐射远场的 E_φ 表达式(6.13)，建立起 $2N$ 个代数方程组，即可用数值计算法求出 $2N$ 个待定参数。再根据这组已求得的参数组成 N 个不同的模式，理论计算它们的远场辐射方向图组合，如果计算出的方向图和所测得的方向图在允许误差范围内一致，就可以认为原来假设的那 N 个模式是合理的，如果不重合，就应该重新设定一组新的模式组合，再重复上述计算过程。

在实际从方向图上读取相对功率数据时，我们应该选择某些特定的角度，如 $ka\sin\theta = \mu'_{mn}$ 的 θ 角，从而使计算量可以大为简化。这是因为：当 $ka\sin\theta = \mu'_{mn}$ 时，$V_{mn}(\theta)$ 中的分子项 $J'_m(ka\sin\theta)$ 和分母项 $1-(k\sin\theta/k_c)^2$，对于 TE_{mn} 模来说，将同时为 0，利用洛比达法则，可以求得其值；而对于所有 m 相同 n 不同的其他模式来说，只有分子项 $J'_m(ka\sin\theta)$ 继续为 0，而分母项由于 k_c 已不同，不再等于 0，因而使得 $V_{mn}(\theta)$ 为 0，即 E_φ 为 0。这就是说，对于每一个 TE_{mn} 模式来说，都将存在一个特殊的 θ_{mn} 角，在这个角度上，将只有该 TE_{mn} 模式存在辐射场，而所有其他具有相同 m、不同 n 的 TE 模，将都不存在辐射场。在下面介绍的单模判断法中，我们将进一步讨论这些特殊角度。

由上述介绍不难看出，远场辐射的数值计算法虽然理论上可以对多模同时存在的情况进行识别，而且可以得到各模式之间功率的相对比例。但实际上这是一个十分繁杂而费时的过程，而且很难得到理论计算的辐射方向图能与实测方向图完全一致，尤其是模式较多的情况下，这种不一致将更为突出，加之对辐射方向图本身无法进行严格的逐点测量，使得这种方法更难以在实用中得到推广。

2. 计算实例

参考文献[89]中给出了利用数值计算法确定模式组成的一个实例，我们收录该例子，以利于读者更好理解这个方法的具体应用。

假设已经测到某高功率微波源的远场辐射方向图（图6-17(a)），我们设定该方向图由 TE_{01}、TE_{02}、TE_{03}、TE_{11}、TE_{12} 5 个模式的辐射场叠加组成，这时，我们就应该针对这 5 个模式建立起 10 个方程来求解它们。为了简化计算，我们读取功率数据时应选择某些特殊角度 $\theta_i(i=1,2,3,4,5)$ 上的功率值，这些角度是 $ka\sin\theta_1$、$ka\sin\theta_2$、$ka\sin\theta_3$、$ka\sin\theta_4$、$ka\sin\theta_5$，其中 $ka\sin\theta_1$、$ka\sin\theta_2$、$ka\sin\theta_3$ 分别是零阶贝塞尔函数的导数的第一、第二和第三个零点；$ka\sin\theta_4$、$ka\sin\theta_5$ 分别是一阶贝塞尔函数的导数的第一和第二个零点。至于 φ 角度，则在 $\varphi=\pm 90°$ 两边对称取点。这样一来，我们实际上将在下述十点上读取功率值 $P(R,\theta,\varphi)$：$P_1(R,\theta_1$,

$90°)$、$P_2(R,\theta_1,-90°)$、$P_3(R,\theta_2,90°)$、$P_4(R,\theta_2,-90°)$、$P_5(R,\theta_3,90°)$、$P_6(R,\theta_3,-90°)$、$P_7(R,\theta_4,90°)$、$P_8(R,\theta_4,-90°)$、$P_9(R,\theta_5,90°)$、$P_{10}(R,\theta_5,-90°)$。

我们进一步假设 TE_{01}、TE_{02}、TE_{03}、TE_{11}、TE_{12} 这 5 个模式在波导辐射端口上的振幅分别为 A_1、A_2、A_3、A_4、A_5，相位分别为 ϕ_1、ϕ_2、ϕ_3、ϕ_4、ϕ_5。这样，我们就可以列出以下 10 个代数方程：

$$P_1 = 0.5(A_1^2 g_{11}^2 + A_4^2 g_{41}^2 + A_5^2 g_{51}^2) - A_1 A_4 g_{11} g_{41} \sin(\phi_1 - \phi_4) - A_1 A_5 g_{11} g_{51} \sin(\phi_1 - \phi_5) + A_4 A_5 g_{41} g_{51} \cos(\phi_4 - \phi_5)$$

$$P_2 = 0.5(A_1^2 g_{11}^2 + A_4^2 g_{41}^2 + A_5^2 g_{51}^2) + A_1 A_4 g_{11} g_{41} \sin(\phi_1 - \phi_4) + A_1 A_5 g_{11} g_{51} \sin(\phi_1 - \phi_5) + A_4 A_5 g_{41} g_{51} \cos(\phi_4 - \phi_5)$$

$$P_3 = 0.5(A_2^2 g_{22}^2 + A_4^2 g_{42}^2 + A_5^2 g_{52}^2) - A_2 A_4 g_{22} g_{42} \sin(\phi_2 - \phi_4) - A_2 A_5 g_{22} g_{52} \sin(\phi_2 - \phi_5) + A_4 A_5 g_{42} g_{52} \cos(\phi_4 - \phi_5)$$

$$P_4 = 0.5(A_2^2 g_{22}^2 + A_4^2 g_{42}^2 + A_5^2 g_{52}^2) + A_2 A_4 g_{22} g_{42} \sin(\phi_2 - \phi_4) + A_2 A_5 g_{22} g_{52} \sin(\phi_2 - \phi_5) + A_4 A_5 g_{42} g_{52} \cos(\phi_4 - \phi_5)$$

$$P_5 = 0.5(A_3^2 g_{33}^2 + A_4^2 g_{43}^2 + A_5^2 g_{53}^2) - A_3 A_4 g_{33} g_{43} \sin(\phi_3 - \phi_4) - A_3 A_5 g_{33} g_{53} \sin(\phi_3 - \phi_5) + A_4 A_5 g_{43} g_{53} \cos(\phi_4 - \phi_5)$$

$$P_6 = 0.5(A_4^2 g_{40}^2 + A_5^2 g_{50}^2) + A_4 A_5 g_{40} g_{50} \cos(\phi_4 - \phi_5)$$

$$P_7 = 0.5(A_1^2 g_{14}^2 + A_2^2 g_{24}^2 + A_3^2 g_{34}^2 + A_4^2 g_{44}^2) + A_1 A_2 g_{14} g_{24} \cos(\phi_1 - \phi_2) + A_1 A_3 g_{14} g_{34} \cos(\phi_1 - \phi_3) - A_1 A_4 g_{14} g_{44} \sin(\phi_1 - \phi_4) + A_2 A_3 g_{24} g_{34} \cos(\phi_2 - \phi_3) - A_2 A_4 g_{24} g_{44} \sin(\phi_2 - \phi_4) - A_3 A_4 g_{34} g_{44} \sin(\phi_3 - \phi_4)$$

$$P_8 = 0.5(A_1^2 g_{14}^2 + A_2^2 g_{24}^2 + A_3^2 g_{34}^2 + A_4^2 g_{44}^2) + A_1 A_2 g_{14} g_{24} \cos(\phi_1 - \phi_2) + A_1 A_3 g_{14} g_{34} \cos(\phi_1 - \phi_3) + A_1 A_4 g_{14} g_{44} \sin(\phi_1 - \phi_4) + A_2 A_3 g_{24} g_{34} \cos(\phi_2 - \phi_3) + A_2 A_4 g_{24} g_{44} \sin(\phi_2 - \phi_4) + A_3 A_4 g_{34} g_{44} \sin(\phi_3 - \phi_4)$$

$$P_9 = 0.5(A_1^2 g_{15}^2 + A_2^2 g_{25}^2 + A_3^2 g_{35}^2 + A_5^2 g_{55}^2) + A_1 A_2 g_{15} g_{25} \cos(\phi_1 - \phi_2) + A_1 A_3 g_{15} g_{35} \cos(\phi_1 - \phi_3) - A_1 A_5 g_{15} g_{55} \sin(\phi_1 - \phi_5) + A_2 A_3 g_{25} g_{35} \cos(\phi_2 - \phi_3) - A_2 A_5 g_{25} g_{55} \sin(\phi_2 - \phi_5) - A_3 A_5 g_{35} g_{55} \sin(\phi_3 - \phi_5)$$

$$P_{10} = 0.5(A_1^2 g_{15}^2 + A_2^2 g_{25}^2 + A_3^2 g_{35}^2 + A_5^2 g_{55}^2) + A_1 A_2 g_{15} g_{25} \cos(\phi_1 - \phi_2) + A_1 A_3 g_{15} g_{35} \cos(\phi_1 - \phi_3) + A_1 A_5 g_{15} g_{55} \sin(\phi_1 - \phi_5) + A_2 A_3 g_{25} g_{35} \cos(\phi_2 - \phi_3) + A_2 A_5 g_{25} g_{55} \sin(\phi_2 - \phi_5) + A_3 A_5 g_{35} g_{55} \sin(\phi_3 - \phi_5) \tag{6.15}$$

其中

$$\begin{cases} g_{ji} = \begin{cases} G_{01}(\theta_i, \varphi = 90°)_{j=1} \\ G_{02}(\theta_i, \varphi = 90°)_{j=2} \\ G_{03}(\theta_i, \varphi = 90°)_{j=3} \\ G_{11}(\theta_i, \varphi = 90°)_{j=4} \\ G_{12}(\theta_i, \varphi = 90°)_{j=5} \end{cases} \\ G_{mn}(\theta, \varphi) = V_{mn}(\theta)\sin[m\varphi + (m-1)\pi/2] \end{cases} \quad (6.16)$$

在实验中测到的远场辐射方向图如图6-17(a)所示,它是利用一个纯TE_{01}模经过一段90°弯波导后辐射到远场得到的,由于弯波导在输入端接有一段短的锥波导,弯波导本身也有一定椭圆畸变,因此,方向图呈现出对辐射波导中心线的强烈不对称。测量时,弯波导轴线在yOz平面内(图6-10),接收天线沿平行于y轴作直线扫描,测量E_x分量。对于理想TE_{01}模来说,E_x分量测量得到的就应该是对称的辐射方向图。上述不对称的实测方向图只有用上面介绍的数值计算法来进行拟合,我们设想该方向图是由上面已假设的TE_{01}、TE_{02}、TE_{03}、TE_{11}、TE_{12}5种模式成分的辐射场形成的,从实验得到的方向图曲线上读取数据,解方程组(6.15),求出该5个模式的相对幅值和相位,求解结果得到模式间的相对强度为:$TE_{01}/TE_{02}/TE_{03}/TE_{11}/TE_{12} = 0.08/0.23/0.35/0.19/0.10$。根据求得的

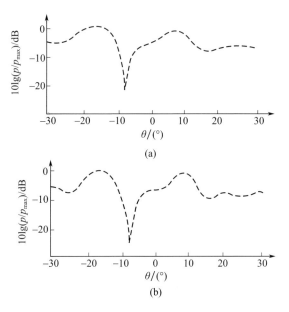

图6-17 多模式组合的远场方向图
(a)实验测量得到的方向图;(b)理论计算得到的方向图。

5个模式的数据,理论计算出它们组合成的远场方向图,如图6-17(b)所示,可见它与实测图拟合得已经基本接近但是还不够理想,有必要适当改变设定的模式组成成分,重新计算,直到获得计算方向图与实测图达到比较满意的拟合效果。这种方法的误差主要来自一开始设定的模式是否合理以及实测方向图的测量误差和在方向图上读取数据的随机误差。

6.3.4 单模判断法

1. 单模判断的理论基础

显然,利用上述数值计算方法进行模式识别是一个十分复杂和烦琐的过程,参考文献[89]提出了另外一种模式识别方法——单模判断法,相对数值计算法,这种方法要比较方便一些,这种方法的应用,基于辐射方向图存在以下特点。

(1) m 值相同但 n 值不同的 TE_{mn} 模或 TM_{mn} 模的一系列模式中,对每一个 n 值都存在一个特定的 θ 角度,在此角度上仅该模式的辐射不为0,其他所有具有相同 m 值但 n 值不同的模式的辐射都为0。

在式(6.7)的 E_φ 表达式中,对于 TE_{01} 模,如果取 $ka\sin\theta_1 = \mu'_{01} = 3.8317$,则在 $V_{01}(\theta_1)$ 表达式(6.8)中,分子 $J'_0(3.8317) = 0$,而这时分母由于 $k_c = \mu'_{mn}/a$,所以 $\lceil 1-(k\sin\theta_1/k_c)^2 \rceil = 0$,即成为分子分母同时为0的不定式,利用洛比达法则可以求出该比式的确定的值。而此时,除 TE_{01} 模以外的所有 TE_{0n} 模,则由于 $V_{0n}(\theta_1)$ 表达式中分子项仍为0,而分母不为0,因此 $V_{0n}(\theta_1) = 0(n \neq 0)$,即它们在 θ_1 上无辐射场 E_φ。在更一般的情况下,我们可以得到结论:对于每一个 TE_{mn} 模,都会存在一个特殊的角度 θ_{mn},在该角度上,只有该 TE_{mn} 模存在辐射场 E_φ,而所有其他与该模式具有相同 m 但 n 不同的 TE_{mn} 模,将都不存在 E_φ 辐射场。

对于任意一个 TM_{mn} 模,存在完全类似的特点。取式(6.10)中的 E_θ 分量,则在 $Q_{mn}(\theta)$ 表达式(6.11)中,当 $ka\sin\theta = \mu_{mn}$ 时,分子分母都等于0,同样利用洛比达法则可以求得确定的值,但这时对于所有与该 TM_{mn} 模 m 相同而 n 不同的 TM_{mn} 模来说,分子为0而分母不为0,$Q_{mn}(\theta) = 0$,因而它们在该 θ_{mn} 角度上将不存在 E_θ 辐射。

所以,不论对于 TE_{mn} 模式还是 TM_{mn} 模式,m 值相同但 n 值不同的一系列模式中,对每一个 n 值都存在一个特定的 θ 角度,在此角度上仅该模式的辐射场不为0,其他所有具有相同 m 值但 n 值不同的模式的辐射场都为0,这是辐射场的一个特点。

(2) m 值不同的 TE_{mn} 模或 TM_{mn} 模的远场辐射方向图在空间的某些特殊方向具有对称性。

在式(6.7)的 E_φ 表达式中,对于在 φ、$\varphi+90°$、$\varphi+180°$、$\varphi+270°$ 4个角度上

的辐射场总和，TE_{1n} 和 TE_{2n} 模将为零，即 $\sin[m\varphi+(m-1)\pi/2]$ 项中 $m=1$ 或 $m=2$，而 φ 分别等于上述 4 个值，则代入 E_φ 表达式并将所得结果相加时，其和

$$E_\varphi(\varphi)+E_\varphi(\varphi+90°)+E_\varphi(\varphi+180°)+E_\varphi(\varphi+270°) \tag{6.17}$$

对于 TE_{1n} 和 TE_{2n} 模来说为 0；与此同时，所有 TM_{mn} 模，根据式(6.10)，E_φ 本来就等于 0。这表明，上述 4 个角度上的辐射场 E_φ 之和将不包含 TE_{1n}、TE_{2n} 和所有 TM_{mn} 模的贡献。

上述结论对任何 φ 值都成立，即当不知道波导系统的特定方向，亦即不知道 TE_{1n} 模的电矢量在辐射端口中心的取向时，也可以用上述方法来排除 TE_{1n} 模、TE_{2n} 模和 TM_{mn} 模的贡献。如果高功率微波源的输出仅包含 TE_{0n}、TE_{1n}、TE_{2n} 和 TM_{mn} 模，那么上述由式(6.13)表示的组合信号中，就将仅含有 TE_{0n} 模。

对于其他 TE 模或 TM 模，也可以发现类似的特性，总之，m 值不同的 TE_{mn} 模或 TM_{mn} 模的远场辐射图，相对于空间的特殊方向，具有不同的对称性。即我们总能找到一些角度，在这些角度上辐射场 E_φ 或 E_θ 的叠加，可以排除某一类具有不同 m 值的模式的辐射，这就是辐射场的另一个特点。

(3) n 值不同的模式的区分。

在上面我们将 TE_{0n} 模单独区分了出来，如果需要进一步区分 TE_{0n} 模中 n 值不同的各个模式，还可以按下面的方法来实现：只要将接收天线放在某些特定的 θ 角上测量就可以达到目的。例如，当信号组合为

$$E_\varphi(\varphi,\theta_1)+E_\varphi(\varphi+90°,\theta_1)+E_\varphi(\varphi+180°,\theta_1)+E_\varphi(\varphi+270°,\theta_1)$$

$$\tag{6.18}$$

且 $ka\sin\theta_1=3.8317$ 时，则在上述组合信号中 TE_{02}、TE_{03}、$\cdots$ 模的 E_φ 分量全部为零，仅含有 TE_{01} 模的贡献。

2. 各类模式的单模判断方法

辐射远场的单模判断法正是基于上述三个基本特性实现的，以 $m=0,1,2$，而 n 为任何正整数的模式为例，来具体说明这种判断法的应用。测量系统中在接收天线后面接基模矩形波导，利用魔 T 实现按信号相位的组合，组合后的信号输入频谱分析仪。

(1) TE_{0n} 模式的判断。

在 $\varphi=\varphi$、$\varphi+90°$、$\varphi+180°$、$\varphi+270°$ 4 个角度上测量辐射场 E_φ，φ 为任意值，经叠加后再检波输出，即

$$p(\theta)=\langle[E_\varphi(\theta,\varphi)+E_\varphi(\theta,\varphi+90°)+E_\varphi(\theta,\varphi+180°)+E_\varphi(\theta,\varphi+270°)]^2\rangle$$

$$\tag{6.19}$$

式中：$p(\theta)$ 为相对功率。根据前面的分析，$p(\theta)$ 将只有 TE_{0n} 模式的贡献（我们已

限定 $m=0,1,2$),所有其他 $m\neq 0$ 的 TE_{mn} 模和所有 TM_{mn} 模都已被排除在外。式(6.19)中,符号 $\langle\rangle$ 代表对时间的平均,而平方以及对时间求平均的运算实际上就代表了检波过程。

为了进一步从 TE_{0n} 模中判断 n 的大小,我们只要对 θ 选取特殊的角度就行了。正如前面已指出的,当所取 θ 满足 $ka\sin\theta_1 = \mu'_{01} = 3.8317$ 时,由式(6.19)得的值就是 TE_{01} 模的相对功率,而当 θ 满足 $ka\sin\theta_2 = \mu'_{02} = 7.0156$,$ka\sin\theta_3 = \mu'_{03} = 10.1735$,…时,$p(\theta_2)$、$p(\theta_3)$ 就分别是 TE_{02}、TE_{03}、…模的贡献。

(2) TE_{1n} 模式的判断。

如果只在 $\varphi = \varphi$、$\varphi + 180°$ 两点测量 E_φ,则叠加所得

$$p(\theta) = \langle [E_\varphi(\theta,\varphi) - E_\varphi(\theta,\varphi+180°)]^2 \rangle \tag{6.20}$$

就将只包含 TE_{1n} 模式的贡献而不含有 TE_{0n}、TE_{2n} 和 TM_{mn} 模式的功率,φ 值可以是任意值。

进一步取 θ 值分别满足 $ka\sin\theta_1 = \mu'_{11} = 1.8412$,$ka\sin\theta_2 = \mu'_{12} = 5.3314$,$ka\sin\theta_3 = \mu'_{13} = 8.5363$,…,则所得到的 $p(\theta)$ 就分别代表 TE_{11}、TE_{12}、TE_{13}、…模的贡献。

(3) TE_{2n} 模式的判断。

如果对 $\varphi = \varphi$、$\varphi + 90°$、$\varphi + 180°$、$\varphi + 270°$ 4 个角度的 E_φ 测定值重新组合为

$$p(\theta) = \langle [E_\varphi(\theta,\varphi) - E_\varphi(\theta,\varphi+90°) + E_\varphi(\theta,\varphi+180°) - E_\varphi(\theta,\varphi+270°)]^2 \rangle \tag{6.21}$$

则 $p(\theta)$ 中将仅有 TE_{2n} 模式的贡献而不含有 TE_{0n}、TE_{1n} 和 TM_{mn} 模式的贡献。

令 θ 分别为 $ka\sin\theta_1 = \mu'_{21} = 3.0542$,$ka\sin\theta_2 = \mu'_{22} = 6.7061$,$ka\sin\theta_3 = \mu'_{23} = 9.9695$,…,就分别可以判断出 TE_{21}、TE_{22}、TE_{23}、…模式。

(4) TM_{0n} 模式的判断。

在 $\varphi = 45°$ 和 $\varphi = -135°$ 角度上测量 E_θ 分量,则信号组合

$$p(\theta) = \langle [E_\theta(\theta,\varphi=45°) + E_\theta(\theta,\varphi=-135°)]^2 \rangle \tag{6.22}$$

将只含有 TM_{0n} 和 TE_{2n} 模式的相对功率,而不含有 TM_{1n}、TM_{2n}、TE_{0n} 和 TE_{1n} 模式的贡献。利用上面第(3)个判断式(6.21)对 TE_{2n} 模式的判断,我们已经可以确定出 TE_{2n} 模的 $p(\theta)$,从而从式(6.22)中减去 TE_{2n} 模式的贡献,剩下的就只有 TM_{0n} 模式的贡献。

分别取 $ka\sin\theta_1 = \mu_{01} = 2.4048$,$ka\sin\theta_2 = \mu_{02} = 5.5201$,$ka\sin\theta_3 = \mu_{03} = 8.6537$,…,就分别可以判断 TM_{01}、TM_{02}、TM_{03}、…模式的存在。

(5) TM_{1n} 模的判断。

将上述 E_θ 测量值重新组合,成为

$$p(\theta) = \langle [E_\theta(\theta,\varphi=45°) - E_\theta(\theta,\varphi=-135°)]^2 \rangle \quad (6.23)$$

则 $p(\theta)$ 将只含有 TM_{1n} 和 TE_{1n} 模的贡献,而不含有 TM_{0n}、TM_{2n}、TE_{0n} 和 TE_{2n} 模式的贡献。由前面第(2)个判断式(6.20)对 TE_{1n} 模式的判断,我们已经可以确定出 TE_{1n} 模的贡献,从式(6.23)中减去 TE_{1n} 模式的贡献,TM_{1n} 模的贡献也就得到确定。进而分别取 $ka\sin\theta_1 = \mu_{11} = 3.8317, ka\sin\theta_2 = \mu_{12} = 7.0156, ka\sin\theta_3 = \mu_{13} = 10.1735,\cdots$,就分别可以判断 TM_{11}、TM_{12}、TM_{13}、$\cdots$模式的存在。

(6) TM_{2n} 模式的判断。

取信号组合为

$$p(\theta) = \langle [E_\theta(\theta,\varphi=0°) + E_\theta(\theta,\varphi=180°)]^2 \rangle \quad (6.24)$$

则其中只含有 TM_{2n} 和 TM_{0n} 模的贡献,TM_{0n} 模的贡献我们已经可以由上面第(4)个判断式(6.22)确定,因而剩下就只有 TM_{2n} 模的相对功率了,分别取 θ 满足 $ka\sin\theta_1 = \mu_{21} = 5.1356, ka\sin\theta_2 = \mu_{22} = 8.4172, ka\sin\theta_3 = \mu_{23} = 11.6198,\cdots$,就分别可以判断 TM_{21}、TM_{22}、TM_{23}、$\cdots$单模。

由以上介绍不难看出,辐射场测量法中,只有直接判别法因相对比较简单易行,目前得到广泛应用。而数值计算法和单模判断法都相当复杂,而且在对辐射场进行实际测量时由于接收天线尺寸限制,无法做到逐点精确测量,因此空间分辨率低,加之接收天线本身对辐射场的扰动,进一步降低了测量精度,从而使得在特定角度上的测量并不能严格符合上述理论预定的模式组合,模式的识别就难以做到准确甚至完全失效。基于这些原因,使得这两种方法的实用性都不大,仅在方法提出单位德国斯图加特大学等离子体所得到一定应用(由中国研究人员在该所作访问学者期间提出和测试),很少有其他单位采用。

6.4 热像分析法

热像分析法同样是依赖于所获得的微波模式辐射图像来进行模式识别的。与图像显示法和辐射场测量法不同的是,它利用具有高灵敏度的微波热效应材料、微波电热效应元件或材料做成靶平面,当微波辐射到靶平面时,并不直接产生可视图像,而是形成由温度分布构成的热像或者由热像直接转换成电流分布或电压分布,然后利用红外线照相机和计算机处理获得辐射场结构的可视图像。

如果将对微波系统辐射场的逐点测量改成一次成像,则就可以克服接收天线的口径尺寸对测量的空间分辨率的限制,以及测量过程中辐射场本身的变化(辐射源的不稳定性)对测量造成的误差。热像分析法的特点在于:①它是利用微波的热效应、电磁效应形成的平面图像,是一次性成像,可以在短时间内甚至瞬时完成;②它是间接成像,微波效应产生的是热分布图像,或者由热像再次转换得到的电压分布或电流分布图像,都是不可见图像,必须通过二次处理才能形成可视图像,这也是热像法与图像显示法的最主要区别,后者虽然也是利用微波的电热效应来产生图像,但产生的是直接可视的图像;③热像法易于通过红外相机与计算机相联直接进行图像处理,因而可以更好地反映出辐射场的精细结构,有利于多模识别以及分析模式组成之间功率的相对比例。

采用辐射场测量法时,为了获得完整的辐射场分布,需要逐点测量,测量过程中辐射源的不稳定以及接收天线的一定口径尺寸都会严重影响辐射图像测量的准确性和精度,尤其对于高功率微波源,由于每次辐射的微波脉冲之间的重复性比较差,依靠多次发射单次脉冲来完成辐射场的测量显然就更为困难和不可靠。

用热像分析法获得辐射图像,由于电热元件和材料对微波的高度敏感性,一个单次脉冲的能量就可以形成热像,显然就可以克服辐射场测量法的缺点,它可以获得较为精细的辐射场结构,而不再需要长时间逐点测量,通过计算机处理更可以直接得到更为丰富的甚至是三维的图像信息。

6.4.1 红外成像分析法

1. 日本筑波大学的实验

利用微波吸收板(Emerson & Cuming 公司生产的 ECCOSORB AN72 或者其他微波吸收材料)作为微波辐射靶,放置在离辐射口一定距离上(远场或近场位置)。当从辐射口辐射的微波被吸收板吸收后,就会引起吸收板的温度升高,从而形成两维的温度分布,即热像。利用红外照相机就可以记录下这种热像,将不可见的热像变成可视图像,或者也可以将相机记录的图像直接输入计算机,对图像进行分析,就可以根据需要画出二维甚至三维的幅值分布图、等温度线(等幅值)分布图等。

红外相机在很多高功率微波的实验中经常被用来获得辐射方向图的图像,它具有很宽的温度动态范围,既可以记录下连续波辐射功率1W以下引起的 $0.02 \sim 4℃$ 的温度变化,也可以拍下脉冲功率数十千瓦至200kW产生的最高数十摄氏度温度的分布图像。ECCOSORB AN72吸收板是一种多层浸碳聚氨酯塑料板,它质量轻,具有柔性,对宽频率范围的微波都能响应,吸收板温度的升高和功率的时间平均值之间的关系差不多在常规的功率带宽范围内都是线性的。吸收板温度松驰的时间常数大约为几秒,主要的热量耗散认为是由空气的对流冷却完成的,沿吸收板表面的热扩散远小于空气的对流引起的热扩散,显然,这有利于对热像上的热分布结构的摄取,但是,热扩散将限制辐射方向图中心区域的空间分辨率,在这里功率密度在一个小范围内就会发生迅速变化。

图6-18(a)是日本学者在研制5级阶梯圆波导 $TE_{01}-TE_{02}$ 模式变换器时，利用热像法得到的其输入模式 TE_{01} 模的辐射近场分布图。该模式由工作在41GHz,输出功率小于1W 的速调管输出的矩形波导 TE_{10} 模式变换为圆波导 TE_{01} 模而得到,在离波导辐射口20cm处利用吸收板(ECCOSORB AN72,Emerson & Cuming)和红外照相机(Japan Avionics TVS-2200)记录并输入计算机处理得到。从图上可以看出，在两个主峰两侧各有一个小的凸起，很明显，这意味着在该 TE_{01} 模中存在微小的寄生 TE_{02} 模成分。将所得到的 TE_{01} 模输入 $TE_{01}-TE_{02}$ 模式变换器以产生 TE_{02} 模式，TE_{01} 模的功率含量可以通过改变该模式变换器的阶梯级数而改变，该模式变换器的输出口直径锥形变换到37mm的圆波导，再接一段直径37mm的均匀圆波导，在终端平切口作为辐射口。TE_{02} 模的输出辐射功率分布图由图6-18(b)~(d)给出,图上峰值的位置表明其主模是 TE_{02} 模,但是当模式变换器输出端37mm直径的均匀圆波导的长度改变时，图上各峰值间的功率密度比例会发生变化，图6-18(b)~(d)即表示均匀圆波导不同长度时的辐射情况。

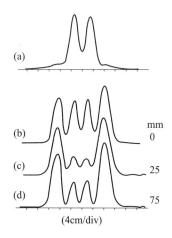

图6-18 多阶梯 $TE_{01}-TE_{02}$ 模式变换器输入 TE_{01} 模和输出 TE_{02} 模的近场热像图

(a)模式变换器的输入模式 TE_{01}；(b)输出端均匀圆波导的长度0mm时输出的 TE_{02} 模；
(c)均匀圆波导的长度25mm时输出的 TE_{02} 模；(d)均匀圆波导的长度75mm时输出的 TE_{02} 模。

2. 日本大阪大学等进行的实验

日本大阪大学等高校在研究高功率毫米波回旋管输出波束利用准光技术进行高斯束聚焦时，他们对各个不同位置上的波束采用 ECCOSORB AN 吸收板和红外相机获取了其图像，实验是利用60GHz 的回旋管进行的，在回旋管的输出窗后先接一段锥形波导，将圆波导直径由63.5mm 缩小到25.6mm，再直接连接终端半切口的圆波导作为辐射天线,辐射的微波波束经过一个铝制椭圆反射镜和一个铝制抛物线反射镜后输出(图6-19)。

椭圆反射镜在(x,y,z)坐标系中满足以下椭圆方程,即

$$\frac{(x-f_e)^2}{B^2}+\frac{y^2}{A^2}=1 \tag{6.25}$$

式中:$A=100$mm 为椭圆长轴;$B=86.6$mm 为椭圆短轴;椭圆焦距$f_e=(A^2-B^2)^{1/2}=50$mm。反射镜沿y方向的宽度取150mm。

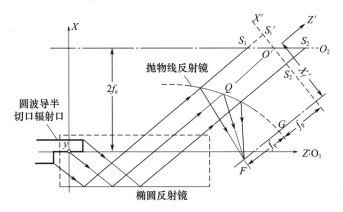

图6-19 椭圆-抛物线聚焦系统的二维结构图

抛物线反射镜在(x',y',z')坐标系中的方程为

$$z'=-\frac{1}{4f_p}(x'+x'_f)^2-f_p \tag{6.26}$$

式中:抛物线反射镜的焦距f_p选取为74m;x'_f定义见图6-19,并给定为122.5mm。

实验首先检查回旋管输出模式的纯度,在锥形波导后测量功率分布,吸收板放置在垂直z轴、离锥形波导口100mm的距离上,回旋管功率选择为70kW、脉冲宽度1ms。测量结果如图6-20所示,它是由微波吸收板产生模式热像,然后利用红外线照相机记录并输入计算机处理后得到的三维图像,从轴对称热分布可以清楚看出,它对应的就是TE_{02}模式。即使改变回旋管输出脉冲功率从几千瓦到大于100kW,所得图像几乎完全相同,TE_{02}模电场图像圆环上的缺口是由于锥形波导顶部被热像探测器(红外相机)遮挡而产生的。

然后固定回旋管输出功率为20kW以及脉冲宽度为1ms,在椭圆反射镜后不同x位置的$y-z$平面放置吸收板,吸收板上的热像经过计算机处理后的结果如图6-21所示,每幅图的左上角给出了温度分布的平面图像,从图上可以清楚看出,经过椭圆反射镜的聚焦,微波波束成为了片状束。进而固定在椭圆反射镜

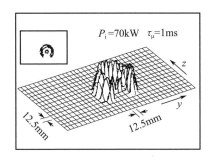

图6-20 红外成像经计算机处理后形成的60GHz回旋管输出TE$_{02}$模三维图像

的焦平面 $x=100$mm 处进行测量,回旋管脉冲功率从20kW变化到75kW,所得到的功率分布图像与图6-21最上面的右图($x=100$mm的图像)所显示的图像几乎没有变化,但进一步增加功率有可能导致吸收板的损毁。

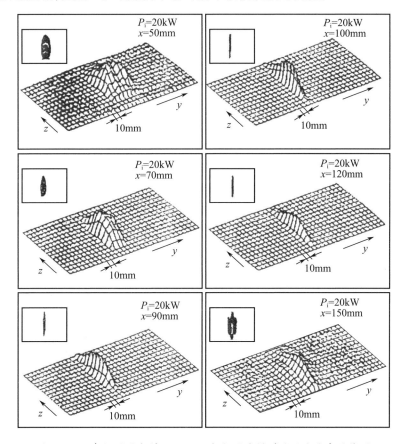

图6-21 在椭圆反射镜后不同距离上测量得到的微波波束热像图

为了观察微波波束在抛物线反射镜后的聚焦情况,抛物线反射镜的焦点大约为 $x = -70$mm,我们还是对吸收板位于不同 x 位置时在 $y-z$ 平面上测量吸收板上的温度分布。在这种情况下,很容易观察到吸收板上微波波束入射点的温度剧烈地提升,将使吸收板烧毁或者只能将吸收板移走,这时微波功率已经低至 10kW、脉冲宽度仅 0.5ms。图 6-22 给出了在 $x = -55$mm、-70mm 和 -120mm 时的功率分布,在焦点 $x = -70$mm 处,得到接近高斯分布的波束,其宽度大约为 10mm,其峰值温度可以达到 120℃,这表明,当微波波束的脉冲功率增加到 100kW 时,脉冲能量密度就容易达到 100kW/cm^2。

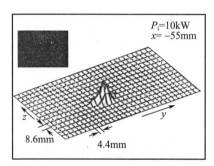
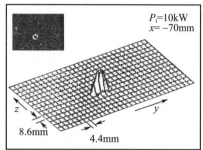
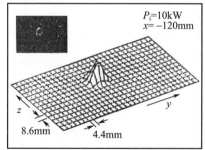

图 6-22 在抛物线反射镜后不同距离上测量得到的微波波束热像图

6.4.2 热电探测分析法

用热电探测器阵列来代替微波吸收板,同样可以得到微波模式辐射热像。不同的是,热电探测器阵列将热像直接转换成电流或电压输出,由计算机记录并处理,而不是利用微波吸收板生成热像而后由红外记录器(红外照相机)记录再输入计算机处理后输出。

热电探测器由热电体组成,某些压电材料中的极性晶体,如硫酸三甘酞(TGS)、钛酸钡(BaTiO$_3$)、钽酸锂(LiTaO$_3$)等,其自发极化强度是温度的函数,随温度升高而下降。正是由于温度的变化会引起极化状态的改变,导致在垂直于自发极化强度方向的晶体表面上极化电荷的变化,从而产生电流,其结果是在晶体两端出现随温度变化的开路电压。这种极性晶体就称为热电体,这种现象称为热释电效应,这是热电效应的一种。利用热释电效应制成的红外探测器(传感器)具有很高的灵敏度,其温度响应率达到 $4 \sim 5 \mu A/℃$,温度分辨率小于 $0.2℃$。有关热电探测器的更多情况我们在 2.4.4 节中已作过介绍。

将一个热电探测头放置在离微波辐射口一定距离上,并在垂直辐射波导轴线的平面内移动,对辐射场进行测量。另外用一个固定的热电探测头放在测量头扫描区外的辐射区中,作为对测量结果归一化用的信号,将测量得到的场值与归一化信号同时输入计算机,经过计算机处理就可以得到辐射场相对功率的等功率线分布图像,或者根据需要输出数据、曲线等。如果将单个热电探测头改成一个平面阵列,则就可以减少或取消探测头的移动,由计算机直接输出模式图像,提高测量效率。

图 6-23 是日本福井大学利用 FUVA 回旋管在不同磁场下输出不同谐振模式时,由热电探测阵列在离输出窗距离 z 处测量而获得的辐射图像,这些模式图对应的工作磁场和频率如表 6-1 所示。

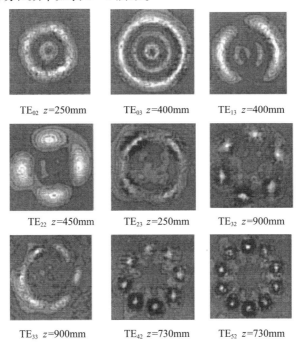

图 6-23 利用热电探测阵列测量,经计算机处理后获得的回旋管输出模式图

表 6-1　回旋管 FUVA 输出模式对应的工作磁场、频率

模式	TE_{22}	TE_{02}	TE_{32}	TE_{13}	TE_{42}	TE_{23}	TE_{03}	TE_{52}	TE_{33}
工作磁场/T	4.6	4.8	5.5	5.8	6.4	6.8	7.2	7.2	7.8(8.0)
工作频率/GHz	128	132	152	162	175	190	194	199	215(217)

可以看出，利用热电探测法所获得的模式图像显然要比图像显示法所得图像清晰得多。基于同样原理，其他微波效应探测器，如克尔效应探测器、电阻探测器等，也可以用于模式测量，这些探测器我们在 2.4 节和 5.2 节中都已作过介绍，只是应用场合不同，原来我们都是讨论它们在高功率微波功率测量中的应用，在这里则是用于微波模式的测量，但两者的原理是一样的，所以我们不再对它们作更多的重复介绍。只要在微波场作用下能产生电压、电流、电阻、极化面偏转等变化的电磁效应，原则上都可以用来进行微波功率的测量和模式场的测量。

6.5　波导场测量法

美国学者 D. Stone 提出直接在微波传输系统如波导内部或者其端口测量场分布以判断波导模式的方法，称为波导场测量法或者拍波场测量法，这种方法避免了场的辐射带来的误差。但是，为了测得完整的场结构，往往必须在二维甚至三维方向上进行测量，这使得测量装置变得十分复杂，而且这样的装置又反过来必然会干扰系统中原来的场分布，给测量结果带来误差。由于这种方法不仅装置复杂，测量过程也比较烦琐，因而较少得到应用。

在过模波导中传输的任意两个模式波将会合成形成一个拍波，类似于单模波导中大家熟知的入射波和反射波合成驻波，驻波电场最大值与最小值之比称为电压驻波比(VSWR)，我们定义拍波电场的最大值与最小值之比称为电压行波比或电压行波系数(VTWR)。一般来说，VTWR 是与波导中的波在行进方向相垂直的平面上的位置的函数，VTWR 的测量能够容易地与每个模式的功率或者与每个波导模式在总传输功率中所占份额相联系起来。这种测量可以用来：①反映多模输出的高功率微波源(如回旋管)的工作模式的特征；②分析过模波导中模式变化的特性；③决定损耗物质在传输线中的最佳位置；④实现阻抗匹配(包括一个或多个寄生模式的干扰)。

6.5.1　基本原理

两个沿着 z 方向行进的波 m 模式和 n 模式，可以写出其合成波为

$$C(z) = |A_m| e^{-j(k_m z + \phi_m)} + |A_n| e^{-j(k_n z + \phi_n)} \tag{6.27}$$

其中

$$\phi_{m(n)} \equiv \arctan\left\{\frac{\mathrm{Im}(A_{m(n)})}{\mathrm{Re}(A_{m(n)})}\right\} \tag{6.28}$$

式中:$k_{m(n)}$ 为 m 模式或 n 模式的传播常数或波数;$\phi_{m(n)}$ 为它们的初始相位;$A_{m(n)}$ 则为它们的幅值。两个波的合成将形成拍波,当用平方律检波器检波时,其输出将正比于

$$|C(z)|^2 = |A_m|^2 + |A_n|^2 + 2|A_m||A_n|\cos[(k_m - k_n)z + (\phi_m - \phi_n)] \tag{6.29}$$

定义 $K_{mn} \equiv |k_m - k_n|/2$ 为拍波波数,$\lambda_{mn} = 2\pi/K_{mn}$ 为拍波波长。通过选择原点 $z=0$ 的位置,可以消去拍波相位$(\phi_m - \phi_n)$。求出 $|C(z)|$ 的最大值和最小值,即可定义电压行波比为

$$\mathrm{VTWR} = \frac{|C(z)|_{\max}}{|C(z)|_{\min}} = \frac{||A_m| + |A_n||}{||A_m| - |A_n||} = \frac{|A_m| + |A_n|}{\pm|A_m| \mp |A_n|} \tag{6.30}$$

式中:当 $|A_m| > |A_n|$ 时,取上面的计算符号;当 $|A_m| < |A_n|$ 时,取下面的计算符号,因此有

$$\frac{|A_n|^2}{|A_m|^2} = \left(\frac{\mathrm{VTWR} \mp 1}{\mathrm{VTWR} \pm 1}\right)^2 \tag{6.31}$$

$|A_m| > |A_n|$ 时取上面的计算符号,$|A_m| < |A_n|$ 时取下面的计算符号。由于 VTWR 是一个可测的量,由此即可确定 $|A_n|^2/|A_m|^2$ 的比值。

拍波场测量法的测量过程是:设计制造一个在 r、θ、z 三维方向上都能移动的极化探头,安装在微波源输出圆波导口上,极化探头测量行波的角向分量的平方值为 $|E_\theta|^2$。图 6-24 给出了这样一个装置的结构示意图,使它沿圆波导径向 $r = -a$ 到 $r = +a$ 逐点测量波导场的 $|E_\theta|^2$ 相对值,画出测得的 $|E_\theta|^2$ 分布,如图 6-25 所示,判断其模式组成,然后再利用该探头在特定的 r 位置上沿 z 向测量拍波场的 $|E_\theta|^2$ 值大小,根据其最大值与最小值的比求出电压行波系数 VTWR,从而确定出模式成分之间的功率比例。

6.5.2 测量实例

测量是针对美国凡里安公司 VGA-800 回旋管进行的,该管工作频率为 28GHz,输出 TE_{02} 模。回旋管的输出波导为直径 6.35cm 的过模波导,利用三维移动探头在一系列不同的 z 值位置上,沿圆波导 $r = -a$ 到 $r = +a$(a 为输出圆波导的半径)径向逐点测出 $|E_\theta|^2$ 的相对值,如图 6-25 所示。图中的场分布表明,TE_{02} 模输出已经部分地被转换成了其他模式,它不再是单一的 TE_{02} 模分布图像。

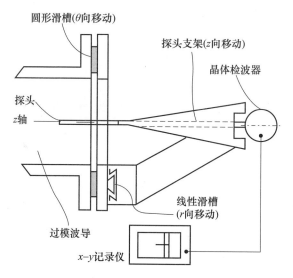

图 6-24 圆波导中 VTWR 测量用三维移动探头结构示意图

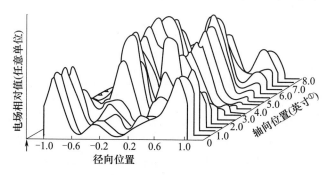

图 6-25 回旋管 VGA-8000 的拍波场分布

假设回旋管输出模式现在由 TE_{0m} 模和 TE_{0n} 模组成,它们的幅值系数分别为 a_m 和 a_n,则在归一化条件

$$\sum_i |a_i|^2 = 1 \tag{6.32}$$

得到满足时,得到拍波场幅值为

$$C(r,z) = \frac{\sqrt{2}\,|a_m|}{|J_0(\mu'_m)|} J_1\left(\frac{\mu'_m r}{a}\right) e^{-j(k_{mz}z+\varphi_m)} + \frac{\sqrt{2}\,|a_n|}{|J_0(\mu'_n)|} J_1\left(\frac{\mu'_n r}{a}\right) e^{-j(k_{nz}z+\varphi_n)} \tag{6.33}$$

式中:对于 TE_{0m} 模,μ'_m 为 $J'_0(\mu'_m r/a) = 0$ 的第 m 个根,对于 TE_{0n} 模,μ'_n 为

---

① 1 英寸 = 2.54cm。

$J'_0(\mu'_n r/a)=0$ 的第 n 个根。取式(6.33)的绝对值 $|C(r,z)|$ 的平方,根据式(6.29),就可以得到模式 m 与 n 的拍波波数 $K_{mn} \equiv |k_m - k_n|/2$,由此得出拍波波长为

$$\lambda_{mn} \equiv \frac{2\pi}{k_{mn}} = \frac{2\lambda}{\left|\sqrt{1-\frac{\lambda^2\mu'^2_m}{4\pi^2 a^2}} - \sqrt{1-\frac{\lambda^2\mu'^2_n}{4\pi^2 a^2}}\right|} = \frac{16\pi^2 a^2}{\lambda|\mu'^2_m - \mu'^2_n|} \quad \left(\frac{\lambda^2\mu'^2_{m,n}}{4\pi^2 a^2} \ll 1\right)$$

(6.34)

式中:λ 为自由空间波长。

根据 VTWR 的定义,将式(6.33)与式(6.27)对比,由式(6.31)不难得到模式 m 与模式 n 的相对功率比为

$$\frac{|a_n|^2}{|a_m|^2} = G_{mn}(r)\left[\frac{\text{VTWR}(r) \mp 1}{\text{VTWR}(r) \pm 1}\right]^2 \tag{6.35}$$

其中

$$G_{mn}(r) = \frac{|J_0(\mu'_n)|^2 \left|J_1\left(\frac{\mu'_m r}{a}\right)\right|^2}{|J_0(\mu'_m)|^2 \left|J_1\left(\frac{\mu'_n r}{a}\right)\right|^2} \tag{6.36}$$

$$G_{mn}(r) = G_{mn}^{-1}(r)$$

为了决定式(6.35)中的符号取舍,我们可以分别在 r_1 和 r_2 两个位置上测量 VTWR,并计算 G_{mn} 值:当 $G_{mn}(r_1) > G_{mn}(r_2)$、$\text{VTWR}(r_1) > \text{VTWR}(r_2)$ 以及 $G_{mn}(r_1) < G_{mn}(r_2)$、$\text{VTWR}(r_1) < \text{VTWR}(r_2)$ 时,在式(6.35)中取下面的符号计算;反之,当 $G_{mn}(r_1) > G_{mn}(r_2)$ 而 $\text{VTWR}(r_1) < \text{VTWR}(r_2)$,或者 $G_{mn}(r_1) < G_{mn}(r_2)$、$\text{VTWR}(r_1) > \text{VTWR}(r_2)$ 时,取上面的符号计算。

为了确定 TE_{01} 模和 TE_{02} 模的功率比,我们先要设法去除 TE_{03} 模的影响,为此,分别在 $r = \mu'_1 a/\mu'_3$ 和 $r = \mu'_2 a/\mu'_3$ 两个位置上沿 z 轴测量 $|E_\theta|^2$,式中 μ'_3 为 $J'_0(\mu'_3 r/a) = 0$ 的第 3 个根,在这两个位置上,TE_{03} 模的 E_θ 值为 0,这是因为根据上述 r 的选取,这时 $J_0(\mu'_3 r/a) = J_0(\mu'_1) = J_0(\mu'_2) = 0$,因此,我们测量的将只是 TE_{01} 模和 TE_{02} 模的拍波场。测量结果如图 6-26 所示,利用 VTWR 定义式(6.30),由图 6-26 可以得

$$\text{VTWR}\left(\frac{\mu'_1 a}{\mu'_3}\right) = 3.9$$

$$\text{VTWR}\left(\frac{\mu'_2 a}{\mu'_3}\right) = 6.9$$

以及计算出

$$G_{12}\left(\frac{\mu_1' a}{\mu_3'}\right) = 0.797$$

$$G_{12}\left(\frac{\mu_2' a}{\mu_3'}\right) = 1.258$$

上面 μ' 和 G 的符号中,下标 1 代表 TE_{01} 模,2 代表 TE_{02} 模,3 代表 TE_{03} 模。

图 6-25 表明,注入模式 TE_{02} 有部分转换成了其他的圆电模,如果我们在两个不同径向位置画出 $|E_\theta(z)|^2$ 与 z 的关系时,正如上面已指出的,取 $r = \mu_1' a/\mu_3'$,$\mu_2' a/\mu_3'$ 时,TE_{03} 模就将为零,其结果如图 6-26 所示,图上显示出了 TE_{01} 模和 TE_{02} 模的拍波,拍波波长大约为 40.6cm,接近式(6.34)得到的结果。将 VTWR 和 G 值代入式(6.35),就得到了 TE_{02} 模和 TE_{01} 模的拍波的幅值平方的比,即它们的功率比。完全类似地,在 $r = \mu_1' a/\mu_2'$ 上进行测量,就可以得到 TE_{01} 模和 TE_{03} 模的拍波方向图,以及它们功率比。经过对幅值利用式(6.32)进行归一化,最后可以得到 VGA-8000 回旋管输出功率的模式组成如下:TE_{01} 模,$(27 \pm 5)\%$;TE_{02} 模,$(63 \pm 5)\%$;TE_{03} 模,$(10 \pm 5)\%$;其他所有模式 $(0 \pm 5)\%$。

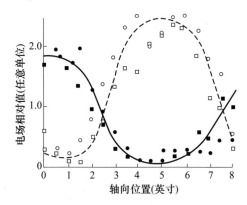

图 6-26 回旋管 VGA-8000 输出模式中 TE_{01} 模和 TE_{02} 模的拍波分布
○—$r = \mu_1' a/\mu_3'$;□—$r = -\mu_1' a/\mu_3'$;●—$r = \mu_2' a/\mu_3'$;■—$r = -\mu_2' a/\mu_3'$。

第7章　高功率微波模式的模式谱测量

7.1　引　　言

7.1.1　模式谱与模式场测量方法的不同

1. 模式场测量法的不足

以上介绍的各种类型的模式测量方法都是先通过不同途径得到模式场的场结构图,然后再进行模式识别和分析的,其中图像显示法、辐射场测量中的直接判别法和热像分析法比较简单、方便和直观,因而得到比较广泛的应用,其他方法则存在一些共同的缺点。

(1) 准确性受到限制。

由于它们都是通过对辐射场或波导场的测量来进行模式分析的,因此不可避免地会受到测量用接收天线或热探测器的空间分辨率的限制,以及在多模存在时模式图像重叠难以识别的限制,致使获得精确的场分布图像比较困难,模式识别与分析的准确性受到严重影响,从而限制了它们能识别的模式数目及应用范围。在图像显示法、直接判别法和热像分析法中则对识别的模式数目也同样存在严重限制。

(2) 多模共存时模式重组困难。

正是由于模式场测量法的空间分辨率不高,而且所测得的都是组合场,使得所测得的模式场不够精细,不能得到模式场分布的结构细节,因而在多模式共存时,也就难以通过模式重组的方法得到合理的模式组成,重组的过程也非常麻烦和费时。

(3) 分析过程比较烦琐。

模式场测量法中对模式的分析,不论是辐射场测量法还是波导场测量法,多模式的识别和分析过程都十分烦琐,而且复杂,实际应用非常不方便,因此很少被采用。

(4) 不能在线测量。

所有的模式场测量方法还存在一个共同的不足,即为了获得模式图像或模式场分布,微波系统不可能在有工作负载的情况下正常工作,而必须让微波源脱离工作负载专门为了模式测量开机工作,也就是说,它们都不能实现在线测量。又因为它们的测量过程所需时间一般都远大于高功率微波脉冲的持续时间,所以这种方法基本上只能适用于稳定连续输出包括连续脉冲输出的微波源(如回旋管),当然也就不可能做到实时测量和动态测量。虽然热像分析法响应速度很快,可以做到实时测量,但是仅能对高功率微波的单次脉冲实现实时的成像,由于需要等待成像平面上已形成的图像消失后才能再次成像,这一时间通常不会少于数秒,因而在严格意义上来说,它也并不能做到真正意义上的实时测量和动态测量。

2. 模式谱测量法的特点

模式谱测量就是先通过某种方法将高功率微波传输系统中传输的多种微波模式在辐射空间区分开来,或者将不同模式的场耦合进不同的子传输系统中去,从而在空间不同位置或不同子系统形成模式谱,使得我们只需在空间对应不同模式的位置上或者对应不同模式的子系统中进行有无微波输出测量就可以直接确定各模式的存在与否及其相对大小,其最大特点是不需要再测量模式场的场结构,从而大大提高了模式识别的分辨率及准确度。

(1) 模式识别的准确度高、速度快。

由于模式谱测量法是将原来在传输系统中共存的模式分开再测量的,因此根据在哪些不同空间位置上有图像,立即就可以知道有哪些模式存在,只要不同模式在空间分得足够开,测量的精确度就可以大大提高。模式谱测量法亦可以将不同模式耦合到不同的子系统后测量,则只要某子系统对它应该耦合的模式与不应该耦合的模式之间有足够的隔离度,根据哪些子系统有输出就可以马上判断出有哪些模式存在,同样可以得到精确的模式识别度。

(2) 可以在线测量。

大多数模式谱测量法(色散反射天线测量法除外)只从微波系统中辐射或耦合出一小部分功率来进行测量,不会影响系统本身的正常工作,因而可以在线测量,即微波系统可以在连接有工作负载并正常工作的情况下进行模式的测量,同时,模式谱测量法中的选模耦合测量还可以实现动态测量和实时测量。

(3) 可以同时进行模式相对功率测量。

既然模式谱测量法是将各模式分开后单独测量的,因此如果能对每个模式的辐射功率或耦合功率进行测量,经过换算,得到它们在原传输波导中的功率,则它们的和就是系统中传输的总功率;同时,各模式间的功率比,或各模式的功率在传输总功率中所占比例也就可以确定。

(4) 测量设备制造比较麻烦、测量过程相对简单快速。

模式谱测量往往涉及一些专门的测量设备,比如,将模式在空间分开的专门辐射设备,或者将模式耦合到不同子系统中去的专用耦合装置,而且这类测量装置一般尺寸较大,加工精度要求高,设计和加工都比较复杂,一次性成本也就比较高,这些是它的不足。但是设备制成后,测量只需要对每个单模进行,因此模式测量相对简单得多,大大简化了模式识别和分析的过程。

7.1.2 模式谱测量法

利用特殊的天线,如色散反射天线、小孔阵列天线等,或者特殊的耦合方式,如选模耦合等将高功率微波系统中的模式区分开来,成为模式谱,然后对各个模式单独进行测量,从而达到模式识别和分析目的的方法,就是模式谱测量法。目前主要有以下几种测量方法。

1. 色散反射天线法

微波由圆波导终端阶梯切口或斜切口向一个色散反射面辐射时,由反射面反射的波束方向将因模式不同而不同,每个模式存在唯一确定的一个反射角,因而不同模式在反射空间将区分开来,如果在反射空间的适当位置放置红外接收板,在接收板上就会形成各个模式的热像,输入计算机,就可以很方便地识别和分析各模式的存在和功率占比。

2. 小孔阵列天线法

在圆波导高功率微波传输线的波导壁上按照一定规律开一系列小孔构成辐射天线,小孔阵列天线的辐射方向取决于传输模式的类型,不同模式具有不同的辐射方向角,从而在空间不同方向上将模式区分开,由此在空间不同位置即可以进行模式测量。这种方法能识别的模式将仅受限于接收喇叭的角向分辨率,但是,小孔阵列天线尺寸比较大,设计和加工要求都比较高。

3. 交叉耦合法

由于 TE_{mn} 模或者 TM_{mn} 模在圆波导角向的场分布具有对称性或反对称性,因此,在高功率微波圆波导传输线的角向相互成 90°的位置设置耦合孔或耦合探针,则两两相对的耦合信号将因同相可以叠加或反相可以抵消,从而将对称模与反对称模区分开。

4. 选模耦合法

利用定向耦合器的耦合度随模式不同而不同的特点,可以设计出专门针对某个特定模式耦合而不耦合其他模式的模式选择性耦合器,简称选模耦合器,只要针对在微波传输系统中每个可能存在的模式都制造一个只耦合该模式的耦合器,则根据每个耦合器有无输出和输出大小,就可以判断该模式在传输系统中的存在与否及其功率相对大小,达到模式识别和分析的目的。

7.2 色散反射天线测量法

7.2.1 色散反射天线测量法原理

1. 测量装置

如果我们假设高功率微波沿半径为 a 的圆波导向 z 方向传输,取如图 7-1 所示的坐标系,一个曲面反射面平行 z 轴、垂直 x 轴且中心在 $x=-D$、$y=0$ 的位置放置,模式波的波束从圆波导终端阶梯切口或斜切口辐射到反射面上,从反射面反射的波束投射到红外成像的微波吸收板上,由于不同模式从反射面上反射的方向不同,因此根据红外相机记录的在吸收板上升温区域的空间分布,就可以快速分析模式图像,测量系统的结构示意图如图 7-2 所示。

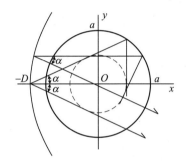

图 7-1 色散反射天线测量法采用的坐标系

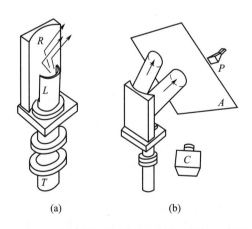

图 7-2 色散反射天线测量法测量装置结构图

(a)微波束向反射面投射并被反射;(b)波束投向微波吸收平板形成模式谱。
R—反射面;L—波导半切口;T—微波管;A—吸收板;C—红外相机;P—接收喇叭。

图 7-2(a)是波束从圆波导切口向反射面投射并被反射的情况,其中 R 为反射面,L 是波导半切口天线,T 为微波管输出波导;图 7-2(b)是波束被色散反射面反射,不同模式反射方向不同,形成模式谱并被记录的情况,其中 A 为微波吸收平板,C 为红外相机,记录在吸收板上的温度分布,P 是接收天线,用来在需要时直接测量每个模式的功率分布。

由于不同的模式的反射角不同,因此反射角的不同就唯一地确定了每个模式。TE_{mn} 模式在微波吸收板上的空间位置分布如图 7-3 所示,图中在括号中的数字分别代表模式的特征值 m 和 n,吸收板的法线方向与 TE_{02} 模的反射波束方向一致,并使 TE_{02} 模的位置基本处在吸收板中心。正因为反射面能将不同模式在空间分开,所以称此反射面为色散反射天线。

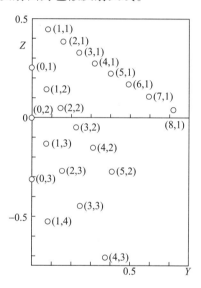

图 7-3 TE_{mn} 每个模式的反射波束中心在微波吸收板上的分布

2. 反射面

显然,色散反射天线测量法的装置中关键元件是色散反射面,正是它将投射到其上面的波束按模式在空间分散成模式谱,波束的反射角将唯一地由模式确定。色散反射面的表面满足下述关系式,即

$$\frac{x}{D} = \ln\left\{\frac{1+[1-(y/D)^2]^{1/2}}{2}\right\} - [1-(y/D)^2]^{1/2} \qquad (7.1)$$

式中:D 为反射面到圆波导圆心的距离;x、y 坐标取向如图 7-1 所示。

理论计算得到的经由这样的色散反射面反射后,不同 TE_{mn} 模式的功率密度在吸收平板表面的空间分布如图 7-4 所示。该图显示的是在离辐射口 40cm

距离(x方向)、z向宽45cm、y向高30cm的微波吸收板上的计算图像,以TE$_{02}$模辐射波束位置作为坐标原点,因此图中各模式的空间位置都是相对TE$_{02}$模的位置画出的,这个分布完全如图7-3所预期的一样整齐排列。

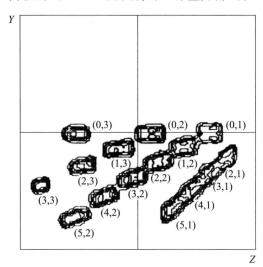

图7-4 在离辐射口 $x=40$cm 处的吸收板上计算得到的 TE$_{mn}$ 模模式谱的功率分布

7.2.2 实验结果

1. 实验方法

利用色散反射天线测量法进行实际测试时采用如图7-2所示的装置,微波源产生的高功率微波由直径37mm的圆波导输出,连接一段上升余弦的过渡波导,将波导直径减小至32mm。经由反射天线反射的波束投射到一个微波吸收板上(Eccosorb AN72,Emerson & Cuming),吸收板离波导终端开口中心法线方向的距离可以调节,这一方向接近TE$_{02}$模波束的理论预期传输方向。

在吸收板上由于吸收微波而形成的温度分布,即每个模式的功率密度分布由红外相机(Japan Avionics TVS-2200)测量,温度的上升与吸收的功率在相当宽的功率范围内具有良好的线性关系,在大多数情况下,温度峰值的相对位置足以将各个模式区分清楚,如图7-3和图7-4所示。为了评估所含各模式的功率成分,通过计算机进行几何校正以便得到真正的二维温度分布。

小功率实验利用41GHz的速调管进行,输出模式经过模式变换器变为TE$_{01}$模,其部分功率或者全部功率通过一个六阶梯变换器进一步变换成TE$_{02}$模。高功率实验由工作在41GHz的回旋管(东芝 E3962)完成,它直接输出TE$_{02}$主模,或者经模式变换器再变换成 TE_{01} 模。

2. 结果

利用方程式(7.1)给出的反射面,对阶梯变换器的低功率实验得到的辐射图像如图 7-5 所示,实验中,吸收板离辐射口 20cm 距离,板的尺寸为 $30 \times 30 cm^2$。

速调管输出的 TE_{01} 模由波导终端辐射输出,其红外图像由图 7-5(a)给出,它由一个 TE_{01} 模的主峰和一个在旁边的 TE_{02} 模小峰组成,对图像上各模式的功率密度分布在整个区域进行积分可以得到其相对功率,结果表明,TE_{02} 模的功率成分估计约占总功率的 14%。图 7-5(b)则显示了该 TE_{01} 模由六阶梯变换器变换为 TE_{02} 模后的输出图像,从图上可以看出,TE_{01} 模所在位置的功率分布明显得到了降低,而 TE_{02} 模的功率密度在实验中观察到已饱和,还有部分峰值分布在 TE_{03} 模的位置。对每个模式的分布区域进行积分,结果显示模式变换器的输出包含 99% 的 TE_{02} 模、0.3% 的 TE_{03} 模以及小于 0.5% 的 TE_{01} 模成分。

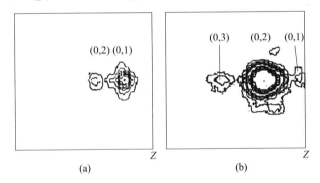

图 7-5 色散反射天线测量法低功率实验的结果
(a)速调管输出模式谱的红外图像;(b)TE_{01}-TE_{02} 模式变换器输出模式谱的红外图像。

7.3 选模耦合法

基于选模耦合器的模式选择性耦合功能而实现模式识别和分析的方法,称为选模耦合法。选模耦合器将只耦合指定的某一个或某一类模式使其输出,而其他模式不被耦合,也不会有输出。由于选模耦合器只需要从微波系统中通过小孔或隙缝耦合出一小部分功率来进行测量,不影响微波系统中微波能量的正常传输,系统可以正常工作;而且由于测量是对每个耦合器的输出进行的,没有任何需要机械移动的测量装置。因此,这种测量方法不仅是在线的,而且可以是实时的、动态的,特别适合于高功率单次脉冲或低重频脉冲的模式的测量,它克服了模式场测量法需要在空间进行多点测量时在测量过程中由于微波源输出的不稳定,以及测量装置空间分辨率的限制等带来的测量误差。

选模耦合法的工作频带都比较窄,这显然是选模耦合器的模式选择性与频率高度相关的必然结果。

7.3.1 交叉耦合法

1. 交叉耦合法原理

交叉耦合法的测量系统如图 7-6 所示。在过模圆波导微波传输系统的同一横截面的波导壁上,相互成 90°分布开 4 个完全相同的耦合孔,4 个基模矩形波导的横截面端口与各孔耦合,其宽边(x 向)与圆波导纵向(z 向)一致,圆形主波导中两两相对的每一对耦合信号进入矩形副波导传输并被合成输出。这样,耦合将发生在圆波导中 TE_{mn} 模的 H_z 分量与矩形波导中 TE_{10} 模的 H_x 分量之间,这时对于圆波导中 $m=0,2,4,\cdots$ 偶数的 TE_{mn} 模,由于它们角向相差 180°的场大小相等、相位相同,耦合出来的信号将等辐同相,经过等长度的矩形波导传输路径后,将合成加倍输出;反之,对于圆波导中 $m=1,3,5,\cdots$ 奇数模,在圆波导中,相对位置的场等辐反相,耦合出来后经相同长度路径传输后,合成时将为 0。也可以调节输出波导系统上的移相器,使上述输出结果相反,即 m 为偶数的对称模输出为零,而非对称的奇数模输出增强一倍。而圆形主波导中的 TM 模,由于没有 H_z 分量,所以与矩形波导不存在耦合。

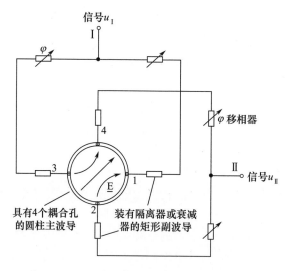

图 7-6 四孔交叉耦合模式识别的系统原理图

如果我们取圆波导的任意一个半径,作为圆波导坐标系 $\varphi=0$ 的参考线,假设这时对于一个对称模(如果输出情况相反,则就是非对称模),处在1、3耦合孔位置的场的相位为 φ,则它们耦合出来并由端口Ⅰ输出的合成信号 $u_Ⅰ$ 将正比于 $E\sin\varphi$,输出功率 $P_Ⅰ$ 正比于 $E^2\sin^2\varphi$,这里 E 为在端口Ⅰ的合成场的幅值,φ 为场的初始角。而在2、4耦合孔耦合出来的信号相对1、3耦合孔耦合出来的信号变化了90°的相位,因此由合成输出端口Ⅱ输出的信号 $u_Ⅱ$ 将正比于 $E\cos\varphi$,输出功率 $P_Ⅱ$ 正比于 $E^2\cos^2\varphi$,同样,E 是在端口Ⅱ的合成场的幅值。

对输出进行检波,当检波器在平方律范围时,有

$$\begin{cases} P_Ⅰ \propto E^2\sin^2\varphi \\ P_Ⅱ \propto E^2\cos^2\varphi \end{cases} \tag{7.2}$$

总输出功率 P 就是两者之和 $P \sim P_Ⅰ + P_Ⅱ$,它正比于 E^2。而它的相位角为

$$\varphi = \pm\arctan\sqrt{P_Ⅰ/P_Ⅱ} \tag{7.3}$$

当 $\varphi=0,\pi$ 时,$P_Ⅰ=0,P_Ⅱ=1$;而当 $\varphi=\pi/2,3\pi/2$ 时,$P_Ⅰ=1,P_Ⅱ=0$。

2. 交叉耦合法应用

交叉耦合法虽然可以区分主系统中的对称模和非对称模,但并不能对具体模式单独进行识别,但在微波源的输出主模已经明确的情况下,用这种方法可以检查是否有其他模式存在,以及所占的相对比例大小。由于回旋管的工作模式往往以 TE_{0n} 模为主,因此,这种方法在回旋管输出模式的鉴别上可以得到应用,以检测回旋管输出中是否含有 TE_{1n}、TE_{3n} 等模式。

7.3.2 过模波导选模耦合器的理论基础

选模耦合法的基础是定向耦合器的模式选择性耦合,我们知道,任何定向耦合器对不同模式的耦合度是不同的,如果我们能有意识地使过模波导定向耦合器对某一个模式的耦合增强,而对其他所有模式不发生耦合或耦合十分微弱,就做成了具有模式选择性的定向耦合器,称为选模耦合器。

选模耦合器的模式选择性设计是基于小孔衍射理论和相位叠加原理实现的,我们在4.4.2节中对此作过详细讨论,已经得到多孔耦合时耦合到副波导的波的相对总幅值表达式(4.80)和式(4.82)。但是,对于在高功率微波模式和功率测量中应用的选模耦合器,还必须进一步讨论如何实现模式的选择性,以及采用过模波导时的小孔耦合强度表达式。

1. 过模波导小孔的耦合强度

我们讨论主波导为过模波导、副波导为 TE_{10} 模矩形波导的耦合情形。

(1) 过模波导耦合时场的归一化。

根据定向耦合器最主要的参量耦合度的定义式(4.64)、式(4.65),它应该

由主、副波导中的功率大小来计算,如果主、副波导相同,模式也相同,耦合小孔位于相同的波导壁上的相同位置(如小孔都在主、副波导的宽边中心线上),则主、副波导中在小孔所在位置的模式场分量也就会相同,它们的功率比就可以直接用场幅值比代替,式(4.65)就可以简化为

$$C = 10\lg \frac{(A_1)^2}{(A_2^+)^2} = -20\lg|a^+| \tag{7.4}$$

式中:A_1 为定向耦合器输入信号的幅值;A_2^+ 为在副波导中被激励的正向信号的幅值,两者模式相同,波导也相同,a^+ 为正向传播信号的耦合强度,这一计算公式是我们最常用的定向耦合器的设计基础。

但如果主、副波导的传输模式不同,例如,过模波导中的高次模与基模波导的 TE_{10} 模耦合,则它们中的场表达式也就不同,这时它们的幅值系数就不具有可比性,因此式(7.4)不再适用于过模耦合系统。为此,必须直接从耦合度的定义式出发,即从功率比出发来求耦合度,这时,耦合强度的表达式(4.70)中场的归一化就应该对功率归一化来进行,这样才能使主、副波导中的模式波具有可比性。

令

$$\begin{cases} \boldsymbol{E} = C\boldsymbol{e} \\ \boldsymbol{H} = C\boldsymbol{h} \end{cases} \tag{7.5}$$

式中:C 为场的幅值系数;$\boldsymbol{e}$、$\boldsymbol{h}$ 为场表达式中除幅值系数外的其余部分,称为模式函数或本征函数。

对于相同模式的耦合,由于 C 为任意常数,因而 C 的具体大小可以不同,但主、副波导的模式场的幅值系数 C 是相同的,因而,用功率计算的耦合度可以直接用幅值计算来替代。但是,当两个不同模式之间发生耦合时,C 就不再能各自随意给定,否则耦合量的大小就无法确定。这时我们应该在等功率传输的条件下来求出两个模式的幅值系数之间的关系,这样才能用幅值替代功率来计算耦合度,为此,最直接的方法就是利用归一化条件

$$\int_s (\boldsymbol{E} \times \boldsymbol{H}^*) \cdot d\boldsymbol{S} = C^2 \int_s (\boldsymbol{e} \times \boldsymbol{h}^*) \cdot d\boldsymbol{S} = C^2 p_s = 1 \tag{7.6}$$

式中:$\boldsymbol{h}^*$ 为 $\boldsymbol{h}$ 的共轭值;p_s 称为归一化常数。

$$p_s = \int_s (\boldsymbol{e} \times \boldsymbol{h}^*) \cdot d\boldsymbol{S} \tag{7.7}$$

这样式(7.5)就可以重新写为

$$\begin{cases} \boldsymbol{E} = \dfrac{1}{\sqrt{p_s}}\boldsymbol{e} \\ \boldsymbol{H} = \dfrac{1}{\sqrt{p_s}}\boldsymbol{h} \end{cases} \tag{7.8}$$

对主、副波导中的场经过这样归一化处理后,$\boldsymbol{E}$、$\boldsymbol{H}$ 就成为在过模波导定向耦合器设计中计算耦合强度的归一化场分量。或者说,它们就将是在等功率条件(功率归一化条件)下得到的场分量,两者耦合才具有可比性。下面我们给出高功率微波系统中比较常用的几种耦合方式的耦合强度计算结果。

(2) 圆形过模波导与基模矩形波导宽边耦合。

如图 7-7 所示,这时耦合孔位于矩形波导宽边的中央,宽边的中心点与圆波导直径重合。

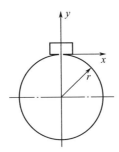

图 7-7 圆形过模波导与基模矩形波导宽边耦合示意图

① 圆波导 TM_{mn} 模与矩形波导 TE_{10} 模的耦合。

在这种情况下,在耦合孔所在位置,矩形波导中的 TE_{10} 模既有磁场切向分量 H_x,也有电场法向分量 E_y,但是在宽边中心线上,磁场的另一个切向分量 $H_z = 0$;而在圆波导中 TM_{mn} 模在小孔位置则存在磁场切向分量 H_φ 和电场法向分量 E_r,它们与矩形波导中的 H_x 和 E_y 分量的方向是分别一致的,因此,主、副波导可以通过 H_φ 和 H_x,E_r 和 E_y 发生耦合。

我们以主波导过模圆波导传输 TM_{01} 模为例,根据上述理论来推导单孔耦合强度 a 的表达式。

由式(7.6),求得矩形波导 TE_{10} 模的归一化常数为

$$\sqrt{p_{s10}} = \frac{a}{\pi} \frac{\sqrt{ab\omega\mu\beta_{10}}}{\sqrt{2}} \tag{7.9}$$

式中:a、b 分别为矩形波导的宽边和窄边尺寸;β_{10} 为其中 TE_{10} 模的相位常数。由此得到 TE_{10} 模能产生耦合的归一化场分量为

$$E_y^{\mp} = -j\frac{\sqrt{2\omega\mu}}{\sqrt{ab\beta_{10}}}\sin\left(\frac{\pi}{a}x\right)$$
$$H_x^{\mp} = \mp j\frac{\sqrt{2\beta_{10}}}{\sqrt{ab\omega\mu}}\sin\left(\frac{\pi}{a}x\right) \quad (7.10)$$

同样,可以推出圆波导中 TM_{01} 模的归一化常数:

$$\sqrt{pS_{01}} = -\frac{R^2\sqrt{\pi\omega\varepsilon\beta_{01}}}{2.405\sqrt{2}}J_1(2.405) \quad (7.11)$$

式中:β_{01} 为圆波导 TM_{01} 模的相位常数;R 为波导半径。由此可以求得 TM_{01} 模能产生耦合的归一化场分量

$$\begin{cases} E_r = -j\frac{\sqrt{\beta_{01}}}{R\sqrt{\pi\omega\varepsilon}}\frac{1}{J_1(2.045)}J_1\left(\frac{2.045}{R}r\right) \\ H_\varphi = -j\frac{\sqrt{\omega\varepsilon}}{R\sqrt{\pi\beta_{01}}}J_1\left(\frac{2.045}{R}r\right) \end{cases} \quad (7.12)$$

将场分量式(7.10)和式(7.12)代入耦合强度表达式(4.70),就得到过模圆波导 TM_{01} 模与矩形波导 TE_{10} 模耦合时的耦合强度为

$$a^{\pm} = \frac{\sqrt{2}}{3}\frac{r_0^3}{R\sqrt{\pi ab}}\frac{\omega}{c}\left[\sqrt{\frac{\beta_{01}}{\beta_{10}}}\mp 2\sqrt{\frac{\beta_{10}}{\beta_{01}}}\right] \quad (7.13)$$

式中:r_0 为耦合孔半径。在一般情况下,利用类似的推导方法,可以得到过模圆波导 TM_{mn} 模与矩形波导 TE_{10} 模耦合时的耦合强度

$$a^{\pm} = \frac{\sqrt{2}}{3}\sqrt{N_m}\frac{r_0^3}{R\sqrt{\pi ab}}\frac{\omega}{c}\left[\sqrt{\frac{\beta_{mn}}{\beta_{10}}}\mp 2\sqrt{\frac{\beta_{10}}{\beta_{mn}}}\right] \quad (7.14)$$

式中:c 为光速;β_{mn} 为圆波导中 TM_{mn} 模的相位常数;N_m 为诺埃曼系数,即

$$N_m = \begin{cases} 1 & m=0 \\ 2 & m\neq 0 \end{cases} \quad (7.15)$$

② 圆波导 TE_{mn} 模与矩形波导 TE_{10} 模的耦合。

在这种情况下,小孔所在位置的场与上面与 TM_{mn} 模耦合时相比,情况完全类似,即矩形波导中的 TE_{10} 模的场分量既有磁场切向分量 H_x,也有电场法向分量 E_y,在圆波导中的 TE_{mn} 模场分量不仅有切向磁场 H_φ 分量,还有法向电场 E_r 分量,因此,耦合可以发生在 E_y 与 E_r 以及 H_x 与 H_φ 之间,但不能发生在 H_z 之间,因为矩形波导中的 TE_{10} 模在宽边中心线上 $H_z=0$。经过与圆波导 TM_{mn} 模类似的推导,得到耦合强度为

$$a^{\pm} = \frac{\sqrt{2}}{3}\sqrt{N_m}\frac{r_0^3}{R\sqrt{\pi ab}}\sqrt{\frac{\beta_{10}}{\beta_{mn}}}\frac{m}{[(\mu'_{mn})^2-m^2]^{1/2}}\left[\left(\frac{\omega}{c}\right)^2\frac{1}{\beta_{10}}\mp 2\beta_{mn}\right] \quad (7.16)$$

式中:β_{mn}为圆波导中TE_{mn}模的相位常数;μ'_{mn}是m阶第一类贝塞尔函数的导数的第n个根;其余符号同式(7.14)。

(3) 圆形过模波导与基模矩形波导窄边耦合。

这种耦合的形式和坐标如图7-8所示,耦合孔位于矩形波导窄边中心,其轴线与圆波导直径重合。

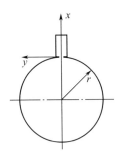

图7-8 圆形过模波导与基模矩形波导窄边耦合示意图

① 圆波导TM_{mn}模与矩形波导TE_{10}模的耦合。

对于矩形波导TE_{10}模,在小孔所在的$x=0,y=0$的位置,电场法向分量和磁场切向分量分别为

$$\begin{cases} E_n = E_x = 0 \\ H_u = H_y = 0 \\ H_v = H_z \neq 0 \end{cases} \quad (7.17)$$

即电场不存在法向分量,磁场只有一个切向分量H_z;而对于圆波导TM_{mn}模,在$x=0,y=0$的小孔位置:

$$\begin{cases} E_n = E_r \neq 0 \\ H_u = H_\varphi \neq 0 \\ H_v = H_z = 0 \end{cases} \quad (7.18)$$

即存在有电场法向分量,但磁场只存在H_φ切向分量。

上述各式中:下标n表示法向;u、v表示切向。

根据耦合规则,在副波导中小孔所在位置只有切向H_z分量,而在主波导中虽然有电场法向分量E_r和磁场切向H_φ分量,但却没有磁场H_z分量,这样一来主、副波导既没有共同的法向电场,也没有共同的切向磁场,因而主、副波导不可能发生耦合,即

$$a^\pm = 0 \quad (7.19)$$

这就是说,当圆波导与矩形波导窄边耦合时,圆波导中的TM_{mn}模不可能在矩形

波导中激励起 TE$_{10}$ 模。

② 圆波导 TE$_{mn}$ 模与矩形波导 TE$_{10}$ 模的耦合。

在这种情况下,在小孔所在位置,矩形波导中 TE$_{10}$ 模的场不变,还是只有磁场切向分量 H_z,而在圆波导中的 TE$_{mn}$ 模,这时,$H_z \neq 0$,所以只有它们之间可以发生耦合,而另一个磁场切向分量 H_φ 和电场法向分量 E_r 由于在矩形波导中的 H_y 和 E_x 都为 0,所以它们之间不可能发生耦合。

经过类似的推导,我们得到这时的单个小孔耦合强度为

$$a^{\pm} = \frac{2}{3} \left[\frac{2\pi}{\beta_{10}\beta_{mn}} \frac{r_0^6}{a^3 b R^4} \frac{(\mu'_{mn})^4}{(\mu'_{mn})^2 - m^2} N_m \right]^{1/2} \quad (7.20)$$

式中:a、b 为矩形波导的宽边和窄边尺寸;R 为圆波导的半径;r_0 为耦合小孔的半径;β_{10} 为矩形副波导中 TE$_{10}$ 模的相位常数;β_{mn} 为圆波导中 TE$_{mn}$ 模的相位常数;μ'_{mn} 为 m 阶第一类贝塞尔函数的导数为 0 的第 n 个根;其余符号同式(7.14)。

(4) 矩形过模波导宽边与基模矩形波导宽边耦合。

如图 7-9 所示,矩形过模波导宽边与基模矩形波导宽边耦合,耦合孔位于两个波导的公共壁的中心线上,取图中所示的坐标系。

① 矩形过模波导 TM$_{mn}$ 模与矩形基模波导 TE$_{10}$ 模的耦合。

在这种情况下,在小孔所在位置,副波导基模矩形波导中存在电场法向分量 $E_{y'}$ 和磁场切向分量 $H_{x'}$,另一个磁场切向分量 $H_{z'}=0$,而主波导过模矩形波导中的 TM$_{mn}$ 模存在电场法向分量 E_y,磁场切向分量 H_x,TM$_{mn}$ 模不存在磁场的另一个切向分量 H_z,因此,耦合将发生在 $E_{y'}$ 与 E_y 以及 $H_{x'}$ 与 H_x 之间。单孔耦合强度的表达式为

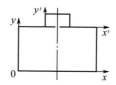

图 7-9 矩形过模波导宽边与基模矩形波导宽边耦合示意图

$$a^{\pm} = \frac{2\sqrt{2}}{3} \frac{r_0^3}{b\sqrt{aba'b'}} \frac{n\pi}{k_c} \sqrt{\frac{\beta_{10}}{\beta_{mn}}} R_{mn} \left[\frac{\beta_{mn}}{\beta_{10}} \mp 2 \right] \quad (7.21)$$

式中:a、b 及 a'、b' 分别为过模矩形波导和基模矩形波导的宽边、窄边尺寸;β_{10} 和 β_{mn} 分别为基模波导中 TE$_{10}$ 模和过模波导中 TM$_{mn}$ 模的相位常数;k_c 为过模波导中 TM$_{mn}$ 模的截止波数;R_m 为

$$R_m = \begin{cases} 0 & (m=0,2,4,\cdots) \\ 1 & (m=1,3,5,\cdots) \end{cases} \quad (7.22)$$

由式(7.22)可见,当 m 为偶数时,由于在波导宽边中心,过模波导中 $E_y = H_x = 0$,所以 $a^\pm = 0$,耦合不存在,只有 m 为奇数时矩形过模波导 TM_{mn} 模与矩形基模波导 TE_{10} 模才可能发生耦合。为了使在 m 为偶数时也能实现 TM_{mn} 模与 TE_{10} 模的耦合,只要使耦合孔的位置偏离过模波导宽边的中心,即离开 $E_y = H_x = 0$ 的位置就可以了。

② 矩形过模波导 TE_{mn} 模与矩形基模波导 TE_{10} 模的耦合。

在这种情况下,与上面分析的 TM_{mn} 模与 TE_{10} 模的耦合类似,只有在 $E_{y'}$ 与 E_y 以及 $H_{x'}$ 与 H_x 之间才能发生耦合,耦合强度的表达式为

$$a^\pm = \frac{\sqrt{2}}{3} \frac{r_0^3}{a \sqrt{aba'b'}} \frac{1}{\sqrt{\beta_{10}\beta_{mn}}} \frac{m\pi}{k_c} R_m \left[\left(\frac{\omega}{c}\right)^2 \mp 2\beta_{10}\beta_{mn} \right] \quad (7.23)$$

式中:符号意义同式(7.21)。可见,与上述 TM_{mn} 模的耦合完全类似,只有 m 为奇数时 TE_{mn} 模与 TE_{10} 模才存在耦合,m 为偶数时 $E_y = H_x = 0$,尽管这时在过模波导中 $H_z \neq 0$,但在基模矩形波导中 $H_{z'} = 0$,所以耦合不可能存在,只有使耦合孔偏离过模波导宽边中心,TE_{mn} 模与 TE_{10} 模才可能产生耦合。

(5) 矩形过模波导窄边与基模矩形波导窄边耦合。

矩形过模波导窄边与矩形基模波导窄边耦合的结构如图 7-10 所示,耦合孔位于波导窄边中心。

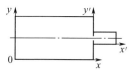

图 7-10 矩形过模波导窄边与基模矩形波导窄边耦合示意图

① 矩形过模波导 TM_{mn} 模与矩形基模波导 TE_{10} 模的耦合。

这时,在耦合孔所在位置($y' = b'/2; y = b/2$),TE_{10} 模既没有电场法向分量 E_x,也没有磁场的切向分量 H_y,只有磁场的纵向切向分量 H_z,但在过模波导中,TM_{mn} 模没有磁场纵向分量 $H_z = 0$。因此,两个波导间在小孔位置上没有共同方向的场分量,不可能发生耦合,所以

$$a^\pm = 0 \quad (7.24)$$

② 矩形过模波导 TE_{mn} 模与矩形基模波导 TE_{10} 模的耦合。

在这种情况下,TE_{10} 模还是没有电场法向分量 E_x,但是这时 TE_{mn} 模已经有磁场的切向分量 H_z,因此,这时两个矩形波导可以通过 H_z 发生耦合,推得耦合强度为

$$a^\pm = \pm \frac{2}{3}\sqrt{2} \frac{\pi r_0^3}{a' \sqrt{aba'b'}} \frac{k_c}{\sqrt{\beta_{10}\beta_{mn}}} R_n \quad (7.25)$$

其中
$$R_n = \begin{cases} 0 & (n=1,3,5,\cdots) \\ 1 & (n=0,2,4,\cdots) \end{cases} \quad (7.26)$$

可见,只有当 n 为偶数时,在耦合孔所在的 $b/2$ 位置上,TE_{mn} 模的 H_z 分量才存在,耦合才能发生,n 为奇数时,$H_z=0$,这时只有让小孔位置偏离 $b/2$ 位置,使 $H_z \neq 0$,才能发生耦合。

过模矩形波导与基模矩形波导之间的耦合还可以存在过模矩形波导宽边与基模矩形波导窄边耦合,或者过模矩形波导窄边与基模矩形波导宽边耦合的情况,这些情形下的耦合强度读者可以自行进行类似的推导,我们在这里就不再一一列出。

2. 相位叠加条件的具体应用

我们在 4.4.2 节讨论小孔耦合理论时已经对小孔耦合波之间的相位叠加原理作过介绍,并分别得到了耦合孔总数在 $N=2n$ 时与 $N=2n+1$ 时,叠加后的总耦合强度表达式(4.80)和式(4.82),现在将进一步讨论它们在特殊情况下的应用。

(1) 等间距不等强度耦合。

在多孔耦合时,若耦合孔之间的间距 S_k 都相等且等于 S,称为等间距耦合,这时有

$$S_1 = S_2 = \cdots = S_k = \cdots = S_n = S \quad (7.27)$$

这样一来,式(4.81)和式(4.83)就可以重写为

$$d_k = \begin{cases} (2k-1)S & (N=2n) \\ 2kS & (N=2n+1) \end{cases} \quad (k=1,2,\cdots) \quad (7.28)$$

及

$$\theta_k = \begin{cases} (2k-1)\varphi^{\pm} & (N=2n) \\ 2k\varphi^{\pm} & (N=2n+1) \end{cases} \quad (k=1,2,\cdots) \quad (7.29)$$

其中

$$\varphi^{\pm} = (\beta_1 \mp \beta_2)\frac{S}{2} \quad (7.30)$$

而这时只要有

$$\varphi^{\pm} = i^{\pm}\pi \quad (i^{\pm}=1,2,\cdots) \quad (7.31)$$

就可以满足同相叠加的要求,当 i 取偶数时,它相当于式(4.84),当 i 取奇数时,它就相当于条件式(4.85)。而这时,反相抵消的条件式(4.86)成为

$$\varphi^{\pm} = \left(i^{\pm} - \frac{1}{2}\right)\pi \quad (i^{\pm}=1,2,\cdots) \quad (7.32)$$

在孔间距 S 都相同,但各对耦合孔大小仍是并不相同(耦合强度不相同)的情况下,即等间距不等强度的耦合情况,由式(4.80)或式(4.82)确定的耦合强度,就可以表示为

$$A^{\pm} = \begin{cases} 2\left|\sum_{k=1}^{n} a_k^{\pm}\cos(2k-1)\varphi^{\pm}\right| & (N=2n) \\ \left|a_0^{\pm} + 2\sum_{k=1}^{n} a_k^{\pm}\cos 2k\varphi^{\pm}\right| & (N=2n+1) \end{cases} \tag{7.33}$$

(2) 等强度不等间距耦合。

当所有耦合孔的大小形状都相同时,则假设耦合十分弱,以致可以认为主波导入射波幅值在整个耦合过程中不变的情况下,它们的单孔耦合强度也都相同,这种情况就是所谓等强度多孔耦合。这时

$$a_0^{\pm} = a_1^{\pm} = a_2^{\pm} = \cdots = a_k^{\pm} = \cdots = a_n^{\pm} = a^{\pm} \tag{7.34}$$

所以式(4.80)或式(4.82)成为

$$A^{\pm} = \begin{cases} \left|2a^{\pm}\sum_{k=1}^{n}\cos\theta_k^{\pm}\right| & (N=2n) \\ a^{\pm}\left(1 + 2\left|\sum_{k=1}^{n}\cos\theta_k^{\pm}\right|\right) & (N=2n+1) \end{cases} \tag{7.35}$$

由于这时孔间距并不相等,即等强度不等间距的耦合的情况,所以 θ_k 的大小应由式(4.81)或式(4.83)给出,这种情况下的相位叠加条件仍与式(4.84)、式(4.85)及式(4.86)相同。

(3) 等间距等强度耦合。

在定向耦合器的实际设计中,我们更多遇到的是不仅耦合孔间距相等,同时孔的大小形状也相同的情形,即等间距等强度耦合的情形,这时式(4.80)或式(4.82)就简化为以下形式为

$$A^{\pm} = \begin{cases} \left|2a^{\pm}\sum_{k=1}^{n}\cos(2k-1)\varphi^{\pm}\right| & (N=2n) \\ a^{\pm}\left(1+2\left|\sum_{k=1}^{n}\cos 2k\varphi^{\pm}\right|\right) & (N=2n+1) \end{cases} \tag{7.36}$$

$$= \left|a^{\pm}\frac{\sin N\varphi^{\pm}}{\sin\varphi^{\pm}}\right|$$

显然,等间距耦合时的相位叠加条件式(7.31)、式(7.32)同样适用于等间距等强度耦合的情形。

7.3.3 选模耦合器的设计

1. 选模耦合器一般介绍

模式选择性可以利用相位叠加原理来实现,即选择定向耦合器耦合孔的孔间距,使得所有孔对某一指定需要耦合到副波导中去的模式(称为耦合模)耦合出来的微波信号在正向输出时都得到同相叠加,该模式的耦合将得到加强,在定向耦合器的正向将有最大输出;同时,孔间距又要保证对其他一个或多个不需要耦合到副波导中去的模式(称为非耦合模或者需要抑制的模式)各孔耦合出来的信号在正向输出时反相抵消,则这些模式在定向耦合器的正向就不会有输出。由于这样一个选模耦合器只能耦合出一个模式的微波能量,当在主波导中存在多个模式时,为了确定这些模式的存在与否及相对大小,就需要对每一个模式设置一个选模耦合器,这样,当微波系统工作时,根据每一个耦合器有无耦合输出或输出大小,就可以确定系统中有无相应的模式存在及其相对大小。实际的做法是只要在同一段主波导上,针对每一个模式设置一个副波导耦合臂,多个模式同时设置多个耦合臂,从而可以大大节约加工成本和选模耦合器的体积、重量,图 7-11 就显示了一个识别 TE_{01}、TE_{02} 和 TE_{11} 三个模式的选模耦合器的示意图。

由以上分析不难看出,为了识别模式,只需关心耦合器的正向输出就够了,与反向输出没有多大关系,因此,在设计选模耦合器时,可以忽略它的定向性,亦即可以不考虑它的方向性,这会给选模耦合器的设计带来很大的简化,即使需要确定各模式的相对功率大小,也只需要对每个选模耦合臂标定它的耦合模的耦合度就够了。因此,在称呼选模耦合器时,我们有意省略了"定向"两个字,因为它实际上也不再是一个选模定向耦合器而只是一个选模耦合器。

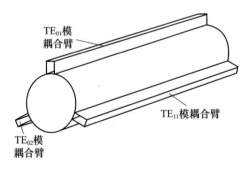

图 7-11 具有三个耦合臂的选模耦合器

以下的讨论我们将只考虑选模耦合器的正向波,但其设计原理和方法也适用于考虑反向波的情况。在下面的讨论中,假设选模耦合器的主波导为过模圆波导,副波导是基模 TE_{10} 模矩形波导,但是这些讨论中的具体方法也适用于其他波导类型。

十分明显,选模耦合器模式识别方法十分简单,使用也十分方便,而且识别过程不影响系统正常工作,不仅具有在线性,而且由于测量过程中没有任何需要调节或移动的元部件,每个耦合臂的输出用晶体检波器和示波器指示,识别过程可以瞬时完成,因此亦具有实时性、动态性,在识别模式的同时还可以进行功率测量。其主要不足是一次性投入较大,要对每一个可能存在的模式加工制作一个耦合臂;另外,由于高次模式单模发生器制作困难,使得对耦合度和抑制度的标定也比较费时,本书作者已提出了不需要专门的单模发生器,利用背靠背测量方法对多耦合臂的选模耦合器的耦合度进行标定的方法,这些内容将在7.4节介绍;选模耦合器的带宽较窄,一般只有百分之几,作者也已经提出了利用耦合孔切比雪夫分布或二项式分布及其他一些辅助措施,可以将带宽提高到10% ~ 20% 的方法,有兴趣的读者可参看相关文献[99 - 102]。

2. 孔间距的确定

由上面讨论的相位叠加原理可以看到,波的同相叠加和反相抵消取决于选模耦合器中电磁波在耦合孔之间的相位移,换句话说,对于给定的耦合器和给定模式来说,取决于耦合孔的间距。我们规定,对于选模耦合器中的耦合模,其所有参数都用下标"w"表示,而非耦合模,或者说需要抑制的模式则用下标"u"表示。

利用在4.4.2小节关于多孔耦合的讨论中,已经得到的同相叠加的条件式(4.84)和式(4.85),并考虑 θ_k 的等式(4.81)或式(4.83)以及 $\beta = 2\pi/\lambda_g$, λ_g 为波导波长,我们就可以得

$$d_{k,w} = 2i_{k,w} \left| \frac{\lambda_w \lambda_{10}}{\lambda_w - \lambda_{10}} \right| \quad (i_{k,w} = 1, 2, \cdots) \tag{7.37}$$

或者

$$d_{k,w} = (2i_{k,w} - 1) \left| \frac{\lambda_w \lambda_{10}}{\lambda_w - \lambda_{10}} \right| \quad (i_{k,w} = 1, 2, \cdots) \tag{7.38}$$

式中:λ_w 为耦合模在圆形主波导中的波导波长;λ_{10} 为 TE_{10} 模在矩形副波导中的波导波长。

类似地,反相抵消条件式(4.86)也就可以写为

$$d_{k,u} = \left(i_{k,u} - \frac{1}{2}\right) \left| \frac{\lambda_u \lambda_{10}}{\lambda_u - \lambda_{10}} \right| \quad (i_{k,u} = 1, 2, \cdots) \tag{7.39}$$

式中:λ_u 为非耦合模(需要抑制的模式)在主波导中的波导波长。

在等间距耦合情况下,同相叠加条件式(7.31)和反相抵消条件式(7.32)就

可以简化为

$$S_w = i_w \left| \frac{\lambda_w \lambda_{10}}{\lambda_w - \lambda_{10}} \right| \quad (i_w = 1, 2, \cdots) \tag{7.40}$$

$$S_u = \left(i_u - \frac{1}{2}\right) \left| \frac{\lambda_u \lambda_{10}}{\lambda_u - \lambda_{10}} \right| \quad (i_u = 1, 2, \cdots) \tag{7.41}$$

3. 多组耦合孔的设置

(1) 孔间距对同时达到同相叠加和反相抵消的限制。

一般来说，对于等间距耦合的情况，在孔间距 S 已经确定（孔间距已经确定，表示该 S 既是 S_w，也是 S_u，也就是说只能是一个统一的 S）的条件下，如果既要使耦合模 w 得到同相叠加，又要使某一个非耦合模 u_1 得到抑制（反相抵消），S 就应该同时满足式(7.40)和式(7.41)，即

$$S = \begin{cases} i_w \left| \dfrac{\lambda_w \lambda_{10}}{\lambda_w - \lambda_{10}} \right| & (i_w = 1, 2, \cdots) \\ \left(i_{u1} - \dfrac{1}{2}\right) \left| \dfrac{\lambda_{u1} \lambda_{10}}{\lambda_{u1} - \lambda_{10}} \right| & (i_{u1} = 1, 2, \cdots) \end{cases} \tag{7.42}$$

在选模耦合器耦合臂的主、副波导中的模式和尺寸已经确定，亦即 λ_w、λ_{u1} 以及 λ_{10} 已经确定后，要使 S 同时满足两个等式会有一定难度，这时唯一可调的只有 i_w 和 i_{u1}，它们是两个各自独立的变量，可以分别人为调整。从原则上来说，这样的 S 还是基本上能找到的，只是可能会导致 S 相当大（选取的 i_w 和 i_{u1} 较大）。为了克服这一障碍，可以反复调节主、副波导的尺寸，即改变 λ_w、λ_{u1} 以及 λ_{10} 的大小，同时结合 i_w 和 i_{u1} 的选取，以使 S 不致过大，同时使 S 不必严格满足式(7.42)的要求，而只是尽可能在合理公差范围内得到满足。

很显然，如果要使选模耦合器的耦合臂不仅要使耦合模 w 得到同相叠加，同时还要能使两个不同的非耦合模 u_1 和 u_2 得到抑制，这时同一个 S 就必须同时满足三个方程，而且 S 又不能太大以避免选模耦合器的整体尺寸很大，这样的 S 将会是很难找到的，只有在非常巧合的机遇下才有可能。一般情况下，一个确定的 S 值只能在耦合一个耦合模外，同时抑制一个非耦合模。

在式(7.42)中，非耦合模 u_1 应该选取我们在该选模耦合器中最先想被抑制的模式，往往在主波导中波导波长最接近耦合模的波导波长的非耦合模是最容易被激励起来的，因此一般选取它作为首先应抑制的模式 u_1，当然这并不是绝对的，应根据实际情况来决定 u_1 模式的选择。

至于孔数 N，我们可以先暂时选择一个 N 值，然后在选模耦合器所有尺寸都基本确定后，与耦合孔半径大小的计算结合起来再进行必要的调整。

(2) 多组耦合孔的设置。

当有更多非耦合模要进行抑制时,如非耦合模除 u_1 外,还有 $u_2,u_3,\cdots$ 等也要抑制,这就意味着孔间距 S 需要同时满足 3 个、4 个甚至更多个方程(包括耦合模满足的一个方程),显然,要找到这样一个统一的 S 可以说是完全不可能的。在这种情况下,可以采用设置多组耦合孔的办法来解决这个困难,每增加一组耦合孔,就可以增加对一个或二个非耦合模的抑制。

根据方程式(7.42)计算得到的 S 及选择的孔数 N 组成第一组耦合孔,这时,得到的 S 可以在保证耦合模 w 同相叠加的同时抑制一个非耦合模 u_1,如果我们还需要抑制另外的非耦合模 u_2 和 u_3 时,可以采用设置第二组耦合孔的办法。第二组耦合孔的排列及孔间距和孔半径与第一组耦合孔的排列及孔间距和孔半径一一对应相同,即第二组耦合孔完全重复第一组耦合孔,但第二组耦合孔相对第一组耦合孔整体位移 S_{p1} 距离,而且 S_{p1} 必须满足对一个非耦合模式 u_2 或者两个非耦合模 u_2 和 u_3 的抑制条件式(7.41),即

$$S_{p1} = \left(i_{u2} - \frac{1}{2}\right)\left|\frac{\lambda_{u2}\lambda_{10}}{\lambda_{u2} - \lambda_{10}}\right| \quad (i_{u2} = 1,2,\cdots) \tag{7.43}$$

或者

$$S_{p1} = \begin{cases} \left(i_{u2} - \frac{1}{2}\right)\left|\dfrac{\lambda_{u2}\lambda_{10}}{\lambda_{u2} - \lambda_{10}}\right| & (i_{u2} = 1,2,\cdots) \\ \left(i_{u3} - \frac{1}{2}\right)\left|\dfrac{\lambda_{u3}\lambda_{10}}{\lambda_{u3} - \lambda_{10}}\right| & (i_{u3} = 1,2,\cdots) \end{cases} \tag{7.44}$$

选用条件式(7.43)还是式(7.44)来计算 S_{p1},这取决于需要抑制的非耦合模的多少,在同时抑制两个非耦合模时,还取决于能容忍的 S_{p1} 的大小,即能允许的选模耦合器的长度。

当需要设置第三组耦合孔来抑制更多的非耦合模时,第三组耦合孔的孔排列、孔间距和孔半径应该与原有所有耦合孔(即第一组和第二组一起的总耦合孔)的孔排列、孔间距和孔半径一一对应相同,同时整体位移 S_{p2} 距离,S_{p2} 也应该对新的非耦合模满足条件式(7.43)或式(7.44)。依此类推,还可以设置第四组以及更多组的耦合孔,不过在实际设计中,很少会出现发生超过 3 组耦合孔的情况,这是因为 3 组耦合孔已经至少可以抑制 3 个非耦合模,甚至可以抑制多至 5 个非耦合模,一般情况下,这已经足够,特征值 m、n 远离耦合模的特征值的更高次或者更低次模式,幅值往往已非常小,可以忽略。

图 7-12 给出了一个具有 3 组耦合孔,第一组有 4 个耦合孔,第二组重复第一组,也有 4 个耦合孔,第三组应重复第一、第二两组之和,有 8 个耦合孔的耦合臂上的耦合孔分布示意图。

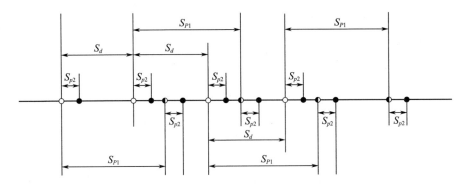

图 7-12 具有 3 组耦合孔的耦合臂的孔分布
(空心圆为第一组孔,半空心圆为第二组孔,实心圆为第三组孔)
(S_d 为第一组耦合孔距,S_{p1} 为第二组耦合孔对第一组耦合孔的位移,
S_{p2} 为第三组耦合孔对第一组、第二组耦合孔的位移)

在多组耦合孔的情况下,总的孔数 N_T 将随着组数的增加而指数增长

$$N_T = 2^{(m-1)} \times N_1 \tag{7.45}$$

式中:m 为耦合孔组数;N_1 为第一组的耦合孔孔数。这时,选模定向耦合器耦合区域的长度 L 为

$$L = (N_1 - 1)S + \sum_{l=1}^{m-1} S_{p,l} \tag{7.46}$$

每一组的 $S_{p,l}$ 由式(7.43)或式(7.44)确定。

将每一组的耦合孔看作是一个耦合整体,根据前面的分析,加上第二组耦合孔后,把第二组耦合孔也看作是一个耦合整体,则根据 4.4.2 节中分析的双孔耦合理论,完全类似地可以应用到两组耦合孔的情况,其总耦合强度只需要在单独一组耦合孔的耦合强度基础上,乘上由两组耦合孔之间的间距 S_p 所决定的余弦函数,正如式(4.78)所给出的表达形式。同理,在多组耦合孔时,式(7.33)就应该改写为

$$A^{\pm} = \begin{cases} 2\left|\sum_{k=1}^{n} a_k^{\pm}\cos(2k-1)\varphi^{\pm}\right|\left|2\prod_{l=1}^{m-1}\cos\theta_l^{\pm}\right| & (N=2n) \\ \left|a_0^{\pm} + 2\sum_{k=1}^{n} a_k^{\pm}\cos 2k\varphi^{\pm}\right|\left|2\prod_{l=1}^{m-1}\cos\theta_l^{\pm}\right| & (N=2n+1) \end{cases} \tag{7.47}$$

$$\theta_l^{\pm} = (\beta_{10} \mp \beta_2)S_{p,l}/2 \quad (p=1,2,\cdots,m) \tag{7.48}$$

式中:$\varphi^{\pm}$ 应按式(7.30)计算,由于 β_2 为波在副波导中的相位常数,同一个耦合臂(即副波导)耦合的模式不同时,β_2 就不同;不同的耦合臂尺寸不同,β_2 也不同。

因此，β_2 应分为下述两种情况，即

对耦合模 $\qquad\qquad \beta_2 = \beta_{w,q}, \qquad \theta_q^\pm = \theta_{w,q}^\pm \qquad (7.49)$

下标 $q = 1, 2, \cdots, n$ 为耦合臂编号；

对非耦合模 $\qquad\qquad \beta_2 = \beta_{u,q}, \qquad \theta_q^\pm = \theta_{u,q}^\pm \qquad (7.50)$

同样，下标 $q = 1, 2, \cdots, n$ 是耦合臂编号，这时，如果 l 组耦合孔需要同时抑制两个非耦合模，两个模式在 $S_{p,l}$ 位移上引起的相位变化 $\theta_{u,q}$ 都应接近满足反相抵消的条件，所以应该对两个非耦合模分别计算 A^- 的大小。

(3) 选模耦合器设计注意事项。

① 耦合孔的组数 m 取决于需要抑制的非耦合模多少，但不宜过多，因为若组数 m 过大，不仅将导致耦合孔数的指数增加、选模耦合器的长度迅速增长、体积重量相应增大；而且也很可能会引起耦合孔的重叠，因此，一般耦合孔的组数不会超过 3 组。

② $S_{p,l}$ 的确定应使其尽可能满足同时抑制两个非耦合模的要求，即满足式 (7.44)，为此，我们可以仔细调节主波导圆波导和副波导矩形波导的尺寸，即改变 λ_{10} 和 $\lambda_{u,l}$ 的大小，从而改变 $S_{p,l}$，以尽可能满足方程 (7.44)，从而可以减少耦合孔组数，但要注意，主波导和副波导的尺寸改变后，相应地 S 本身也要重新计算，同时对耦合模同相叠加的条件不能被破坏。

③ 非耦合模的选取应考虑其在主波导中所占相对成分大小及其对耦合模的耦合度的影响程度，一般来说，波导波长越接近在系统中的最低次模的波导波长，或者越接近耦合模的波导波长的模式就越容易被激励起来，对耦合模的耦合度产生的影响也越大，因此，在设计多组耦合孔时，这类模式应该优先考虑被抑制。

④ 特别要指出的是，$S_{p,l}$ 的大小应该避免接近 $(i_w - 1/2)S_w (i_w = 1, 2, \cdots)$，这是因为，需要耦合的模式的正向波在 $S_{p,l} = (i_w - 1/2)S_w$ 时将被互相抵消，从而导致耦合模的耦合得到降低，如果 $S_{p,l}$ 越接近 S_w 的整数倍，则这种情况就越不可能发生，相反，还可以使耦合模的正向耦合得到加强。

⑤ 不论 S 的计算，还是 $S_{p,l}$ 的计算，当要求同时满足两个方程时，即要求满足式 (7.42) 或式 (7.44) 时，都不必做到严格的准确，因为这样将使 S、$S_{p,l}$ 的计算变得相当困难。一般来说，只要两个方程在可接受的公差范围内得到满足就可以了，比如说，在十分之一毫米至百分之一毫米的精度内方程得到满足就已经足够，更高的精度对选模耦合器性能的影响已经比较小，也会给加工带来困难或增加加工成本。当然，随着微波频率的提高，选模耦合器的总体尺寸都减小，对所有尺寸的精度要求也应随着提高。

4. 波导尺寸的确定

(1) 主波导尺寸的确定。

选模耦合器主波导的尺寸,主要根据功率容量和耦合模的传输条件来确定。在过模波导中的传输条件可以写成:

对于过模圆波导 $\quad\quad\quad\quad \lambda_1 \leqslant 2\pi R/\mu_{mn}$ (7.51)

对于过模矩形波导 $\quad\quad \lambda_1 \leqslant 2/\sqrt{\left(\dfrac{m}{A}\right)^2 + \left(\dfrac{n}{B}\right)^2}$ (7.52)

式中:λ_1 为耦合模在选模耦合器工作频率范围中最低频率对应的波长,或者说是最大的工作波长;μ_{mn} 对于 TM 模,是第一类 m 阶贝塞尔函数为 0 的第 n 个根,对于 TE 模,则是第一类 m 阶贝塞尔函数的导数为 0 的第 n 个根;R 为主波导圆波导的半径;m、n 为在主波导中允许传输的最高次模式(一般即为耦合模)的特征值;A、B 为矩形波导作为主波导时的宽边和窄边尺寸。

增加主波导的尺寸 R 或 A、B 将导致高次模式的增加,但是,适当增大波导尺寸 R 或 A、B,对扩展选模耦合器工作频率范围会有一定益处,R 或 A、B 更主要的是应该根据我们在选模耦合器设计注意事项中给出的②及③来选择大小。

(2) 副波导尺寸的确定。

当主波导是过模圆波导,副波导是基模矩形波导时,在 R 确定后,副波导矩形波导的宽边尺寸 a 在等间距耦合情况下就可以根据方程式(7.40)和式(7.41)来确定,以使耦合模的正向波最大程度地同相叠加和非耦合模的正向波尽可能地反相抵消,由式(7.40)和式(7.41),可以得

$$\lambda_{10,0} = \begin{cases} \dfrac{[i_w - (i_u - 1/2)]\lambda_w \lambda_u}{i_w \lambda_w - (i_u - 1/2)\lambda_u} & ((\lambda_w - \lambda_{10})(\lambda_u - \lambda_{10}) > 0) \\ \dfrac{[i_w + (i_u - 1/2)]\lambda_w \lambda_u}{i_w \lambda_w + (i_u - 1/2)\lambda_u} & ((\lambda_w - \lambda_{10})(\lambda_u - \lambda_{10}) < 0) \end{cases} \quad (7.53)$$

式中:下标"0"代表在选模耦合器工作频带的中心频率上的参量。这样,由求出的 $\lambda_{10,0}$ 就可以根据式

$$\lambda_{10,0} = \dfrac{\lambda_0}{\sqrt{1 - (\lambda_0/2a)^2}} \quad (7.54)$$

求出副波导矩形波导的 a 的大小,其中 λ_0 为中心频率对应的波长,a 同时还必须满足 TE_{10} 模的单模传输条件,在 $a = 2b$ 时,该条件即为

$$\lambda_2 > a > \lambda_1/2 \quad (7.55)$$

式中:λ_2 为选模耦合器工作频带中的最小波长;λ_1 为选模耦合器工作频率范围中最大的工作波长。

至于矩形波导窄边尺寸 b 的大小,可以根据选模耦合器结构设计时的实际

情况来选取。

5. 耦合孔半径的计算和孔数的选取

在等强度耦合情况下,根据式(7.36),等间距耦合下的式(7.47)就可以进一步简化为

$$A^{\pm} = \left| a^{\pm} \frac{\sin N\varphi^{\pm}}{\sin\varphi^{\pm}} \right| \left| 2\prod_{l=1}^{m-1} \cos\theta_l^{\pm} \right| \tag{7.56}$$

为了计算 $A^{\pm}$ 的大小,先要知道 $a^{\pm}$ 的值,为此,应该设定一个在选模耦合器工作频带中心频率上,对耦合模所要求的耦合度,假设是 C_0(以 dB 为单位),即

$$C_0 = -20\lg|A_w^+|, \qquad A_w^+ = 10^{-C_0/20} \tag{7.57}$$

由此可得

$$a_{w,0}^+ = 10^{C_0/20} \Big/ \left| \frac{\sin N\varphi_{w,0}^+}{\sin\varphi_{w,0}^+} \right| \left| 2\prod_{l=1}^{m-1} \cos\theta_{l,0}^+ \right| \tag{7.58}$$

式中:下标 0 表示对应中心频率的参量值。

求得 $a_{w,0}^+$ 后,利用由小孔衍射理论得到的式(4.70)或者式(4.75),在功率归一化条件下就可以求出在等间距等强度耦合情况下耦合模的耦合孔的半径 r_0 了,将所得 r_0 再代入式(4.70)或者式(4.75),从而求出其他频率的耦合强度,再由式(7.56)求得各频率下的总耦合强度及耦合度。

在计算总耦合强度 $A^{\pm}$ 时,还必须给出耦合孔数 N,N 的确定主要根据对耦合模需要的耦合度 C_0 大小来选择,即利用式(7.58)得到的 $a_{w,0}^+$ 求耦合孔的半径 r_0 时,可以与 N 的大小互相调配,N 的增加可以使 r_0 减小,反之则 r_0 增大。一般来说,r_0 既要满足小孔条件,即 $r_0 \ll \lambda$,又不能使 r_0 太小,给加工带来困难,这时 N 大小的调整就可以使 r_0 得到合适的尺寸。

采取完全类似的计算过程,也可以求出反向波的耦合度,进而求得选模耦合器的方向性,由于我们在前面已经说明,方向性可以不必考虑,因此在这里就不做进一步的讨论。

7.3.4 选模耦合器设计实例

1. 选模耦合器参量的计算

在上述讨论的基础上,可以利用式(7.56)对等间距等强度耦合的选模耦合器的参量进行计算。

耦合模的耦合度为

$$C = -20\lg A_w^+ = -20\lg a_w^+ \left| \frac{\sin N\varphi_w^+}{\sin\varphi_w^+} \right| - 20\lg \left| 2\prod_{l=1}^{m-1} \cos\theta_{w,l}^+ \right| \tag{7.59}$$

对非耦合模的抑制度定义为

$$p = 20\lg\frac{A_w^+}{A_u^+}$$

$$= 20\lg\frac{a_w^+\left|\dfrac{\sin N\varphi_w^+}{\sin\varphi_w^+}\right|}{a_u^+\left|\dfrac{\sin N\varphi_u^+}{\sin\varphi_u^+}\right|} + 20\lg\frac{\left|2\prod\limits_{l=1}^{m-1}\cos\theta_{w,l}^+\right|}{\left|2\prod\limits_{l=1}^{m-1}\cos\theta_{u,l}^+\right|} \qquad (7.60)$$

由此，也可以得到非耦合模的耦合度为

$$C_u = -20\lg A_u^+ = +20\lg\left(\frac{1}{A_w^+}\frac{A_w^+}{A_u^+}\right) = p + C \qquad (7.61)$$

必要时，还可以求出选模耦合器耦合模的方向性，即

$$d = 20\lg\frac{A_w^+}{A_w^-}$$

$$= 20\lg\frac{a_w^+\left|\dfrac{\sin N\varphi_w^+}{\sin\varphi_w^+}\right|}{a_w^-\left|\dfrac{\sin N\varphi_w^-}{\sin\varphi_w^-}\right|} + 20\lg\frac{\left|2\prod\limits_{l=1}^{m-1}\cos\theta_{w,l}^+\right|}{\left|2\prod\limits_{l=1}^{m-1}\cos\theta_{w,l}^-\right|} \qquad (7.62)$$

用下标 u 替代式(7.62)中的下标 w，也就可以求得非耦合模的方向性 d_u。

2. 选模耦合器设计实例

我们设计了两个过模圆波导的模式选择性耦合器，中心工作频率分别为 35GHz 和 70GHz，假定 35GHz 的耦合器的主波导中传输的主要模式是 TE_{01}、TE_{02} 和 TE_{11} 模，因此该选模耦合器将设置 TE_{01}、TE_{02} 和 TE_{11} 模 3 个模的耦合臂，而 70GHz 的耦合器的主波导中传输的主要模式是 TE_{01}、TE_{02} 和 TE_{03} 模，为此设置 TE_{01}、TE_{02} 和 TE_{03} 模 3 个模的耦合臂。除了频率外，还给定中心频率上每个耦合臂对耦合模的耦合度要求是 30dB，主波导过模圆波导的半径 R 分别为 10mm 和 13.9mm，副波导矩形波导的窄边尺寸 b 经过在设计过程中的多次调整，最终确定分别为 3.56mm 和 1.88mm，而其宽边尺寸应在设计过程中确定，选定每个耦合臂设置两组耦合孔。经过反复调整，我们设计出了这两个选模耦合器的结构尺寸，即矩形波导宽边 a、耦合孔孔间距 S_w、两组耦合孔之间的位移 S_p、确定每组有 6 个耦合孔以及计算出了耦合孔的半径 r_0、耦合区间总长 L。然后对每个耦合臂计算了耦合模对该臂的非耦合模的抑制度。

两个选模耦合器分别以 No.1 和 No.2 表示，它们设计和计算的结果由表 7-1 给出。

表7-1 35GHz和70GHz选模耦合器的设计计算结果

参量		模式识别器编号					
		No. 1			No. 2		
		TE_{01}模耦合臂	TE_{02}模耦合臂	TE_{11}模耦合臂	TE_{01}模耦合臂	TE_{02}模耦合臂	TE_{03}模耦合臂
给定参量	f_0/GHz	35.0			70.0		
	C_0dB	30			30		
	R/mm	10.0			13.9		
	b/mm	3.56			1.88		
设计得到的参量	a/mm	5.51	5.74	6.34	3.10	2.92	2.77
	S_w/mm	38.18	22.91	37.15	16.51	16.51	18.54
	S_p/mm	12.61	17.17	9.61	14.88	11.44	7.06
	r_0/mm	1.55	1.37	1.61	1.01	1.0	0.99
	n	3	3	3	3	3	3
	N_T	12	12	12	12	12	12
	L/mm	203.51	129.25	195.36	97.43	93.99	99.76
计算得到的抑制度/dB	TE_{01}	—	77.23	63.38	—	45.12	47.57
	TE_{02}	62.68	—	60.90	40.33	—	63.36
	TE_{03}	—	—	—	57.16	57.00	—
	TE_{11}	78.10	97.21	—	5.98	19.76	31.45
	TE_{21}	5.67	8.57	2.98	0.90	15.46	29.87
	TE_{31}	11.26	15.52	9.64	5.76	2.58	28.20
	TE_{41}	0.80	17.89	5.98	4.01	1.53	36.07
	TE_{51}	5.83	20.36	1.77	8.41	5.93	29.70
	TE_{12}	3.53	8.90	0.68	3.16	19.23	31.27
	TE_{22}	0.94	25.37	7.69	4.39	-0.85	30.19

它们的耦合度和抑制度随频率的变化曲线分别由图7-13和图7-14给出,由图中曲线可以看出,它们的耦合度一般都可以在相当宽的频率范围内满足一定要求,但是抑制度的频带比较窄,只能在比较窄的频率范围内达到比较高的抑制度。根据抑制度的定义式(7.60),抑制度高,表示耦合模 w 耦合到副波导中的正向波幅值 A_w^+ 大,而需要抑制的非耦合模 u 耦合到副波导中的正向波的幅值 A_u^+ 小,显然,这就表明了模式的选择性高,所以抑制度的高低直接反映了选模耦合器模式选择性的好坏。抑制度一般只能在比较窄的频率范围内达到比

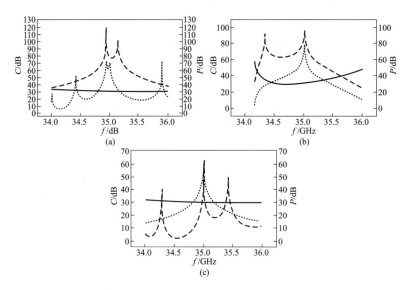

图 7-13 35GHz 选模耦合器的耦合度和抑制度与频率的关系曲线

(a) TE_{01} 耦合臂：—TE_{01} 模的耦合度；- - -对 TE_{02} 模的抑制度；⋯对 TE_{11} 模的抑制度。
(b) TE_{02} 耦合臂：—TE_{02} 模的耦合度；- - -对 TE_{01} 模的抑制度；⋯对 TE_{11} 模的抑制度。
(c) TE_{11} 耦合臂：—TE_{11} 模的耦合度；- - -对 TE_{01} 模的抑制度；⋯对 TE_{02} 模的抑制度。

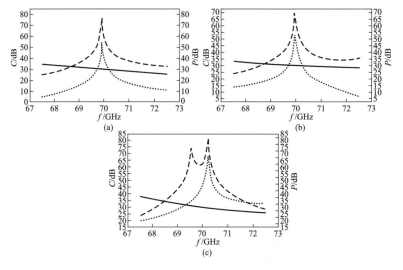

图 7-14 70GHz 选模耦合器的耦合度和抑制度与频率的关系曲线

(a) TE_{01} 耦合臂：—TE_{01} 模的耦合度；- - -对 TE_{02} 模的抑制度；⋯对 TE_{03} 模的抑制度。
(b) TE_{02} 耦合臂：—TE_{02} 模的耦合度；- - -对 TE_{01} 模的抑制度；⋯对 TE_{03} 模的抑制度。
(c) TE_{03} 耦合臂：—TE_{03} 模的耦合度；- - -对 TE_{01} 模的抑制度；⋯对 TE_{02} 模的抑制度。

较理想的大小,这是选模耦合器的一个不足,但不难发现,在中心频率上,每个臂的耦合模对该臂的非耦合模的抑制度还是十分高的,都在40dB以上,甚至达到90dB以上,说明设计是比较成功的。拓展频带的办法在前面已经指出,可以采用不等间距或者不等强度的耦合孔分布,如二项式分布、切比雪夫分布,同时采取一些其他措施,如适当调整同一组耦合孔中两侧最边上的两孔的间距等,有兴趣的读者可查阅作者在参考文献中所列的相关论文。

7.4 选模耦合器耦合度的标定和功率测量

7.4.1 直接标定法

选模耦合器经设计和制造后,显然,只要对选模耦合器的每个耦合臂的耦合模的耦合度和非耦合模的抑制度进行标定,同时对每个耦合臂的输出功率直接用小功率计指示,或者用经校准的晶体检波器 – 示波器组合对每个耦合臂的输出功率进行测量,就可以准确地确定出各个耦合模的功率大小及它们之间的比例。所以,耦合度和抑制度的标定是应用选模耦合器进行功率测量的关键。

1. 直接标定法的测量方法

实际上,如果每个耦合臂的耦合模对非耦合模的抑制度足够高,如达到30dB以上,在这样的条件下,每个耦合臂中非耦合模所占功率就可以忽略,认为该耦合臂中只存在耦合模,标定时,就可以只需要测定耦合模的耦合度,而不再需要测量对非耦合模的抑制度。通过对每个耦合臂输出的耦合模的功率测量,利用该模式的耦合度换算出该模式在主波导中的功率,各个模式功率之和,就是系统中的总功率。

只考虑每个耦合臂的耦合模耦合度的标定,这正是直接标定法的基本出发点。

利用标量网络分析仪可以对耦合度进行直接标定,但标定时首先要求具有被标定模式的单模发生器,以产生被标定模式的信号,这种标定方法的测量系统比较简单,如图7 – 15所示。

在忽略每个耦合臂中的非耦合模的存在时,为了识别模式的存在与否以及测量每个模式的功率大小,只需要标定选模耦合器对每个耦合模的耦合臂的耦合度。因此,标定时,首先应将网络分析仪的输出信号经单模发生器变换成待标定的模式,然后输入选模耦合器,在该模式的耦合臂的正向端输出,并将该输出信号输回网络分析仪(注意,这时由副波导输出的信号已经是TE_{10}模,所以可以直接输入,或者经波导 – 同轴转换后输入网络分析仪),测量S_{21},则在网络分析

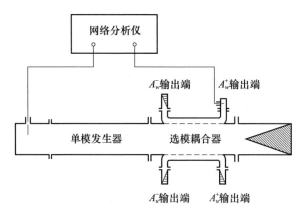

图 7-15　利用网络分析仪标定耦合度用测量系统原理图

仪上就可以直接读出该模式的耦合度。我们只要更换单模发生器,改变其输入到选模耦合器的模式,同时改变输出信号的耦合臂,就可以对选模耦合器的每条耦合臂的耦合模按同样方法测得其耦合度。利用已标定耦合度的选模耦合器进行高功率微波测量时,在某模式的耦合臂的输出端接上小功率计(包括晶体检波器小功率计),就可以根据小功率计的读数,由耦合度换算出该模式输入主波导的功率,将每个耦合臂这样换算得到的功率相加,就是主波导中的总功率。由于耦合度的定义已经是某模式输入选模耦合器的功率与从耦合臂正向端输出的功率之比的对数,所以利用耦合度换算出的功率就是该模式的输入功率,而与该耦合臂的方向性无关,也就是说,与耦合臂中的反向波的存在无关,它的存在已经直接反映到正向波的耦合度的大小上了。

但是,如果选模耦合器对非耦合模的抑制度不是足够高,则非耦合模也将会有部分功率被耦合进耦合臂并在正向输出,因此这时测量得到的耦合度实际上就不再是完全由耦合模的输出决定,其中包含了有非耦合模的贡献,这一问题在直接标定法中是难以解决的,除非单模发生器能得到完全纯的、不含任何杂模(非耦合模)的输出。

测量时,除了信号的输入端口和输出端口外,其余端口都应连接匹配负载。

2. 直接标定法的困难

显然,不能直接利用高功率微波源来作为标定用信号源,这是因为高功率微波源本身输出的就是多个模式,正是我们要进行模式识别和测量的对象,因此利用它作为标定信号时就不能准确测量某个单模的耦合度。另外,标定只能在小功率下进行,高功率微波源输出功率远远超出标定用测量仪器和元件的功率容量,即使通过多级衰减,也很难达到所要求的小功率,多级衰减反而容易产生更多的误差来源。因此,利用小功率信号源,如网络分析仪本身的信号源,通过模式变换产生标定需要的模式是更合理的方法,例如,当要标定 TE_{01} 模的耦合度时,就要先在选模耦合器的主波导中产生并传输纯的 TE_{01} 模,为此应具有能产生 TE_{01} 模的模式发生器或模式变换器。

在对高功率微波源,利用已标定的选模耦合器进行模式识别和模式功率测量时,由于高功率微波源输出功率很高,因此选模耦合器每个耦合臂的耦合度必须具有很大的分贝数,耦合度一般至少都是 40~60dB,甚至更高,对这样高的衰减进行标定,这就对网络分析仪的动态范围提出了比较高的要求,否则标定就无法完成。

现代网络分析仪的技术水平越来越高,它的性能一般能够满足标定的要求。直接标定法最主要的困难还是在于要求对选模耦合器每个耦合臂的耦合模都制造相应的单模发生器,我们也已指出,只有比较低次的模式,即场结构比较简单的模式才容易得到单模发生器,一般高次模式的单模发生器,要么还没有理想的变换方式,要么必须通过模式变换器才能得到该模式,而这样的变换器结构复杂、体积尺寸很大,甚至要经过多次变换才能得到需要的模式,这成为选模耦合器标定的一大障碍,成为直接标定方法的主要困难。另外,即使制造了单模发生器,对它的性能,主要是指输出模式的纯度鉴定也是十分困难的。

鉴于选模耦合器的直接标定方法必须制作单模发生器的困难,作者和课题组同事提出了不需要单模发生器的对选模耦合器的背靠背标定法。

7.4.2 背靠背标定法

1. 选模耦合器背靠背测量系统与基本方程

(1) 物理基础。

背靠背标定法的物理基础在于:无源线性的微波元件具有互易性,即输入与输出端口可以互易而不会改变元件的性能。具体来说,当以选模耦合器的主波导一端作为输入端口输入多模微波信号时,由于模式选择性,在它的每个耦合臂的正向就将只输出该臂的耦合模 w 激励起的 TE_{10} 模的微波信号。互易性原理告诉我们,反过来当我们将该耦合臂的正向输出端口作为输入端口输入 TE_{10} 模的微波信号时,同样由于模式选择性,它在主波导中将只会激励起 w 模式的信号,而且,这时主波导原来的输入口成为了输出口,单模 w 模式将在该端口输出。其实,根据互易原理,耦合臂的正向反向也是任意的。同样,主波导的正向和反向也是任意的,它们与输入微波信号传输方向相同的方向就是正向,反之就是反向。因此,这样一个选模耦合器本身就可以作为一个单模发生器,且不管微波信号在耦合臂的哪一个端口输入都一样,在主波导中都只会激励起与该耦合臂的耦合模同样的模式,用这样一个选模耦合器再去标定待测的选模耦合器的耦合度,就省略了制造单模发生器的麻烦。由于作为单模发生器的选模耦合器和待测的选模耦合器完全相同,只是连接时两个耦合器的输入和输出方向相反,所以称为背靠背测量,这种方法在微波测量中应用比较普遍。

(2) 选模耦合器背靠背标定用系统。

背靠背标定法的测量系统示意图如图 7-16 所示。除了输入和输出端口外,其余所有端口都应接匹配负载,对产生单模用的选模耦合器称为耦合器 Ⅰ,而待测选模耦合器则称为耦合器 Ⅱ。

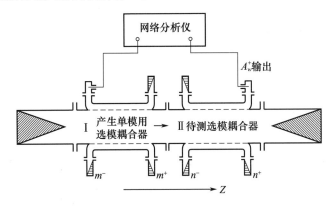

图 7-16　用背靠背标定法标定选模耦合器耦合度用测量系统原理图

利用背靠背方法对选模耦合器的耦合度进行标定,完全不再需要单独的单模发生器,输入信号的选模耦合器 Ⅰ 就是单模发生器,从而大大简化了标定系统。但是这种方法对网络分析仪的动态范围提出了更高的要求,因为输入信号要经过两次耦合才能从输出端口输出,这时,输出信号相对输入信号的待标定模式的耦合度将是单个选模耦合器的耦合度的两倍。例如,如果某模式的耦合臂对它的耦合度是 50dB,从作为单模发生器的选模耦合器副波导输入的信号在主波导中激励起的被测模式信号就比输入信号低 50dB,该模式信号再经被测选模耦合器的副波导输出时,又经过一次 50dB 的衰减,这时的输出信号将比输入信号小 100dB,显然,这就要求网络分析仪的动态范围至少在 100dB 以上。

为了使下面的方程推导不致过于复杂,假设在选模耦合器的主波导中传输的模式只有 3 个,分别以 1、2、3 表示,因此在主波导上分别设置对应模式 1、2、3 的 3 个耦合臂,也以耦合臂 1、2、3 表示,而且耦合臂编号与耦合模编号对应,即耦合臂 1 的耦合模就是模式 1,耦合臂 2 的耦合模就是模式 2,依此类推。

(3) 基本方程和符号定义。

根据耦合度的定义,可以写出:

$$\begin{cases} C_w^+ = -20\lg A_w^+ = C_w \\ C_u^+ = -20\lg A_u^+ = -20\lg\left(A_w^+ \dfrac{A_u^+}{A_w^+}\right) = C_w + p_u \\ C_w^- = -20\lg A_w^- = -20\lg\left(A_w^+ \dfrac{A_w^-}{A_w^+}\right) = C_w + d_w \\ C_u^- = -20\lg A_u^- = -20\lg\left(A_u^+ \dfrac{A_u^-}{A_u^+}\right) = C_u + d_u = C_w + p_u + d_u \end{cases} \quad (7.63)$$

式中:下标 w、u 分别表示耦合模和非耦合模;上标 $+$、$-$ 分别代表正向波和反向波;C 为耦合度;p 为耦合模对非耦合模的抑制度;d 为方向性;$A_w^\pm$、$A_u^\pm$ 分别表示耦合模和非耦合模在副波导中激励起的正向波和反向波的相对幅值,即耦合强度,我们在上面已经给出它们的计算式。由方程式(7.63)可以看到,耦合模或非耦合模的耦合度都可以通过测量 C_w、d_w、p_u、d_u 来求出,而且 C_w、d_w、p_u、d_u 都以正值表示。

在式(7.63)中之所以要写出非耦合模的耦合度,正如我们在上面已指出的,是因为非耦合模的存在,会影响耦合模的耦合度标定的准确性,而实际制作的选模耦合器对非耦合模的抑制不可能达到理想,尤其是在频率偏离中心频率后抑制度会迅速下降,因此为了准确标定耦合度,必须将非耦合模考虑进去。

为了方便,我们用 k 表示模式编号 1、2、3,用 m 表示选模耦合器 I 的耦合臂的编号,用 n 表示选模耦合器 II 的耦合臂的编号。这样,为了以后书写方便,规定了以下一系列符号的定义。

$C_{m,k}$:选模耦合器 I 的 m 耦合臂中 k 模式的耦合度。

$C_{m,k=m}$:耦合器 I 的 m 耦合臂中耦合模的耦合度,因为前已说明,耦合臂编号与耦合模编号对应,因此如果 $k=m$,则模式 k 代表的就是 m 耦合臂的耦合模,相当于这时 $C_{m,k=m} = C_{m,w}$。

$C_{m,k\ne m}$:m 耦合臂中非耦合模的耦合度,因为 $k\ne m$,表明模式 k 不是耦合模,相当于 $C_{m,k\ne m} = C_{m,u}$。

$C_{n,k}$:选模耦合器 II 的 n 耦合臂中 k 模式的耦合度。

$C_{n,k=n}$:耦合器 II 的 n 耦合臂中耦合模的耦合度,因为耦合臂编号与耦合模编号对应,所以 $k=n$ 就表示 k 模式是 n 耦合臂中的耦合模,即 $C_{n,k=n} = C_{n,w}$。而且由于两个选模耦合器是完全相同的,所以如果 n 耦合臂与 m 耦合臂是同一个模式的耦合臂,即 $n=m$ 时,则它们的耦合度当然也应该相等,也就是应该有 $C_{n,k=n} = C_{m,k=m}(n=m)$。

$C_{n,k\ne n}$:耦合器 II 的 n 耦合臂中非耦合模的耦合度,相当于 $C_{n,k\ne n} = C_{n,u}$。

$p_{m,k\neq m}$：选模耦合器 I 的 m 耦合臂中耦合模对非耦合模的抑制度，由于 $k=m$ 的模式是耦合模，所以只有 $k\neq m$ 的模式才有抑制度。

$p_{n,k\neq n}$：选模耦合器 II 的 n 耦合臂中耦合模对非耦合模的抑制度，同样，由于 $k=n$ 的模式是耦合模，所以 $k\neq n$ 的模式就是非耦合模。而且，基于两个选模耦合器是完全相同的理由，如果 $n=m$，且 k 为同一模式时，也就应该有 $p_{n,k\neq n}=p_{m,k\neq m}(n=m)$。

$d_{m,k}$：选模耦合器 I 的 m 耦合臂中 k 模式的方向性，当 $k=m$ 时，$d_{m,k}$ 就是 m 耦合臂中耦合模的方向性，而当 $k\neq m$ 时，它表示 m 耦合臂中非耦合模的方向性。

$d_{n,k}$：选模耦合器 II 的 n 耦合臂中 k 模式的方向性，当 $k=n$ 时，$d_{n,k}$ 就是 n 耦合臂中耦合模的方向性，而当 $k\neq n$ 时，它表示 n 耦合臂中非耦合模的方向性。而且基于两个选模耦合器是完全相同的理由，如果 $n=m$ 且 k 为同一模式时，$d_{n,k}=d_{m,k}$。

$P_k(m^\pm)$：当信号从选模耦合器 I 的 m 耦合臂的 $+z$ 方向的端口 m^+ 或 $-z$ 方向的端口 m^- 输入时，在主波导中激励起的 k 模式的功率。

$P_k(m^\pm,n^\pm)$：当信号从选模耦合器 I 的 m 耦合臂的 $\pm z$ 方向的端口 $m^\pm$ 输入时，在主波导中激励起的 k 模式通过选模耦合器 II 的 n 耦合臂的 $\pm z$ 方向的端口 $n^\pm$ 输出的功率。

2. 标定所用方程组的建立

由方程式(7.63)可知，要求出耦合模和非耦合模的耦合度，对于具有 3 个耦合臂的选模耦合器，将一共有 18 个需要测定的量，即 3 个耦合模的耦合度 $C_{1,1}$、$C_{2,2}$、$C_{3,3}$；每个耦合臂中耦合模对两个非耦合模的抑制度 $p_{1,2}$、$p_{1,3}$、$p_{2,1}$、$p_{2,3}$、$p_{3,1}$、$p_{3,2}$；三个耦合模的方向性 $d_{1,1}$、$d_{2,2}$、$d_{3,3}$ 和每个耦合臂中非耦合模的方向性 $d_{1,2}$、$d_{1,3}$、$d_{2,1}$、$d_{2,3}$、$d_{3,1}$、$d_{3,2}$。

(1) 信号 P_{in} 由 m^- 输入。

当信号从耦合器 I 的耦合臂 m 的 $-z$ 端输入时，在主波导中激励起的模式 k 的正向波在 $+z$ 方向，它的功率为

$$\begin{cases} P_k(m^-)=10^{-[(C_{m,k=m}+p_{m,k\neq m})/10]}P_{in}=K_{m,k}P_{in} \\ K_{m,k}=10^{-[(C_{m,k=m}+p_{m,k\neq m})/10]} \end{cases} \quad (7.64)$$

式中：$m=1,2,3;k=1,2,3$；当 $k=m$ 时，$p_{m,k}=0$。显然，对于 m 和 k 的不同组合，式(7.64)应该可写出 9 个具体的方程，即 $P_1(1^-)$、$P_2(1^-)$、$P_3(1^-)$、$P_1(2^-)$、$P_2(2^-)$、$P_3(2^-)$、$P_1(3^-)$、$P_2(3^-)$ 和 $P_3(3^-)$。由于 $k\neq m$ 的非耦合模式有两个，所以式中 $p_{m,k\neq m}$ 应该是两项之和。

① $P_k(m^-)$ 从 n^+ 输出。

当上述在耦合器 I 的主波导中激励起的模式 k 的功率由耦合器 II 的耦合臂 n 的 $+z$ 端口 n^+ 输出时,由于 k 可以为 $k=1,2,3$,所以其总的输出功率为

$$P(m^-,n^+) = \sum_{k=1,2,3} 10^{-[(C_{n,k=n}+p_{n,k\neq n})/10]} P_k(m^-) = \sum_{k=1,2,3} K_{n,k} K_{m,k} P_{\text{in}}$$
$$K_{n,k} = 10^{-[(C_{n,k=n}+p_{n,k\neq n})/10]} \tag{7.65}$$

式中:$m=1,2,3$;$n=1,2,3$;当 $k=n$ 时,$p_{n,k}=0$。对于 m 和 n 的不同组合,式(7.65)同样可写出 9 个具体的方程,即 $P(1^-,1^+)$、$P(1^-,2^+)$、$P(1^-,3^+)$、$P(2^-,1^+)$、$P(2^-,2^+)$、$P(2^-,3^+)$、$P(3^-,1^+)$、$P(3^-,2^+)$ 和 $P(3^-,3^+)$。

由于耦合器 I 和 II 是完全相同的,因此,根据互易原理,当 $m \neq n$ 时,存在关系式:

$$\sum_{k=1,2,3} K_{n',k} K_{m',k} P_{\text{in}} = \sum_{k=1,2,3} K_{n,k} K_{m,k} P_{\text{in}} \quad (n'=m, m'=n) \tag{7.66}$$

式(7.66)也就是表明

$$P(m^-,n^+) = P(n^-,m^+) \tag{7.67}$$

式(7.66)或式(7.67)的物量意义在于:当耦合器 I 的耦合臂编号与耦合器 II 的耦合臂编号互相交换后,其在耦合器 II 的耦合臂中的输出不变,这一点是不难理解的,两个耦合器的耦合臂交换就等同于把两个耦合器整个交换,由于两个耦合器是完全一样的,所以这样的交换并不会改变它们的性能。但是这样一来,就意味着式(7.65)原来包含的 9 个方程中,满足式(7.66)的 6 个方程是两两等价的,即 $P(1^-,2^+) = P(2^-,1^+)$、$P(1^-,3^+) = P(3^-,1^+)$、$P(2^-,3^+) = P(3^-,2^+)$,所以式(7.65)实际上就只有 6 个独立的方程。

② $P_k(m^-)$ 从 n^- 输出。

如果耦合器 I 的主波导中被激励起的模式 $k(k=1,2,3)$ 的功率由耦合器 II 的耦合臂 n 的 $-z$ 端口 n^- 输出时,则其总输出功率为

$$P(m^-,n^-) = \sum_{k=1,2,3} 10^{-[(C_{n,k=n}+p_{n,k\neq n}+d_{n,k})/10]} P_k(m^-) = \sum_{k=1,2,3} R_{n,k} K_{m,k} P_{\text{in}}$$
$$R_{n,k} = 10^{-[(C_{n,k=n}+p_{n,k\neq n}+d_{n,k})/10]} \tag{7.68}$$

式中:$m=1,2,3$;$n=1,2,3$;当 $k=n$ 时,$p_{n,k}=0$。式(7.68)同样包含 m 和 n 不同组合的 9 个具体的方程,而且这 9 个方程都是独立的方程。

(2) 信号 P_{in} 由 m^+ 输入。

当信号由耦合器 I 的 m 耦合臂的 $+z$ 端输入时,P_{in} 在主波导中激励的反向波才在 $+z$ 方向传输,根据式(7.63)给出的反向波耦合度定义,我们就可以写出激励起的 k 模式在 $+z$ 方向的功率为

$$\begin{cases} P_k(m^+) = 10^{-[(C_{m,k=m}+p_{m,k\neq m}+d_{m,k})/10]} P_{\text{in}} = R_{m,k} P_{\text{in}} \\ R_{m,k} = 10^{-[(C_{m,k=m}+p_{m,k\neq m}+d_{m,k})/10]} \end{cases} \tag{7.69}$$

式中：$m=1,2,3$；$k=1,2,3$；当 $k=m$ 时，$p_{m,k}=0$。显然，类似于式(7.64)，式(7.69)也应该包含 m 和 k 不同组合的9个具体的方程以及式中 $p_{m,k\neq m}$ 应该是两项之和。

① $P_k(m^+)$ 从 n^+ 输出。

$P_k(m^+)$ 由耦合器 II 的耦合臂 n 的 $+z$ 方向端口输出时，由于 $k=1,2,3$，所以其总输出功率为

$$P(m^+,n^+) = \sum_{k=1,2,3} 10^{-[(C_{n,k=n}+p_{n,k\neq n})/10]} P_k(m^+) = \sum_{k=1,2,3} K_{n,k} R_{m,k} P_{\text{in}} \tag{7.70}$$

式中：$K_{n,k}$ 和 $R_{m,k}$ 在方程式(7.65)和式(7.69)中已给出。基于与式(7.66)完全相同的理由，也可以写出

$$\sum_{k=1,2,3} K_{n',k} R_{m',k} P_{\text{in}} = \sum_{k=1,2,3} R_{n,k} K_{m,k} P_{\text{in}} \quad (n'=m, m'=n) \tag{7.71}$$

也就是

$$P(m^+,n^+) = P(n^+,m^+) \tag{7.72}$$

不难发现，方程式(7.70)实际上与方程式(7.68)是完全等效的，两者只是将 K 与 R 的位置交换了一下，这种交换并不影响功率的计算结果，可见，方程式(7.70)并没有给出新的独立方程，但它提供了另一条测量功率的途径。

② $P_k(m^+)$ 从 n^- 输出。

如果耦合器 I 的主波导中模式 k 的功率 $P_k(m^+)$ 由耦合器 II 的耦合臂 n 的 $-z$ 端口 n^- 输出时，则其输出功率为

$$P(m^+,n^-) = \sum_{k=1,2,3} 10^{-[(C_{n,k=n}+p_{n,k\neq n}+d_{n,k})/10]} P_k(m^+) = \sum_{k=1,2,3} R_{n,k} R_{m,k} P_{\text{in}} \tag{7.73}$$

式中：$R_{n,k}$ 和 $R_{m,k}$ 已经在方程式(7.68)和式(7.69)给出；$m=1,2,3$；$n=1,2,3$；当 $k=n$ 时，$p_{n,k}=0$。式(7.73)同样包含 m 和 n 不同组合的9个具体的方程，但是可以发现，类似于方程式(7.66)和式(7.67)，当 $m\neq n$ 时，存在以下关系

$$\sum_{k=1,2,3} R_{n',k} R_{m',k} P_{\text{in}} = \sum_{k=1,2,3} R_{n,k} R_{m,k} P_{\text{in}} \quad (n'=m, m'=n) \tag{7.74}$$

也就是

$$P(n^+,m^-) = P(m^+,n^-) \tag{7.75}$$

方程式(7.74)和式(7.75)表明，$P(1^+,2^-)=P(2^+,1^-)$、$P(1^+,3^-)=P(3^+,1^-)$、$P(2^+,3^-)=P(3^+,2^-)$，这就是说，在方程式(7.73)的9个方程中，

有 6 个是两两等效的,所以它实际上只包含有 6 个独立方程。

7.4.3 耦合度的标定和模式识别及功率测量

1. 耦合度的标定

(1) 建立方程组。

方程式(7.65)、式(7.68)(或式(7.70))和式(7.73)一共给出了 21 个独立的方程,而我们需要求解的未知的耦合度、抑制度和方向性只有 18 个,因此完全可以通过测量耦合器 II 的 3 个耦合臂的 $\pm z$ 端的输出功率,求出这 18 个参数。其实,我们真正关心的参数只是每个耦合臂中耦合模的耦合度 $C_{1,1}$、$C_{2,2}$、$C_{3,3}$ 和每个耦合模对两个非耦合模的抑制度 $p_{1,2}$、$p_{1,3}$、$p_{2,1}$、$p_{2,3}$、$p_{3,1}$、$p_{3,2}$ 等 9 个参数,因为正如我们在前面已经指出的,与换算某个模式在选模耦合器输入端功率相关的参数就只是这 9 个,而与反方向波的功率无关,因而也就是与方向性无关。但是问题在于,如果不考虑方向性,单单依赖耦合度和抑制度,我们将不可能建立起 9 个独立的方程,也就是无法解出这 9 个待求参数。同样的情况会发生在即使只考虑 3 个耦合模的耦合度,而忽略抑制度对功率计算的影响的时候,也会出现能建立的独立方程数目比待求参数的数量少。正因为此,我们才不得不通过建立 21 个方程来求解这 18 个参数,而且这 18 个参数中,最后在求功率时,真正用到的也只是上述 9 个参数。

耦合器 I 的每个耦合臂有两个输入端口($+z$ 端和 $-z$ 端各一个),它有 3 条耦合臂,因而一共就有 6 个端口可以作为输入口($m^{\pm}$,$m=1,2,3$),而每一个输入口输入的信号,在主波导中将激励起相同的 3 个模式波($k=1,2,3$),传输到耦合器 II 时,同样它一共会有 6 个输出端口可以有输出($n^{\pm}$,$n=1,2,3$),对每个输出端口进行功率测量,或者用网络分析仪直接测量它们的比值,一共就可以测到 36 个绝对或相对功率值,也就可以建立起 36 个方程。但上面已经指出,其中真正独立的测量值只有 21 个,其余的测量值在理论上都是重复的,即与独立的测量值是等效的。利用 21 个测量值中的 18 个建立独立方程式就可以标定出要求的耦合度、抑制度和方向性,剩余的 3 个测量值可以作为验证用。

(2) 测量方法。

利用图 7-16 所示测量系统进行测量时,可以有两种方法:方法一是用网络分析仪测量输出功率与输入功率的比值,即 $|S_{21}|^2$ 的值;方法二是直接用标准大功率源(输出模式只需 TE_{10} 模)作为输入信号并测定其功率 P_{in},同时用小功率计在各端口测量输出功率 $P(m^{\pm},n^{\pm})$。将所得 $|S_{21}|^2$ 值或 P_{in} 和 $P(m^{\pm},n^{\pm})$ 的大小,代入方程式(7.65)、式(7.68)或(或式(7.70))和式(7.73),即可求出所有 C、d、p 的大小。

由于输入信号是从选模耦合器 I 的副波导(耦合臂)输入的,副波导都是工作在基模 TE_{10} 模的矩形波导,因此测量就不再需要主波导中各个模式的单模发生器,它们通过输入副波导的波在主波导中就可以激励起需要的模式,从而实现对每个模式的耦合度、抑制度和方向性的标定,这就是背靠背标定法的最大优越性。

背靠背标定法的不足主要在于要求制作两个完全相同的选模耦合器,它们之间的尺寸误差,会导致电参数的不同,从而影响到标定结果的准确性。另外,背靠背标定法对网络分析仪的动态范围提出了很高的要求,因为测量时从输入到输出,信号将受到很大的衰减(最大时为正值耦合度、抑制度及方向性之和),也就是说,输出信号将非常微弱,因此对仪器的可测量范围要求很高。背靠背标定法的测量参数多,计算过程也比较复杂,这也是方法的一个不足之处。

2. 模式识别及功率测量

(1) 测量系统与模式识别。

选模耦合器经过标定后,就可以进行高功率微波的模式识别和功率测量了,测量时只要将高功率微波输入选模耦合器的主波导,测定各个耦合臂在 $+z$ 向和 $-z$ 向的输出功率 $P(n^{\pm})$,根据各耦合臂有无输出及输出大小,就确定了在主波导中是否存在与该耦合臂的耦合模对应的模式,以及根据标定的耦合度、抑制度就可以求出主波导中该模式的功率,对每个耦合臂依次进行同样测量,就识别了主系统中的模式组成以及各个模式的功率,以及它们之间的占成比例。测试系统如图 7-17 所示,将一个已标定的选模耦合器接入高功率微波传输系统,由高功率微波源产生的高功率微波从耦合器左端馈入,耦合器右端接系统的工作负载,从耦合器的耦合臂输出的功率由标定过的功率指示器指示功率,一般采用晶体检波器和记忆示波器来作为功率指示器,为了保护晶体检波器,必要时可以在它的前级接入衰减器。

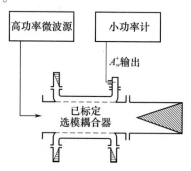

图 7-17 选模耦合器进行模式识别和功率测量的系统示意图

(2) 功率计算。

设从选模耦合器左端输入的高功率微波功率为 P_t，它包含模式 1,2,3 三个模式，每个模式对应的功率为 P_1、P_2、P_3。

在选模耦合器的耦合臂 1 的 $+z$ 端测得的功率为

$$P(1^+) = K_{1,1}P_1 + K_{1,2}P_2 + K_{1,3}P_3 \tag{7.76}$$

在选模耦合器的耦合臂 2 的 $+z$ 端测得的功率为

$$P(2^+) = K_{2,1}P_1 + K_{2,2}P_2 + K_{2,3}P_3 \tag{7.77}$$

在选模耦合器的耦合臂 3 的 $+z$ 端测得的功率为

$$P(3^+) = K_{3,1}P_1 + K_{3,2}P_2 + K_{3,3}P_3 \tag{7.78}$$

则系统中的总功率为

$$P_t = \sum_{k=1,2,3} K_{n,k} P_k \tag{7.79}$$

式中：$K_{n,k}$ 已由式(7.65)给出，根据上面已给出的标定方法，我们得到了各模式的耦合度、抑制度，由此即可求得 $K_{n,k}$，由式(7.65)立即可以看出，$K_{n,k}$ 仅取决于各耦合臂的正向波的耦合度和耦合模对非耦合模的正向抑制度，这再次证明了我们在前面分析时的结论：功率测量只与正向波的耦合度和抑制度相关，与反方向无关，也就是与方向性无关。

根据 $P(1^+)$、$P(2^+)$ 和 $P(3^+)$ 的测量值，利用式(7.76)、式(7.77)和式(7.78)就可以求到 P_1、P_2 和 P_3，即每个模式的功率，再由式(7.79)得到系统中的总功率。

7.5 波数谱测量法——小孔阵列天线法

采用选模耦合器进行模式测量时，如果在主波导中可能存在的模式比较多，也就是说，波导尺寸过模比较严重，模式谱就将十分密集，从而使得对非耦合模的抑制变得相当困难，或者说对模式的选择性要求会特别高，这样一个耦合结构对加工精度提出了十分苛刻的要求。另外，选模耦合器的工作频带也会随着非耦合模的增加而越加狭窄，需要的耦合臂同样也会随着耦合模的增加而增加，因此，选模耦合法的应用受到一定的局限性。

波数谱测量法是基于小孔阵列天线的辐射方向取决于传输模式的类型，不同模式具有不同的辐射方向角而提出的一种模式测量方法。这种方法能识别的模式数量将几乎不受限制，仅受限于接收喇叭的空间角向分辨率，它与选模耦合法一样，也是一种可以在线测量的方法，但是由于它在测量过程中需要移动接收喇叭，所以一般来说，难以实现动态测量和实时测量。它的测量装置尺寸大，对加工精度的要求高,设计和加工都比较复杂,一次性成本比较高,这些都是它的不足。

7.5.1 波数谱测量法基本原理和测量装置

1. 测量原理

在过模圆波导壁上直接开一系列小孔,形成小孔阵列天线,也可以开一个连续隙缝,形成裂缝天线,它们可以统称为漏波天线。如果一个具有波数 k_{mn} 的微波在该过模波导中传播,就会有一小部分波从天线结构中辐射到空间去,其辐射方向图的主瓣的方向角 θ_{mn} 与波数 k_{mn} 之间存在一一对应关系,即

$$\cos\theta_{mn} = \frac{k_{mn}}{k_0} \tag{7.80}$$

式中:θ_{mn} 为 mn 模式经漏波天线辐射的主瓣相对波导轴线的角度,即辐射方向角;k_{mn} 为该模式在波导中的波数;k_0 为自由空间波数。可见,波导中可能传播的每一个模式由于 k_{mn} 不同,就都具有不同的辐射方向角,从而在空间将各模式的辐射分离了开来,形成空间模式谱,如果微波频率 ω,亦即 k_0 已知或事先已测得,则只要在每个模式对应的 θ_{mn} 方向上进行测量,就可以判别该模式的存在与否及相对功率大小。

下面将仅具体讨论小孔阵列天线的情况,裂缝天线完全具有相类似的性能。

小孔阵列天线的实际测量表明,辐射方向图与磁偶极子的辐射特性良好一致,而波导中对应小孔的法向电场通过小孔的辐射可以看作是一个电偶极子的作用,它的贡献比较弱,至少要比磁偶极子的辐射低 10dB。可见,从辐射场测量的角度上来说,起决定性作用的是在波导壁上的磁场分量。

对于 TM_{mn} 模,在波导壁上的磁场只有角向分量为

$$H_\varphi = \sqrt{\frac{4}{\varepsilon_m \pi}} \sqrt{\frac{P}{Z_0}} \sqrt{\frac{k_0}{k_{mn}}} \frac{1}{a} \sin m\varphi \, e^{-jk_{mn}z} \tag{7.81}$$

式中:P 为模式功率;Z_0 为自由空间波阻抗;$k_0 = \omega/c$ 为自由空间波数;m 为模式的角向特征值;a 为圆波导半径;如果忽略绝对相位,则当 $m = 0$ 时,$\varepsilon_m = 2$;$m \neq 0$ 时,$\varepsilon_m = 1$;TM_{mn} 模的波数 k_{mn} 由式(7.82)给出

$$k_{mn} = \frac{\omega}{c} \left[1 - \left(\frac{\mu_{mn}}{k_0 a} \right)^2 \right]^{1/2} \tag{7.82}$$

式中:μ_{mn} 为 m 阶第一类贝塞尔函数 $J_m(k_c r)$ 等于 0 的第 n 个根,即 $J_m(\mu_{mn}) = 0$。

对于 TE_{mn} 模,在波导壁上的磁场既有角向分量,也有纵向分量,即

$$H_\varphi = \sqrt{\frac{4}{\varepsilon_m \pi}} \sqrt{\frac{P}{Z_0}} \sqrt{\frac{k_{mn}}{k_0}} \frac{1}{a} \frac{m}{(\mu'^2_{mn} - m^2)^{1/2}} \sin m\varphi \, e^{-jk_{mn}z}$$

$$H_z = \sqrt{\frac{4}{\varepsilon_m \pi}} \sqrt{\frac{P}{Z_0}} \sqrt{\frac{k_{mn}}{k_0}} \frac{1}{k_{mn}a^2} \frac{\mu'^2_{mn}}{(\mu'^2_{mn} - m^2)^{1/2}} \cos m\varphi \, e^{-jk_{mn}z}$$

(7.83)

这里,TE_{mn}模的波数为

$$k_{mn} = \frac{\omega}{c}\left[1 - \left(\frac{\mu'_{mn}}{k_0 a}\right)^2\right]^{1/2}$$

(7.84)

式中:μ'_{mn}为 m 阶第一类贝塞尔函数的导数 $J'_m(k_c r)$ 等于 0 的第 n 个根,即 $J'_m(\mu'_{mn}) = 0$。

2. 测量装置

(1) 基本结构。

波数谱模式测量法是由德国斯图加特大学学者 W. Kasparek 等提出来的,其测量装置被 W. Kasparek 等命名为 wavenumber spectrometer,我们将它称为波数谱测量装置,它是模式谱测量方法中的一种,其实验装置结构原理示意图如图 7-18 所示。装置由一段传输高功率微波的过模圆波导为主体,在波导壁上按孔半径呈一定规律变化并按一直线排列钻有相当数量的小孔,构成小孔阵,在小孔阵对称中心正上方距离 R 的位置上设置接收喇叭,喇叭沿滑动轨道可以在 θ 方向作左右各 90°的移动,滑动轨道连同接收喇叭整体可以在 φ 方向作一定范围的转动。测量装置也可以在圆波导侧面对应小孔阵在 z 向的对称中心、r 向对应圆波导水平半径延长线的波导外某个位置为支点安装一根长 R 的支杆,在支杆顶端固定接收喇叭,喇叭从支杆伸出,使喇叭口正对小孔阵上方,支杆连带接收喇叭可以在 θ 方向作左右转动和在 φ 方向作一定角度的转动,图 7-20 和

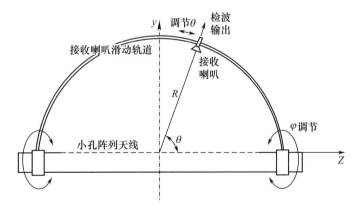

图 7-18 波数谱测量装置原理示意图

图7-25给出的波数谱测量装置的实物图就是采用的这种结构。调节小孔尺寸 r_0 和小孔数量以及波导壁厚 t 就可以改变小孔阵的辐射强度。

波数谱测量装置采用如图7-19所示的的坐标系统。由该图可以看出,对于波导壁上小孔阵列的每一个小孔来说,如果 R 总是远大于 r_0^2/λ(r_0 为孔半径),也远大于 λ,接收喇叭所在位置相对于单个小孔的辐射场,可以认为是远场辐射;但对于整个辐射小孔阵列来说,显然不能认为各个孔的辐射场会平行到达接收喇叭处,因此必须作为近场辐射处理。利用小孔远场辐射理论和场的叠加原理,不难求出小孔阵列在接收喇叭位置,即 R 距离上的近场辐射场,在理论上可以求得小孔阵的辐射方向图和主瓣角度 θ_{mn} 上的辐射强度。

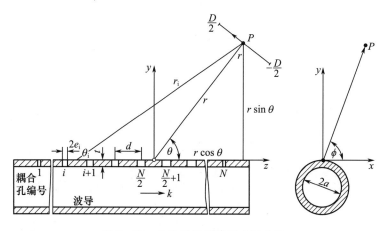

图7-19 波数谱测量装置坐标系统

(2) 结构主要尺寸。

W. Kasparek 等人制作的波数谱测量装置在低功率测量时,主波导是 C76 标准(美国 EIA 标准 WC109,中国标准 BY76)圆波导,内半径为 13.9mm,工作在 V 波段(50~75GHz),中心频率对应的波长是 $\lambda_0 = 4.28$mm。在高功率测量时的主波导直径将增加为 63.4mm。

波导长 2m,在波导上成直线排列钻 600 个小孔组成辐射阵列,小孔直径从 0.6 到 1.0mm 按阶梯 0.025mm 从小孔阵边缘到中心递增,递增规律遵循高斯函数 $\exp(-z^2/340\text{mm}^2)$ 分布,并对中心左右对称分布,孔间距为 2mm,波导壁厚为 0.6mm,这样,小孔阵的总长就是 1200mm。

为了提高测量灵敏度,一般可以采用一个抛物面天线和矩形喇叭作为接收天线,抛物面天线在 y-z 平面内直线分布,只是在 x-y 平面内成曲线分布,辐射场经抛物面天线反射集中后,再由喇叭天线接收并检波输出。抛物面反射器的直径为 170mm,接收天线的角向分辨率达到 2°。接收天线安装在一个支持臂的顶端,支持臂从对应小孔阵中心的位置伸出,在电动机驱动下可以在小孔阵上方对小孔阵扫描。在高功率应用时,为了预估测量值和反射的大小,又另外安装了一个接收天线,该天线可以手动移动或固定。

为了避免杂散辐射,整个测量系统用两块微波吸收平板在圆波导两侧屏蔽,制成的波数谱测量装置的照片如图7-20所示。

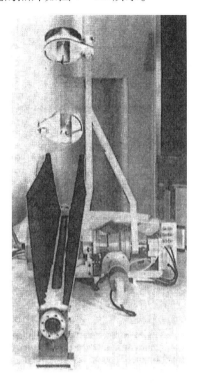

图7-20 波数谱测量装置照片

7.5.2 波数谱测量法考虑的主要因素

1. 小孔间距 d

为了尽量减小小孔辐射旁瓣的影响,小孔之间的间距 d 必须小于微波在自由空间的波长 λ_0 的一半,$d < \lambda_0/2$。同时,有一定壁厚的小孔会形成一小段圆波导,该圆波导将对所有模式甚至其基模 TE_{11} 都截止,即

$$\lambda_0 > (\lambda_c)_{TE_{11}} \tag{7.85}$$

式中:λ_c 为辐射小孔形成的圆波导中 TE_{11} 模的截止波长。式(4.71)~式(4.73)给出了考虑壁厚后对小孔耦合强度的修正。

2. 耦合孔径 r_0

为了尽可能降低耦合小孔对波导中传输的功率的影响，被耦合出来的微波功率只能是波导中传输功率的很少一部分，这就要求耦合孔符合小孔耦合的条件，即小孔半径 r_0 必须远小于微波自由空间波长 λ_0，$r_0 \ll \lambda_0$。

3. 辐射旁瓣应在 -30dB 以下

在空间某一个 θ_{mn} 处测量时，对应该辐射角的模式的辐射旁瓣必须足够小，使旁瓣辐射强度比 θ_{mn} 方向上的主瓣辐射强度低 30dB 以上，以避免旁瓣影响对辐射角相邻的模式的测量。

4. 小孔阵高斯分布

不同的小孔阵列分布具有不同的辐射特性，经过对线性分布、二项式分布、切比雪夫多项式分布和高斯分布的小孔阵辐射场理论计算结果的比较，从辐射主瓣宽度、方向性及对旁瓣的抑制等综合考虑，具有高斯分布的小孔阵列比其他分布的小孔阵列更优越。

高斯分布可表示为

$$f = e^{-z^2/2\sigma^2} \quad (7.86)$$

式中：σ 为常数，该常数可在辐射场理论计算时反复调整确定。小孔阵的孔径应该按式(7.86)要求分布，在实际上，小孔半径逐孔严格按高斯分布确定，将会给小孔的加工造成很大困难，一般来说，从加工可能性出发，小孔半径按阶梯式高斯分布更为现实，但要注意的是，孔径的变化都是以小孔阵中心位置为对称中心左右对称分布的，孔半径从两侧到中心递增。

5. 参考接收天线

为了监测反射波的大小，可以另外再设置一个接收天线，该天线可以手工调节或固定位置。

6. TE 模和 TM 模的区分

由于辐射主要由波导壁处的磁场分量产生，TM 模在波导壁处只有 H_φ 分量，即与主波导轴线相垂直的方向，由于电磁场的磁场与电场互相垂直，因而其辐射场的电场就将在与波导轴线相平行的方向，即 $E // K$，K 为波导中电磁波波数矢量。在空间来说，也就是辐射磁场在 φ 方向（H_φ），电场将在 θ 方向（E_θ），显然，为了使接收喇叭接收 E_θ 场分量，喇叭的宽边就必须平行于 φ 方向，在接收天线基模矩形波导内激励起的电场方向垂直宽边的方向，即 $y-z$ 平面内的 θ 方向（E_θ，矩形波导中的 E_y）。由此可见，矩形喇叭以 $E // K$ 方式接收辐射场时，接收的是 TM 模的辐射。

TE 模在波导壁处既有 H_z 分量，也有 H_φ 分量，其中 H_z 分量与主波导轴线相平行，其辐射场的电场就将在与波导轴线相垂直的方向，即 $E \perp K$，在空间，就应

该在 φ 方向,当接收喇叭的窄边平行于 φ 方向、宽边平行 θ 方向放置时,在基模矩形波导内激励起的电场方向也就是 E_φ(矩形波导中的 E_y)分量。可见,在接收天线中被激励的电场平行于 φ 方向时,即矩形喇叭以 $\boldsymbol{E} \perp \boldsymbol{K}$ 方式接收辐射场时,我们接收的是 TE 模的辐射。尽管 TE 模的 H_φ 分量也可以与 TM 模一样在空间激励起 E_θ 电场,但是它们的辐射方向角 θ_{mn} 是不同的,因此在不同的 θ 角度上测量就可以区分 TE 模和 TM 模。

7. θ_{mn} 接近的模式的区分

辐射方向角 θ_{mn} 十分接近的,接收喇叭无法区分开来的模式,可以将它们分开在不同的 φ 方向上进行测量,比如,在 $\varphi = 90°$ 的 $y-z$ 平面上(图 7-19),在一个模式的辐射方向角上进行测量,然后使整个测量支架绕波导轴旋转,即改变 φ 的大小,在 φ 小于 90°的某个位置的 $y-z$ 平面上,在另一个模式的辐射方向角上进行测量,就可以把两个模式区分开来,由于两次测量是在不同 φ 角上进行的,从而避免了因辐射方向角过分接近,接收喇叭无法放置的障碍。

对于具有相同辐射方向角 θ_{mn} 的简并模式 TE_{0n} 模和 TM_{1n} 模,也可以采用这种方式来区分。

8. 小角度 θ_{mn} 时的测量

由于接收喇叭口径总有一定尺寸,当模式的辐射角 θ_{mn} 很小时,喇叭尺寸将限制将它放置到对应 θ_{mn} 的位置,从而不能接收到辐射信号,这对低次模更为明显。例如,在 W. Kasparek 等的实验中,70GHz 的 TE_{01} 模的辐射角就只有 4.7°,接收喇叭将可能无法放到这样小的角度上去测量,可见,波数谱测量装置的分辨率将受到接收天线尺寸的限制。

解决小辐射角的测量可以采用设置反射镜的方法,它由倾斜的具有长焦距的球面反射面和接收喇叭组成,反射面放置在波数谱测量装置的终端,其焦距等于波数谱测量装置长度的一半,接收喇叭放置在波数谱测量装置中心位置的上方一定高度(图 7-21)。球面反射面和接收喇叭都可以绕各自的轴转动以保证球面反射面能把波束汇聚反射到接收喇叭口面上,从而使小孔阵天线的辐射场能被接收喇叭接收到。

这种测量装置虽然有效地扩展了测量角度范围的低端,理论上甚至可以一直测到 0°,但是反射镜有限的尺寸却限制了辐射角度高端的测量,在 70GHz 频率上,460mm 长、100mm 宽的反射镜能测量的最大辐射角大约是 25°。

7.5.3 波数谱测量实例

下面介绍德国斯图加特大学实际制作的波数谱测量装置的标定和测量结果。

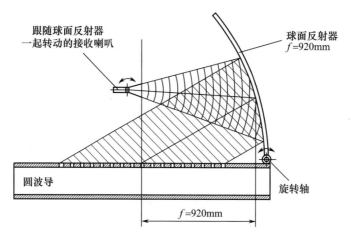

图 7-21 测量小角度 θ_{mn} 辐射的波数谱测量装置的结构示意图

1. 装置的标定

小孔阵天线的标定既可以通过计算来进行,正如上面已指出的,利用小孔辐射理论和场的叠加原理可以从理论上确定空间任一点的辐射功率与波导传输功率之比;也可以通过实验方法,即直接测量不同模式的辐射功率及输入波导的传输功率来得到。理论计算时,需要计算波导场、小孔的耦合度,以及每个模式的辐射方向角,而且只能得出辐射功率的相对值,由于加工公差的存在,使得很多结构尺寸无法精确获得,这给计算也带来了不可避免的误差。实验校准相对来说要简单得多,但必须利用每个模式的单模发生器,如将标定用信号源的输出先变换为 TE_{01} 模,再通过阶梯圆波导产生 TE_{0n} 模某个单模,并输入波数谱测量装置,在波数谱测量装置中激励与单模发生器对应的 TE_{0n} 模,利用接收喇叭在对应该模式的辐射方向上接收信号,就可以通过网络分析仪直接测出该模式的耦合度。

经标定的波数谱测量装置就可以用来进行功率测量,利用小功率计分别测量各模式的功率,进而利用各模式的耦合度就可以求出波导中传输的总功率。

在实际应用中,其实一般并不需要标定耦合度,因为我们主要利用波数谱测量装置来进行模式识别而不是功率测量,因此只要理论计算出每个模式的辐射方向角,与实验测量对比,就可以判定哪些模式的存在。当对接收系统,包括检波器和示波器刻度进行标定后,就同时还可以得到模式之间的相对功率大小。

2. 测量实例

(1) 回旋管 VGE8070 输出模式。

图 7-22 给出了德国斯图加特大学等离子体研究所和马克思-普朗克等离

子体物理研究所对回旋管 VGE8070 的输出模式,利用波数谱测量法进行测量的结果。回旋管输出波导直径为 27.8mm,工作频率为 70GHz,输出模式为 TE_{02} 模。从测量结果上可以看到,除了主模 TE_{02} 模外,还测到 TE_{03}、TE_{13} 以及 TM_{11}、TM_{12} 等模式,它们的相对功率含量是 TE_{03}:3.5%,TE_{13}:6%,TM_{11} 和 TM_{12} <1%。经分析,认为 TE_{03} 模是由于波导锥形段不能做到理想线性变化而引起的,而非对称的 TE_{13}、TM_{11}、TM_{12} 等模,则可能来自于回旋管内部的微小倾斜(准直度稍差)。图 7-22 给出的模式谱还显示在 $\theta=53°$ 和 $62°$ 处存在更高次的寄生模,分别对应 TE_{05} 模和 TE_{16} 模,它们可以通过优化回旋管工作磁场而使功率最小化,以致可以忽略。

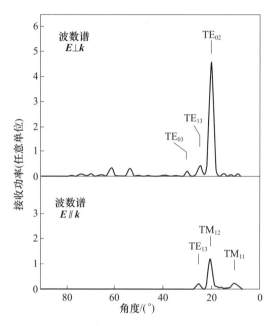

图 7-22　回旋管 VGE8070 的输出模式的波数谱测量法测量结果

(2) 回旋管 VGE8007 输出模式。

图 7-23 和图 7-24 则是连续波回旋管 VGE8007 的输出模式的波数谱测量结果,输出波导直径为 63.4mm,主模仍为 TE_{02} 模,寄生模 TE_{01}、TE_{03}、$\cdots$、TE_{08} 的功率总含量大约占 4%~5%,而 TM_{11}、TM_{12}、TM_{13}、TM_{14} 的含量小于 1%,也就是说,TE_{02} 模的功率纯度达到 94%。这一测量结果是利用了一个反射天线获得的,保证了低次模式(如 TE_{01} 模)的测量。图 7.23 是利用具有直径 170mm 的抛物线反射器的接收天线的波数谱测量装置测得的结果,图 7-24 则是利用 460mm 高、倾斜放置的球面反射面和矩形喇叭接收器测得的结果。

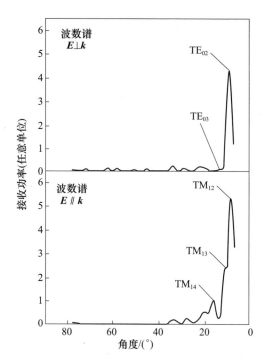

图 7-23 连续波回旋管 VGE8007 利用图 7-20 所示的波数谱测量装置测量的结果

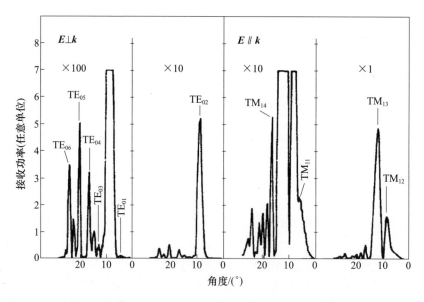

图 7-24 连续波回旋管 VGE8007 利用图 7-21 所示的波数谱测量装置测量的结果

3. 波数谱测量法优缺点

图 7-25 给出了作者的课题组研制的波数谱测量装置的实物照片。

图 7-25 电子科技大学研制的波数谱测量装置实物照片

波数谱测量具有以下优缺点：

小孔阵天线法的最大优点在于它可以测量的模式在理论上几乎不受限制，同时还可以进行在线测量，由于被测量的通过小孔阵辐射的辐射场只是波导中传输功率的很小一部分，波导中绝大部分微波能量可以正常传输给工作负载，因而测量过程并不影响微波系统的正常工作。

它的不足是由于测量时接收喇叭需要在 θ 方向甚至 φ 方向移动，需要一定时间，因而难以做到动态测量和实时测量。这给高功率微波单次脉冲或低重频脉冲的测量带来了困难，虽然我们可以事先沿测量轨道布满接收喇叭，或者在一些估计波导中可能存在的模式所对应的 θ_{mn} 值上布置接收喇叭，从而实现动态测量和实时测量，但毕竟不十分方便。一种解决办法是采用类似于 3.4 节中介绍的功率归一化的测量方法，即利用一个固定的对比喇叭进行同时测量，然后将在不同炮次的单次脉冲在不同辐射方向上的测量结果都对对比喇叭的测量结果进行归一化，从而避免了不同炮次单次脉冲之间输出功率不同带来的模式相对功率测量的不确定性，也避免了在测量轨道上对应每个模式的辐射方向都需要安置接收喇叭的麻烦，具体方法可以参考 3.4 节中的介绍。

另外，接收喇叭的口径尺寸限制了测量的空间角向分辨率和在最小 θ_{mn} 角上的测量，这给具有小辐射角 θ_{mn} 的低次模的测量带来了困难，必须采用一个安装在波导终端的可转动球面反射天线来解决。

尺寸大，加工精度要求高，也是波数谱测量法的一个缺点。

在以上介绍的现在已经提出来的各种模式识别和测量的方法中，每种方法都有各自的优缺点，没有一种方法是完美的。相比较而言，图像显示法、热像分析法和辐射场测量法中的直接判别法比较简单,在单一模式或少量模式同时存在的情况下对模式的识别具有足够的准确性,因而是目前采用得最为广泛的一类模式识别方法。而波数谱测量法和选模耦合测量法具有在线测量、多模测量的优点,其中选模耦合法模式识别更具有可以瞬时测量和连续测量的优点;主要缺点是一次性成本较高,测量装置加工精度要求高,但一旦测量装置加工完成后,测量过程还是十分简单。

还有一些更复杂的模式测量方法,比如,在周期不均匀波导或辐射场的若干不同截面上进行场幅值测量,然后用迭代法求出它们的相位,最后可以对任意截面上的场分布进行重组从而识别模式的方法等,这些方法在实际模式测量中几乎从没有得到应用,而是在从事其他领域研究时涉及到的,因此我们也不再进行介绍。

第8章 高功率微波频率的测量

高功率微波由于脉冲宽度只有数十纳秒,因此常规的频率测量方法,如数字式频率计、谐振式波长计等都不再适用于高功率微波的频率测量。但是,频率测量是高功率微波测量中最基本的参数测量之一,频率参数是高功率微波源的状态调整和功率、模式等其他高功率微波测量装置的定标依据,因此,高功率微波频率测量一直是人们关注的关键技术,并致力于其测量方法的研究和准确可靠的测量装置的研制。

8.1 色散线法

8.1.1 常规色散线法

色散线法是高功率微波频率测量中应用得最为广泛的一种方法,它简单、可靠,利用短脉冲微波在具有色散特性的波导系统中传输时间与频率的关系,通过测量微波包络在色散线中传输的延迟时间来确定频率。

1. 基本原理

(1) 理论基础。

色散线法的基本原理在于:不同频率的微波在波导中传输时,会产生色散,色散引起微波的相速 v_p 和群速 v_g 都会随频率而改变。

$$v_p = \frac{c}{\sqrt{1-(f_c/f)^2}} \tag{8.1}$$

$$v_g = c\sqrt{1-(f_c/f)^2} \tag{8.2}$$

式中:c 为自由空间光速;f_c 为传输模式在波导中的截止频率;f 为微波频率。作为色散线的波导一般都是接收喇叭接收到的微波信号的传输波导,采用的都是基模标准波导,所以 f_c 很容易确定。

微波脉冲经检波器检波后在示波器上显示的是脉冲包络,即波包,波包的传输速度是群速,因此微波在波导中传输一段距离后,检波器检出的信号,即波包就将比进入波导的时间延迟一定时间 T,

$$T = \frac{L}{v_g} = \frac{L}{c\sqrt{1-(f_c/f)^2}} \tag{8.3}$$

式中：L 为电磁波在波导中传输的长度。

群速 v_g 与微波频率相关，因此就可以由式(8.3)得到频率表达式为

$$f = \frac{f_c}{\sqrt{1-(L/cT)^2}} \tag{8.4}$$

由于群速 v_g 与微波频率相关是因为波导的色散而引起的，因此我们将 L 长度的波导称为色散线。这样，就可以将高功率微波源输出的微波脉冲经衰减后利用定向耦合器或者 T 形分支波导、魔 T 等分成两路，一路信号直接检波出脉冲包络，另一路信号输入一定长度的色散线后再检波输出，两路信号检波得到的脉冲包络一起输入示波器显示，在示波器上读出经色散线延迟后的脉冲包络相对直接检波得到的脉冲包络的延迟时间 T，利用式(8.4)即可求出微波频率，这种测量微波频率的方法就称为色散线法。

显然，色散线越长，微波脉冲通过色散线产生的时间延迟就越大，T 的读数误差相对就越小，导致频率测量也就越准确。另外，对于不同的频率成分，色散线越长，它们在通过同一色散线后产生的时间延迟差别也就越大，即频率分辨率越高。

(2) 色散线法的不足。

① 微波脉冲，尤其极短脉冲包含有丰富的频谱成分，一般情况下波导色散线只能测量微波信号的载频，不能测量脉冲的频谱。

② 对于不同频率的微波脉冲或者同一脉冲中的不同微波频率(指不同频率的载频而不是脉冲频谱中的谐波)成分，频率的分辨率与波导色散线的长度成正比，要提高分辨率就应该增加波导长度，从而导致成本上升、体积增大，尤其对低频段的高功率微波，波导尺寸比较大，过长的波导色散线的制造成本和体积往往都比较庞大。

③ 微波脉冲是由不同频率的时间谐波组成的，这些不同频率成分在通过色散线时将产生不同的延时，这就会使得脉冲包络经过色散线后形状失真，脉冲包络变宽，导致因包络变宽使之不能精确确定时间测量点，引起不确定性误差。

④ 微波脉冲经过几十米长的色散线将受到严重衰减，尤其对功率较弱的单次脉冲信号，在色散线终端甚至会达不到检波器的灵敏度极限，示波器检测不到信号。

⑤ 色散线法测量频率的可测范围将受波导工作频率范围的限制。另外在低端频率，不同频率的群速差异很大，色散可能会导致的脉冲失真亦相对严重，将限制频率测量的准确性。

2. 测量方法

（1）测量系统。

色散线法进行高功率微波频率测量的系统框图如图 8-1 所示。

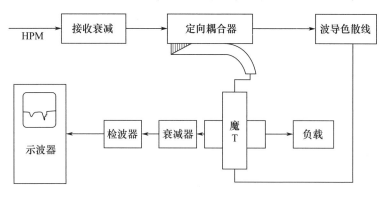

图 8-1　用色散线法测量高功率微波频率的系统框图

图中：HPM 是高功率微波源；接收衰减是指将高功率源输出的微波功率衰减到测量系统可以接受的电平的装置，在一般情况下，进入色散线的微波模式都是 TE_{10} 模，色散线采用的都是基模矩形波导，因此，图中的接收衰减实际上通常都指的是辐射喇叭-接收喇叭装置，因为在接收喇叭中激励的就是 TE_{10} 模，当然，为了进一步降低信号功率电平，接收衰减还应该包括在接收喇叭后引入的衰减，如定向耦合器、探针、固定衰减器等。图 8-1 中的定向耦合器是为了将被测微波脉冲信号分成两路，被耦合出来的一路信号（称为起始信号）进入魔 T，由于该路信号将经魔 T 直接进入检波器，功率可能比较大，因此必要时还应引入衰减器，以保证信号功率电平在晶体检波器允许承受的范围内，然后经检波后输入示波器指示起始时间。由定向耦合器直通端输出的另一路信号通过波导色散线后进入魔 T 的另一臂，并与起始信号一起由魔 T 的同一端口输出，经同一个检波器检波后输入示波器将两路信号比较，测定延迟时间，从而计算出频率。由于两路信号在时间上是分开的，所以它们一般不会叠加在一起。

魔 T 的作用在于将定向耦合器分成的两路微波信号经同一端口输出，两路信号分别由魔 T 的 E-T 分支端口和 H-T 分支端口输入，它们都将在魔 T 的直通波导（主波导）的两端口输出，其中一个端口输出的信号进入检波器经检波后其包络由示波器显示，另一个端口输出的信号则由匹配负载吸收。要注意的是，进入魔 T 的 H-T 分支的信号，在直通波导（主波导）的两端口输出的是同相信号，而进入魔 T 的 E-T 分支的信号，在直通波导（主波导）的两端口输出的是反相信号。这样，分别由 H-T 分支和 E-T 分支输入的两路信号在同一端口输出时,示波器上显示的包络波形就有可能是反相的,这时,只需要将直通波导(主波导)的输出端口换成另一个端口输出即可成为同相的波形。

(2) 测量实例。

我们举出国防科技大学对研制的 C 波段磁绝缘线振荡器,利用色散线法进行频率测量的结果为例,说明该方法在高功率微波频率测量中的实际应用。

图 8-2 为磁绝缘线振荡器 CD-MILO 的测量结果,图中上部是脉冲发生器输出的电流波形曲线,下部是频率测量曲线(脉冲包络波形)。其中包络波形的两个峰的时间差是 96ns,使用的色散线长度是 22.24m,采用 BJ48 标准波导,TE_{10} 模的截止频率 f_c 为 3.152GHz。根据式(8.4)立即可算出该磁绝缘线振荡器的工作频率是 4.96GHz。

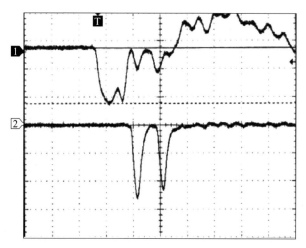

图 8-2 国防科技大学磁绝缘线振荡器 CD-MILO 的频率实测波形

图 8-3 则给出了磁绝缘线振荡器 CV-MILO 的测量结果,同样采用 BJ48 标准波导作为色散线,长度是 20.17m,测得两个包络波形的时间延迟是 87.94ns,计算得到的频率是 4.89GHz。图中上部的曲线是电压波形,下部是频率测量的脉冲包络波形。

示波器显示的时间有 ±2ns 的误差,在上述测量条件下,对应的频率误差为 ±0.15GHz。

8.1.2 环流波导色散线法

1. 环流波导色散线法基本思想

(1) 测量系统。

由上面的分析可以得出结论,为了提高色散线法的频率分辨率,就需要增加

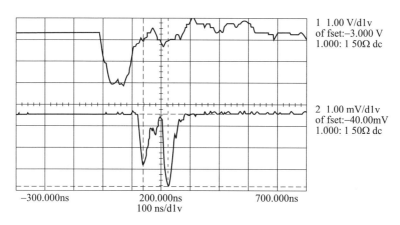

图 8-3　磁绝缘线振荡器 CV-MILO 的频率实测波形

波导色散线的长度；但是色散线长度的增加，又必将导致损耗增加，以及因微波脉冲中不同频率成分的相速不同而引起波形失真，影响频率测量的准确性，色散线过长，同时成本、体积也会迅速增加。为了克服这种频率分辨率与波导色散线长度之间的矛盾，西北核技术研究院提出了环流波导色散线测量法，该方法的测量系统如图 8-4 所示。

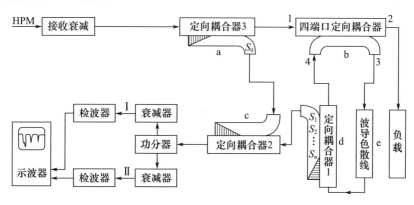

图 8-4　环流波导色散线法测量系统图

微波脉冲信号由高功率微波源经过必要的接收衰减（辐射－接收喇叭和衰减器等引起的总衰减）输入环流波导测量系统。与常规色散线法一样，在高功率微波输入该测量系统时，利用定向耦合器 3 的耦合输出端获得一个初始参考信号 S_0，而主要的脉冲信号则由它的直通端口输出并输入四端口定向耦合器主波导的 1 端口，由四端口定向耦合器耦合出来的部分功率则由副波导的端口 3 输出，该部分信号功率进入波导色散线，然后输入定向耦合器 1 的主波导，经过它的直通端口输出再进入四端口定向耦合器的端口 4，并在副波导中从端口 4

直接传输到端口 3 输出,当然进入端口 4 的信号也会有小部分耦合进入主波导,通过主波导再耦合到副波导由端口 3 输出,显然,这部分信号将远比在副波导中直接传输到端口 3 输出的信号小。信号通过主波导耦合到达端口 3 与直接经过副波导到达端口 3,两条路径中的传输长度可以认为相等,由于在这里主、副波导都是工作在 TE_{10} 模,而且主、副波导尺寸一般都相同,因此信号通过两条路径的相位移也可以认为相同,输出信号就会相互叠加。从端口 3 输出的信号再次进入波导色散线,从而完成了脉冲信号的一次循环。经过色散线的的信号又一次经由定向耦合器 1 的主波导返回四端口定向耦合器并从端口 3 输出进入色散线,……如此就可以不断循环下去。而每循环一次,定向耦合器 1 将会耦合输出一部分信号,可依次记为 S_1、S_2、$\cdots$、S_n。当然,由于循环系统本身存在损耗,所以信号在循环过程中会越来越弱。由四端口定向耦合器的直通端口输出的信号则由吸收负载吸收。

(2) 信号关系。

进入四端口定向耦合器主波导中的微波脉冲功率除了被耦合出小部分由副波导端口 3 输出外,大部分功率将由直通端口 2 输出并进入负载被吸收。微波脉冲在环路中每循环一次,定向耦合器 1 就会输出一次信号,经过 n 次循环,就会输出 S_1、S_2、$\cdots$、S_n 共 n 次脉冲信号。由定向耦合器 3 耦合出来的初始信号 S_0 和由定向耦合器 1 耦合出来的信号 S_1、S_2、$\cdots$、S_n 都输入定向耦合器 2,按理在定向耦合器 2 的输出端就可以直接连接检波器,经检波后输入示波器显示了。由于未通过色散线的参考信号 S_0 与经过色散线的信号 S_1、S_2、$\cdots$、S_n 的幅度会相差很大;而且由于信号在循环过程中会越来越弱,致使 S_1、S_2、$\cdots$、S_n 相互之间的幅值也会相差很大,这样若使用同一个检波器,检波器就难以承受信号很大时的功率。另外,由于检波器的线性范围比较小,同一只检波器很难兼顾幅值差别很大的信号的检波,致使在信号较大时必然会引起失真。因此,必须将定向耦合器 2 输出的信号分成几路,同时加上微波限幅器,抑制参考信号和环流次数少的信号幅度,以避免损伤检波器,并确保信号不失真。

为了能对检测得到的多个信号进行精确的时间比较,应该要求各个信号经过的不包括波导色散线的线路长度(即对应时间长度)相等或者它们之间线路长度的差相等,以保证在示波器上显示的时间差单纯由色散线引起,而不包含除色散线外的传输线路长度不同引起的时间差异。具体来说,S_0 从定向耦合器 3 到定向耦合器 2 经过的路线只有 L_{ac},S_1 从定向耦合器 3 到定向耦合器 2 不包括波导色散线经过的路线是 $L_{ab} + L_{dc}$(由于波导色散线两端一般直接接定向耦合器,所以认为 $L_{be} = L_{ed} = 0$),而循环信号从定向耦合器 1 经四端口定向耦合器环行到定向耦合器 2 得到的 S_2,不包括波导色散线经过的路线是 $L_{db} + L_{dc}$,因此,S_0

与 S_1 的路线差(时间长度)是 $L_{ac}-L_{ab}-L_{dc}$，而 S_1 与 S_2 的路线差是 $L_{ab}-L_{db}$，两者要相等，即 $L_{ac}-L_{dc}=2L_{ab}-L_{db}$，这样一来，$S_1$、$S_2$ 与 S_0 在示波器上显示的时间延迟将都仅取决于信号在波导色散线中通过的时间，从而保证了信号 S_1、S_2、…、S_n 之间的时间关系一致。

(3) 多频脉冲信号的测量。

在一个脉宽为 τ 的微波脉冲中，如果包含不同频率(载频)的微波成分，其包含的不同频率成分不一定分布在同一个时刻，即在一个脉冲中的不同时刻可能存在不同频率的微波，比如两个不同的频率 f_1 和 f_2 分别在脉冲宽度内的 t_1、t_2 时刻，普通色散线测量延时 T 是以未色散的脉冲信号 S_0 的某一个时刻为基准的，而没有计及脉冲本身的宽度，这样，不同频率成分的微波在脉冲时间内的时间位置将被忽视，从而使脉冲中的不同频率成分不能够得到区分。

利用环流波导色散线后，可测得经 1 次、2 次、…、n 次色散后的多个脉冲波形，如图 8－5 所示，这时，环流若干次(一般只需 2～3 次已足够)后脉冲中不同频率的脉冲部分由于延迟的不同已经分开，而且在各次环流输出中对应 f_1、f_2 的脉冲部分它们各自的时间间隔 T_1、T_2 是固定不变的，它们由色散线长度确定。因此，我们就可以通过测量相邻次环流输出的 T_1 和 T_2 的大小和循环次数推出 f_1 和 f_2 在 S_0 中的时间位置，从而消除脉宽引起的测量不确定性，以及确定脉冲中各频率成分的时间分布，同时计算出各频率成分的频率大小。但要注意，这里测出的是同一脉冲中包含的在不同时刻的不同微波频率，而不是同一脉冲中的不同谐波成分的不同频率。

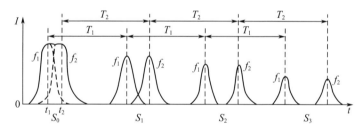

图 8－5　双频微波脉冲在环流波导色散线中传输色散示意图

2. 环流波导色散线主要性能与应用

(1) 环流波导色散线主要性能。

环流波导色散线测量频率的范围取决于所采用的波导、装置中所用的各元件及检测器件的工作频带宽度，测量的不确定度和分辨率还与记录系统测量时间的不确定度有关，西北核技术研究院研制的环流波导色散线具有以下性能：

① BJ100 波导的色散线长度 $L=77.76\text{m}$，环流四次的衰减 $\leqslant 15\text{dB}$，频率不确

定度<2%。

② BJ58 波导的色散线长度 $L=46.0\mathrm{m}$，环流六次的衰减≤3dB，频率不确定度<2%，频率时间分布测量的不确定度<2ns。

(2) 实测波形。

图 8-6 给出了由 BJ58 波导构成的环流波导色散线频率测量的波形，其中图 8-6(a)是单频微波脉冲的测量波形，图中显示 4 次环流的输出结果，第一个波形是 S_0，然后依次为 S_1、S_2、S_3 和 S_4。而图 8-6(b)是微波脉冲中含有两个频率成分的测量结果，可以明显看出，经过两次环流，两个频率分量就已经清楚分开。

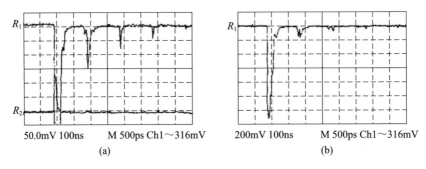

图 8-6　BJ58 环流波导色散线频率测量结果
(a)单频微波脉冲；(b)双频脉冲。

8.2　混频法(外差法)

色散线法设备简单，测量方便，是目前在高功率微波频率测量中应用得最为广泛的方法，但是正如我们在 8.1 节已指出的，它也有一些缺点和应用上的限制，为克服色散线法频率测量方法的不足，可以采用混频法。混频法测量装置体积小、重量轻、灵敏度高；能对测得的混频后的中频信号进行即时的快速傅里叶变换，从而不仅可以直接读出中频频率，由此推算得到微波频率，而且还能得到单次脉冲微波的脉宽。

8.2.1　混频法测量原理

混频二极管的伏安特性呈现出非线性电阻的特点，因此，微波混频器是一种非线性电阻频率变换电路。混频测量法是将微波信号频率降低为中频信号再进行频率测量的一种方法，因为中频信号的处理，比如，对信号的放大要比直接处理高频信号方便而且可靠得多，混频法又可称为外差法。混频法的工作原理是将一个待测微波频率的信号 f_s 和频率已知的本振信号 f_L 一起输入混频器中,在混频器中两个信号混合产生差频 $f_d = f_L - f_s$(或者 $f_s - f_L$),所得到的差频信号频率 f_d 比微波频率 f_s 低得多,称为中频,它可以不经检波直接被示波器检测,通过傅里叶变换得到待测的中频频率并由此求得微波频率。

(1) 本振信号比待测信号大得多时。

设加到混频二极管上的电压为

$$V = V_s\cos\omega_s t + V_L\cos\omega_L t \tag{8.5}$$

式中:$V_s\cos\omega_s t$ 为待测频率的微波信号;$V_L\cos\omega_L t$ 为本振信号。如果混频管对所加电压 V 呈现出的电导是 $g(t)$,则流经混频管的电流 i 与电压 V 之间的关系可表示为

$$i = g(t)V = f(V) = f(V_s\cos\omega_s t + V_L\cos\omega_L t) \tag{8.6}$$

其中

$$g(t) = \frac{\mathrm{d}i}{\mathrm{d}V} \tag{8.7}$$

由于电压是随时间变化的,所以电导 $g(t)$ 也随时间变化,称为时变电导。可以将 $g(t)$ 展开成傅里叶级数,当 $V_s \ll V_L$ 时(如雷达接收机前端),可以忽略 $V_s\cos\omega_s t$ 的存在,这样 $g(t)$ 近似成为

$$g(t) = g_0 + 2\sum_{n=1}^{\infty} g_n\cos\omega_L t \tag{8.8}$$

式中:g_0 为二极管的平均混频电导;g_n 为对应本振信号 $V_L\cos\omega_L t$ 的 n 次谐波的混频电导。

由于 $V_s \ll V_L$,可以认为二极管的工作点随本振电压变化,而待测微波信号仅是一个微小的电压增量,因此回路电流 i 可以在各工作点展开为泰勒级数。

$$\begin{aligned} i &= f(V) = f(V_0 + V_s\cos\omega_s t + V_L\cos\omega_L t) \\ &= f(V_0 + V_L\cos\omega_L t) + f'(V_0 + V_L\cos\omega_L t)V_s\cos\omega_s t + \\ &\quad \frac{1}{2!}f''(V_0 + V_L\cos\omega_L t)(V_s\cos\omega_s t)^2 + \cdots \\ &= i_g(t) + i_m(t) \end{aligned} \tag{8.9}$$

式中:第一项为在本振信号激励下流过二极管的大信号电流 i_g,它包含直流部分和本振基波信号激励的电流部分;展开式中的其他各项为二极管中的小信号电流 i_m,当 V_s 很小时,i_m 可忽略 V_s 的二次及更高次项,仅取其一次项,即式中第二项。

这样,由式(8.6)~式(8.9)可知,二极管中的小信号成分就可以近似为

$$\begin{aligned} i_m(t) &= f'(V_0 + V_L\cos\omega_L t)V_s\cos\omega_s t \\ &= (g_0 + 2g_1\cos\omega_L t + 2g_2\cos2\omega_L t + \cdots)V_s\cos\omega_s t \\ &= g_0 V_s\cos\omega_s t + \sum_{n=1}^{\infty} g_n V_s\cos(n\omega_L \pm \omega_s)t \end{aligned} \quad (8.10)$$

式中:第一项为微波信号的基波电流;第二项为输出的中频信号电流($n=1$)和高次谐波电流。由式(8.10)可以看出:

① 在混频器中产生了无数个组合的频率分量,采用中频带通滤波器,就可以取出所需的中频分量而将其他组合频率过滤掉。

② 由式(8.10)可得到中频分量($n=1$)振幅为

$$I_0 = g_1 V_s \quad (8.11)$$

中频电流振幅与待测微波信号振幅 V_s 成正比,即在小信号时,混频器输入端微波信号幅值与输出端中频信号幅值之间具有线性关系,式(8.10)也表明,中频分量的频率应该是($\omega_L \pm \omega_s$)。

③ 混频过程中,当本振是强信号时,会产生无数谐波,但谐波功率大约随谐波次数 n 呈 $1/n^2$ 而变化,因此混频电流的组合分量强度随本振信号谐波次数 n 的增加而很快地减小。通常只有主要的几个特殊频率分量才会对变频效率产生较大影响,这些频率分量是:和频 $\omega_+ = \omega_L + \omega_s$,差频 $\omega_0 = \omega_s - \omega_L(\omega_s > \omega_L)$ 或 $\omega_0 = \omega_L - \omega_s(\omega_L > \omega_s)$,$\omega_s$ 与 $2\omega_L$ 产生的镜像频率 $\omega_i = 2\omega_L - \omega_s = \omega_L - \omega_0$ 分量。

(2) 待测信号强度相当大时。

在上述小信号分析中,没有考虑本振信号和微波信号的初相位,即认为它们的初相位为 0,实际上两者之间是会有相位差的。在高功率微波的频率测量中,显然条件 $V_s \ll V_L$ 将不会再得到满足,在 V_s 足够大的情况下,V_s^2 和以上的高次项不再能忽略,混频电流的谐波分量大为增加,而且待测频率的微波信号与本振信号两者之间还会存在相位差,这种情况下,微波信号和本振信号应表示为

$$\begin{aligned} u_s &= V_s\cos(\omega_s t + \varphi_s) \\ u_L &= V_L\cos(\omega_L t + \varphi_L) \end{aligned} \quad (8.12)$$

式中:φ_L、φ_s 分别为本振信号和微波信号的初相位。我们略去烦琐的推导过程,直接写出回路电流 $i(t)$ 的最终表达式为

$$\begin{aligned} i(t) &= \sum_{n=-\infty}^{\infty}\sum_{m=-\infty}^{\infty} |\dot{I}_{n,m}| e^{j(n\varphi_L + m\varphi_s)} e^{j(n\omega_L + m\omega_s)t} \\ &= \sum_{n=-\infty}^{\infty}\sum_{m=-\infty}^{\infty} \dot{I}_{n,m} e^{j(n\omega_L + m\omega_s)t} \end{aligned} \quad (8.13)$$

式中:$\dot{I}_{n,m}$ 为每个($n\omega_L + m\omega_s$)频率分量的复数振幅,n 和 m 为本振信号和微波

信号的谐波次数。

由式(8.13)可见,混频电流 $i(t)$ 中包含微波信号 ω_s 和本振信号 ω_L 所有可能的各次谐波的组合,它比微波信号是小信号时的组合分量丰富得多,除了我们需要的中频分量外,其他谐波频率成分应尽可能设法抑制。

由式(8.13),可以得到实数中频电流为

$$i_0(t) = 2|\dot{I}_{-1,+1}|\cos[(\omega_s - \omega_L)t - \varphi] \quad (8.14)$$

中频信号的频率可以是$(\omega_s - \omega_L)$,也可以是$(\omega_L - \omega_s)$,取决于ω_s比较于ω_L的大小,φ是本振信号和微波信号的初相位差。

如果待测微波信号的频率比较高,这时为了使中频信号频率仍旧比较低,同时不使本振频信号频率也随之提高过多,或者说在测量更高微波频率时为了降低对本振信号频率的要求,可以利用本振信号的n次谐波进行组合,即让差频成为$f_d = f_s - nf_L$(或者$nf_L - f_s$),n为本振信号的谐波次数。

8.2.2 混频法测量系统的实验研究

混频系统在准确测量前必须通过实验进行定标,输入微波信号功率大小对中频信号的影响,也需要通过实验确定。

1. 测量系统

混频法测量系统主要由混频二极管、低通滤波器、晶体本振振荡器、直流电源和示波器等组成,如图8-7所示。图中,高功率微波(HPM)经接收衰减器后输入混频器,晶体管振荡器作为本振源输出的本振信号也同时输入混频器,如果事先对本振源的频率与对晶体管所施加电压的关系特性曲线作出标定,就可以通过电压值直接知道本振源输出信号的频率大小。也可以采用标准微波信号源输出信号作为本振信号,其频率在仪器上能够直接读出。

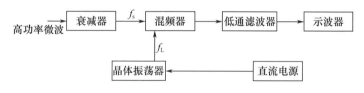

图8-7 混频法测量系统示意图

由于本振信号的谐波 nf_L 也可能与被测信号 f_s 混频产生高频信号,因此混频器输出信号中就可能不仅包含中频成分,还会包含高频成分,为了去除高频成分,在混频器输出端接入一个低通滤波器将高频信号滤掉,剩下中频信号进入示波器,在示波器上可以直接测出中频信号频率 f_d。

微调本振信号的频率,如果 f_d 随 f_L 的增加而降低,则说明 $f_d = f_s - f_L$,所以待

测频率 $f_s = f_L + f_d$;反之,如果 f_L 增加,f_d 随之增加,说明 $f_d = f_L - f_s$,则显然 $f_s = f_L - f_d$,一般情况下改变几次本振信号的频率就可以确定待测信号频率 f_s 应该按本振频率加还是减中频频率计算。

中频指示采用带宽足够的示波器,就可以在示波器上直接显示出中频波形,从而读出频率。

利用混频法进行脉冲微波频率测量时,对作为本振信号的晶体管振荡器或标准信号源的频率稳定性要求很高,否则,所测得的微波频率会出现漂移。

2. 本振信号和被测信号的功率范围

由于混频器的种类和型号很多,混频器选择的好坏将会直接影响输出信号的质量。首先,应根据本振信号的功率电平选择混频器,混频器工作的基本条件是需要加功率相对较高的本振信号,这样可尽可能降低混频器的失真;其次,应选择符合我们要求的混频器的工作频率范围;最重要的是混频器动态范围的确定,使用不当,超出混频器动态范围使用,就可能会造成混频器的损坏或中频输出信号失真。

被测微波信号输入混频器的功率过小时,将可能使终端显示示波器不能测到中频信号,即使可以显示出中频信号波形,也可能会存在失真或者严重的干扰信号影响对中频的准确测量,所以应当调节待测微波信号功率,使中频输出获得最便于测量的比较完整的波形。图 8 - 8 给出了国防科技大学得到的当微波单次脉冲输入功率太小和比较合适时的中频输出波形,可以明显看出,当待测微波脉冲信号功率仅有 - 3dBmW 时,输出中频波形在脉冲前端幅度较小,而尾部幅度较大,脉冲波形明显畸变;而当输入功率达到 16dBmW 时,中频波形就比较好,在该波形上就可以方便地测出中频频率。

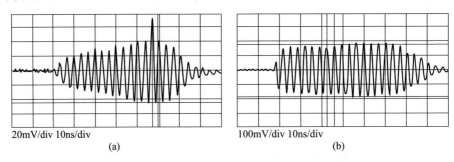

图 8 - 8 混频器输入微波功率不同时输出的中频波形
(a)输入功率 - 3dBmW;(b)输入功率 16dBmW。

3. 频率测量误差的标定

混频系统对频率测量的精度是最主要的一个技术参数,常用测量误差 Δf 来表示。频率测量误差的标定可采用两台标准微波信号源进行,其中一台模拟被测信号,另一台作为本振信号。设模拟被测信号的标准信号源输出微波的频率标称值为f_s,作为本振信号的标准信号源输出信号的频率为f_L,则通过混频系统测量中频频率f_d而得到的微波信号频率为

$$f_s' = |f_L \pm f_d| \tag{8.15}$$

测量的相对误差就可表示为

$$\Delta f = |f_s - f_s'|/f_s \tag{8.16}$$

中国工程物理研究院对 X 波段渡越振荡管频率测量的结果表明,当中频频率在 1GHz 以下时,混频系统的相对测量误差小于 0.074%,在中频频率为 1GHz 以上时,相对测量误差小于 0.015%。

4. FFT 变换

美国洛斯·阿拉莫斯国家实验室对虚阴极振荡器研究时,微波能量从虚阴极振荡器锁频谐振腔的径向耦合口输出,经一定衰减后输入到混频系统,示波器显示混频器输出的中频信号如图 8-9(a)所示,对该波形进行快速傅里叶变换(FFT),得到如图 8-9(b)所示的结果,根据该图给出的中频信号频率即可算出虚阴极振荡器的输出脉冲微波频率为 825MHz,由 FFT 波形可测得其 3dB 带宽约为 0.3%,在 825MHz 频率上即约为 2.4MHz。

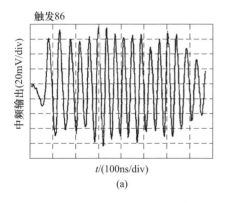
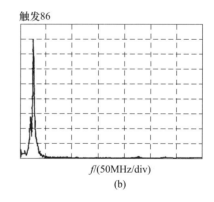

图 8-9 虚阴极振荡器频率混频法测量结果
(a)中频信号时域波形;(b)FFT 变换后的频域波形。

8.3 滤 波 法

8.3.1 滤波器测量法

1. 固定带通滤波器

滤波法就是将微波信号可能所在的频率范围分成若干频段,每个频段对应

一个带通滤波器,当微波信号同时输入这些滤波器时,哪个滤波器有信号输出,就说明微波信号的频率处于该滤波器对应的通带频段内。采用带通滤波器是滤波法测量频率最直接的方法,但是也可以采用截止波导的组合,因为波导本身就是一个高通滤波器。可见,该方法一般情况下只能用来确定高功率微波信号的频率落在哪个频段范围内,并不能直接精确测定频率大小。

(1) 带通滤波器法。

多路带通滤波器检波法模拟频谱分析仪原理,如图 8-10 所示,待测频率的高功率微波源经衰减后输入测量系统,由等分功分器分成 n 路,进入每路对应的滤波器,n 个滤波器合成的通带范围覆盖整个待测信号可能的频率区域。例如,高功率微波源输出信号设计在 12~8GHz 的 X 波段,则 n 个滤波器的通带组合在一起覆盖的频率范围就应该不小于 $\Delta f = 12 - 8 = 4(\text{GHz})$,而且第一个滤波器通带的低端频率($f_L$)应该从 8GHz 开始,然后第二个、第三个…通带中心频率依次增加,直至最后第 n 个滤波器,其通带的频率高端(f_H)达到 12GHz。n 个滤波器的通带带宽应该做到互相连接但又互相不重叠,如图 8-11 所示,在理想情况下,如果每个滤波器的通带带宽相同,则每个滤波器的通带带宽就应该是 $\Delta f/n$。通带带宽可以是 0.5dB 带宽,也可以是 1dB 带宽,还可以是 3dB 带宽,或者根据需要自己定义的带宽,图 8-11 显示的就是每个滤波器为 3dB 通带带宽时由 n 个滤波器组成的测量系统总的频率响应曲线。

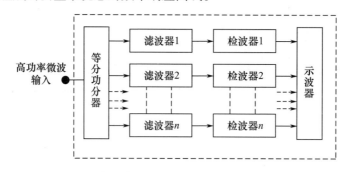

图 8-10 多路带通滤波器法频率诊断系统原理框图

(2) 带通滤波器法的频率测量。

高功率微波信号在 n 个滤波器中通过某一个滤波器输出,经过检波器检波后进入示波器指示,根据存在输出信号的滤波器的通带带宽,就可以确定微波信号的待测频率就是落在该频带内。显然,在同样的 Δf 下,如果每个滤波器的通带带宽越窄,则为了覆盖整个 Δf 的频率范围,所需要的滤波器也就越多,由此在频率测量时,能确定的待测频率所在的频率范围也同样越窄,换句话说,频率测量的准确率越高。

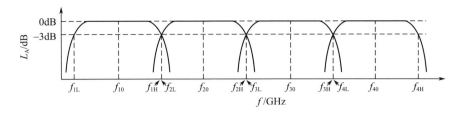

图 8-11 多路带通滤波法频率测量系统中各滤波器的频率响应间的理想关系
(下标 L 表示通带低端、下标 H 表示通带高端、下标 0 表示通带中心频率)

显然,为了能够利用带通滤波器检波法准确测定频率,就必须要求测量系统中每个滤波器的通带带宽能窄到我们要求的频率测量精度。例如,如果要求频率测量精度达到 1MHz,则每个滤波器的通带带宽也必须窄到 1MHz。如果系统中每个滤波器的通带带宽比较宽,超过我们所要求的频率测量精度,则这时测量得到的只是待测频率的范围,而不能直接测定待测频率的精确值。实际测量时,可以分级进行,以减少所要求使用的滤波器数量,如对一个 $\Delta f = 4GHz$ 频率范围的微波源进行频率测量,测量精度要求达到 1MHz,就可以第一次用 4 个 1GHz 通带带宽的滤波器阵列测量,使被测频率被确定在某个 1GHz 带宽范围内,然后再用 10 个 100MHz 通带带宽的滤波器阵列测量,被测频率就可以被锁定在某个 100MHz 的带宽范围内,依此类推,再用 10MHz、1MHz 通带带宽的滤波器阵列测量,最终就可以将被测频率的精度提高到 1MHz。

由于滤波器的频率响应曲线在通带两端不可能是完全瞬时变化的,它总会有一个缓慢变化的过程,这就使得在每两个滤波器频率响应曲线的交接处,必然会在一定频率范围内出现频率响应曲线重叠的现象,从而导致相邻两个滤波器能够同时工作,即微波信号会同由这两个滤波器输出,则这时待测频率就落在该两个滤波器响应曲线重叠的频率范围内。如果该重叠的频率范围可以确定的话,则该范围一般比滤波器本身的通带范围要窄得多,也就是提高了频率的测量精度;如果频率重叠的范围不能确定,在这种情况下,一般应该取输出信号幅值比较大的滤波器的通带作为被测信号的频率范围,当然,输出信号的幅值应该事先经过校准。

带通滤波法测量频率的分辨率可以通过设计滤波器的通带宽度、滤波器数量及其频率响应曲线来实现。

2. YIG 调谐滤波器

上面介绍的是滤波器的通带固定不变的测量方法,为了适应在宽频带范围内找出待测的频率,即使采用分级测量,也仍然必须用到大量的滤波器来覆盖整个待测频率可能所在的频率范围,这就使得测量系统复杂、体积大、成本高、测量时间长。利用中心频率可调的调谐滤波器,就可以做到用一个滤波器的快速宽带调谐,覆盖整个待测频率可能所在的频率范围,从而测出待测的频率,显然采用这种方法就会简单方便得多,测量系统也会简化得多,体积小、成本低,这种可调谐的滤波器就是 YIG 调谐滤波器。

(1) YIG 调谐滤波器原理。

YIG 是微波铁氧体的一种,它的中文名称为钇铁石榴石。YIG 单晶体是以高纯度的 Y_2O_3 和 Fe_2O_3 按照一定的比例,加入助熔剂 PbO,经过烧结而自然结晶生长得到的单晶体。

微波铁氧体中的所有自旋电子会产生一个合成磁矩 M,在外加恒定磁场 H_0 作用下它将产生围绕 H_0 的进动,进动角频率 ω_0 与 H_0 呈线性关系,由于内部阻尼的存在,M 的进动角频率将逐渐减小,当铁氧体另外还加有微波电磁场时,在进动角频率 ω_0 等于外加微波电磁场的角频率 ω 时,M 吸收微波电磁场的能量以保持进动状态,这种现象就称为铁氧体的铁磁共振。

微波铁氧体在微波领域已经得到广泛的应用,如铁氧体环行器、铁氧体隔离器、铁氧体移相器、变极化器、调制器等,在第 2 章中我们还介绍过用于测量功率的铁氧体功率计。

下面以单个铁氧体小球来说明 YIG 调谐带通滤波器的原理。如图 8-12 所示,在一个铁氧体小球的外围放了两个互相垂直正交的圆环,其中 A 环放在 y-z 平面中,作为微波输入环;B 环放在 x-z 平面中,为微波输出环,两环互相垂直,使它们之间耦合最小,而且彼此互相不接触,但两环与 YIG 小球有相同的耦合。外加的直流磁场 H_0 与两环的平面都平行(z 轴方向),当铁氧体小球加上 H_0 时,它的自旋磁矩 M 将产生一个绕 H_0 的进动 ω_0。若在 A 环中输入微波信号,当微波电磁场频率 ω 与进动角频率 ω_0 不一致时,YIG 小球不会发生铁磁共振,又因为输入输出圆环是互相垂直的,所以输入 A 环中微波磁场引起的磁通变化并不会影响输出 B 环的磁通,B 环就不会有微波输出;当输入的微波电磁场频率 ω 与 ω_0 一致时,YIG 单晶小球发生铁磁共振,强烈吸收微波能量,YIG 小球的自旋

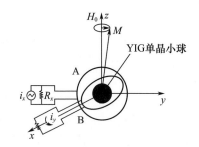

图 8-12 YIG 调谐滤波器原理示意图

磁场将随着 A 环中输入高频电流产生的磁场的变化而变化,其垂直 B 环的 y 分量就会与 B 环耦合,从而切割 B 环,由此在 B 环中产生感应的高频电流,B 环就会有微波输出。

当外加磁场 H_0 一定时,进动频率 ω_0 也一定,因此与 ω_0 对应的能产生共振的微波频率 ω 也只有一个,即微波角频率 ω 只有满足铁磁共振时,在 $\omega = \omega_0$ 为中心的一定频率范围内电磁波才能有输出,这就是 YIG 小球滤波器的滤波原理。而随着外加磁场 H_0 的改变,YIG 的进动频率 ω_0 也随之改变,能通过滤波器输出的微波频率 ω 也就改变,即 YIG 滤波器的中心频率同时改变。可见,只要调节外加磁场的大小,就可以对 YIG 滤波器的通带频率进行调谐,这就是 YIG 滤波器的调谐原理。实际使用中,外加磁场 H_0 采用线包产生,因此只要改变通过线包的电流,就可以改变磁场的大小,YIG 调谐滤波器的调谐范围很宽,如 6 ~ 18GHz、18 ~ 26.5GHz、26.5 ~ 40GHz,甚至达到多倍频程的带宽,如 1 ~ 12.4GHz、2 ~ 26.5GHz、1 ~ 18GHz 等。

对于无限大(即 YIG 晶体尺寸与波长可比拟)的各向同性的铁氧体样品,谐振频率 ω_0 与外加磁场 H_0 的关系为

$$f_0(\text{MHz}) = 2.8 H_0(\text{Oe}) \tag{8.17}$$

式中:Oe 为磁场强度单位奥斯特。在实际上,用作微波 YIG 滤波器的铁氧体小球的尺寸远小于微波波长,因此,式(8.17)只是个近似公式。

(2) YIG 调谐滤波器的应用。

显然,将微波信号输入 YIG 调谐滤波器,同时调节线包的电流以改变外加磁场 H_0,使 YIG 的进动频率 ω_0 改变,当在调节过程中 YIG 调谐滤波器有输出信号时,这一时刻的 ω_0 值就是微波频率 ω。但是,YIG 调谐滤波器在高功率微波频率测量的实际应用中会受到很大的限制,这主要受制于它的的调谐速度。由于高功率微波绝大多数是工作在极短脉冲状态下的,脉冲宽度往往只有数十纳秒,在这么短的时间内要把它的频率测出来,必然要求 YIG 调谐滤波器的调谐时间应比微波脉冲的持续时间更短,不然,YIG 调谐滤波器在整个搜索范围内还没有扫描完,微波脉冲就已经结束了,就很可能还来不及找到微波频率。

YIG 调谐滤波器目前能够达到的扫描速度只有每 1GHz 接近 1ms 的量级,扫描完整个高功率微波源输出信号可能的频率范围,就需要几个甚至几十毫秒,这离纳秒量级的脉冲宽度还差得很远,显然,这使得它还远不能满足测量高功率微波频率的需要。如果高功率微波源的输出频率稳定,作者建议能否通过分段扫描来实现高功率微波源的频率搜索,即每次 YIG 调谐滤波器只扫描对应于高功率微波脉冲宽度的时间,在高功率微波源被触发的同时,触发 YIG 调谐滤波器的磁场扫描电源,使其同步开始扫描,当微波脉冲结束时,扫描亦同步结束,等

待下一个微波脉冲来临,在高功率微波源被再次触发时,磁场扫描电源同步在原来已扫描过的基础上接着继续扫描……这样,经过相当次数的微波源触发,磁场扫描电源就可以连续把需要搜索的频率范围整个扫描一遍,从而找出微波源的输出频率。显然,实现这一方法对磁场扫描电源和整个系统的控制提出了很高的要求,这方面还有待于相关专家的努力。

我们之所以在这里介绍这种滤波器,除了它具有测量系统简单、体积小、成本低、使用方便等优点外,一方面是它可以应用于某些长脉冲或高重复频率脉冲回旋管的频率测量,另一方面 YIG 元器件在电子领域各个方面都有着广泛的应用,我们应该对它频率测量的功能有所了解。

8.3.2 截止波导测量法

1. 截止波导法测量频率的原理

微波技术知识告诉我们,波导本身就是一个高通滤波器,只有微波模式的频率高于该模式的波导截止频率($f>f_c$)时,该微波才能通过波导传输,微波频率低于截止频率($f<f_c$),波导对该微波截止,只要波导的纵向长度足够,就可以认为该频率的微波在波导中将被完全衰减(反射)而不能通过波导传输,这种对于确定的模式,能使低于某一频率的微波截止的波导称为该模式的截止波导。

正是利用截止波导的这种特性,我们可以类似于带通滤波器一样,进行微波频率的测量。截止波导的截止频率的确定已为大家所熟知:

对于矩形波导有

$$f_c = c\sqrt{\left(\frac{m}{a}\right)^2 + \left(\frac{n}{b}\right)^2}/2 \tag{8.18}$$

式中:c 为自由空间光速;m、n 为模式特征值;a、b 分别为矩形波导宽边和窄边尺寸。

对于圆波导有

$$f_c = \frac{c\mu_{mn}}{2\pi R} \tag{8.19}$$

式中:c,m、n 定义与式(8.18)相同;R 为圆波导半径;μ_{mn} 对于 TE 模来说表示 m 阶第一类贝塞尔函数的导数 $J'_m(k_c r)$ 等于 0 的第 n 个根;对于 TM 模来说表示 m 阶第一类贝塞尔函数 $J_m(k_c r)$ 等于零的第 n 个根,其中 $k_c = \mu_{mn}/R$ 为截止波数;r 为径向坐标。

由式(8.18)、式(8.19)可见,波导的截止频率不仅与微波模式有关,而且与波导尺寸相关,在微波模式已经确定的情况下,只要改变波导尺寸,就可以改变截止频率的大小。例如,矩形波导对 TE_{10} 模的截止波长是波导宽边尺寸 a 的两倍,即 $\lambda_c = 2a, f_c = c/2a$,因此只要制造一系列 a 分别等于 $a_1, a_2, a_3, \cdots, a_n$,且 $a_1 > a_2 > a_3 > \cdots > a_n$ 的矩形波导,它们的截止频率分别对应为 $f_{c1}, f_{c2}, \cdots, f_{cn}$,显然 $f_{c1} < f_{c2} < f_{c3} < \cdots < f_{cn}$,把它们排列起来可以组成频率谱,如图 8-13 所示。图中每条竖直线表示波导的宽边尺寸,以线顶部的符号 $a_1, a_2, \cdots, a_n$ 表示,在线的底部同时标出了该宽边对应的截止频率,以符号 $f_{c1}, f_{c2}, \cdots, f_{cn}$ 表示,每条竖直线顶部的横向向右的箭头表示该尺寸的矩形波导对 TE_{10} 模的通带范围。例如,如果矩形波导宽尺寸为 a_1,则 TE_{10} 模的微波频率 f 只要落在左边第一条竖直线顶部箭头所指的右边的频率范围内,即 $f > f_{c1}$,它就都可以在该尺寸的波导内传输,反之,如果落在第一条竖直线的左边,即 $f < f_{c1}$,则将被截止;如果矩形波导宽边尺寸为 a_3,则 TE_{10} 模的频率 f 落在对应 f_{c3} 的竖直线顶部箭头所指的右边的所有频率范围内,即 $f > f_{c3}$,它就都可以传输,反之,而如果落在对应 f_{c3} 的竖直线的左边,即 $f < f_{c3}$,则将被截止,其余依此类推。

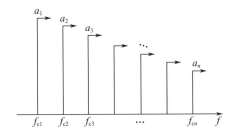

图 8-13 矩形波导 TE_{10} 模的截止频率与宽边尺寸的关系

2. 截止波导法的测量

利用截止波导法测定微波信号的频率范围时,可以采用两种方法:一种方法是与图 8-10 给出的滤波器测量法相同,将待测微波频率估计范围分成若干段,每段频率范围的起始点和终止点作为截止频率,对应每个截止频率制造相应的截止波导,然后将图 8-10 中的并联滤波器换成这些截止波导,就可以完全类似地进行测量了。这时微波能通过并输出的不再是单一的一个截止波导,而是微波频率高于波导截止频率的所有截止波导都会有输出,在所有这些有输出的截止波导中,可以确定微波频率将高于尺寸最小的截止波导对应的截止频率,而低于与该截止波导相邻的没有微波信号输出的尺寸更小一号的截止波导的截止频率;另一种方法是将这些截止波导从大到小一个个依次单独接到微波源输出端,测量其检波输出,直至没有微波信号输出为止,微波频率就落在最后有信号输出的波导的截止频率与第一个没有信号输出的波导的截止频率两者之间。我们仍以 TE_{10} 模为例,由图 8-13 就很容易看出,如果待测微波 TE_{10} 模的频率 f 落在 f_{c2} 与 f_{c3} 之间,则显然它可以通过宽边尺寸为 a_1 和 a_2 的波导,但不能通过尺寸为 a_3

的波导($a_2 > a_3$),即 a_3 波导对它是截止的,所以待测微波频率:$f_{c2} < f < f_{c3}$。文献[113]利用截止波导法测定了某太赫兹脉冲的频率范围,采用的实验系统如图 8 – 14 所示。

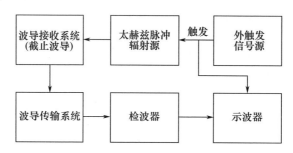

图 8 – 14　利用截止波导法测定微波脉冲频率范围的实验系统框图

该太赫兹辐射源的设计频率为 0.143THz,在实验中就采用了 1.2mm × 0.6mm 和 1.0mm × 0.5mm 两种尺寸的矩形波导,它们的截止频率分别是 0.125THz 和 0.15THz,长度均为 50mm。实验中分别将两个波导连接 THz 辐射源,经检波后由示波器显示脉冲信号包络,两种情况下的检波输出波形如图 8 – 15 所示。图中波形 1 为检波包络波形,波形 2 是太赫兹源的驱动电压。对比图 8 – 15(a)和图 8.15(b)的检波输出结果可以明显看出,采用尺寸大、截止频率低的波导时有较大幅度的检波输出,说明被测太赫兹信号频率大于该波导的截止频率 0.125THz;而采用尺寸较小、截止频率较高的波导时,检波器无信号输出,说明被测太赫兹脉冲频率小于该波导的截止频率 0.15THz,由此可知,被测脉冲信号的频率应该在 0.125 ~ 0.15THz 范围内。

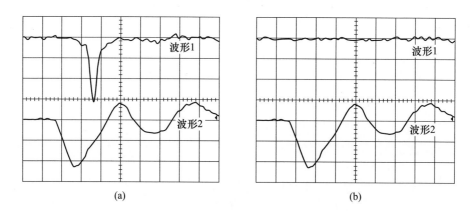

图 8 – 15　经过不同截止波导后检波输出的信号波形
(a)接截止频率为 0.125THz 的波导时;(b)接截止频率为 0.15THz 的波导时。

利用截止波导法与带通滤波器法一样,只能确定被测微波信号的频率范围而不能直接测定频率的准确值,除非将波导截止频率根据要求的频率测量精度划分,并据此做出与这些截止频率对应的截止波导,很明显这不仅会使所要求制造的波导数量大量增加,而且为了使截止频率严格精确,对波导尺寸的加工精度也提出了很高的要求。所以,截止波导法一般只能用来在利用其他方法精确测量频率前预先估计信号频率的范围,以为下一步精确测量提供方向指导。

其实,当微波工作波长大于波导截止波长时,微波处于截止状态,但实际上,微波信号并不是在截止波导中立即消失的,它只是在截止波导中成为衰减波,幅值在截止波导中随传输距离的增加而成指数减小,这时截止波导呈现感抗,因此若在波导中引入若干并联电容性元件(膜片或圆销钉)就可以形成谐振腔,从而构成带通滤波器,这样的滤波器称为消失模滤波器。利用截止波导组成的消失模滤波器就可以与8.3.1节介绍的带通滤波器一样用来进行频率测量。

8.4 其他频率测量方法

微波频率测量的方法还有很多,但并不是都能够适用于高功率脉冲微波频率的测量,能用于极短脉冲频率测量的主要还有以下几种。

8.4.1 示波器直读法

当示波器的采样速率足够高、带宽大于待测微波信号的频率 f_s 时,就可以在示波器上直接显示出微波脉冲的载波波形,亦即微波的波形,同时如果微波频率不是很高、每个脉冲宽度内包含的微波周期不是很多,这样就可以直接计数出脉冲包络中含有多少个微波整周期以及它们的时间,从而计算出微波频率。但在一般情况下,在示波器上难以直接准确数清微波周期数量,所以应该利用快速傅里叶变换,将时域波形变换成频域波形,就可以直接读出微波频率。显然,这样的测量非常简单方便,唯一的要求就是必须要具备模拟带宽足够宽的示波器。

国防科技大学研究人员利用 DSA71254 示波器(模拟带宽 12.5GHz)对相对论返波振荡器输出脉冲的频率进行了直接测量,其结果如图 8-16 所示。图中,通道 1 是微波脉冲信号波形,通道 M 是对该信号波形进行快速傅里叶分析得到的微波频率,其中心频率为 1.58GHz,3dB 带宽小于 30MHz。图 8-17 为利用 TDS7154B 示波器直接测量磁绝缘线振荡器信号频率的结果,同样,通道 1 是微波信号,通道 M 是对该信号作 FFT 分析得到的频率,测得微波中心频率为 1.775GHz。

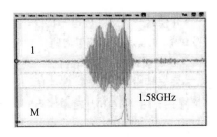

图8-16 利用示波器DSA71254对相对论返波振荡器频率直接测量的结果

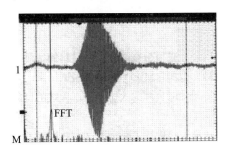

图8-17 利用示波器TDS7154B对磁绝缘线振荡器频率直接测量的结果

8.4.2 消失模衰减器测量法

截止波导可以允许频率高于该波导截止频率的模式波通过,而对频率低于截止频率的电磁波形成衰减(反射),经过一定长度后,波的幅值将衰减到趋于零。也就是说,它最终将不能通过该波导,或者说这类频率低于截止频率的模式波在该波导中将消失,所以截止波导对于被它截止的模式波也常常被称为消失模波导,利用截止波导做成的滤波器就称为消失模滤波器或消失模波导滤波器,做成的衰减器就称为消失模衰减器或消失模波导衰减器。

1. 消失模衰减器工作原理

俄罗斯托姆斯克理工大学的学者基于消失模波导衰减器的特性,提出了利用消失模波导衰减器进行高功率微波频率和功率测量的方法,该方法既不需要高采样速率和宽模拟带宽示波器,也不需要高级计算机进行计算,就可以测量纳秒量级的单次或低重复频率脉冲的频率。他们在2.7~3.7GHz频段上,对虚阴极振荡器的频率进行了实际测量。

当微波频率低于波导截止频率,或者微波波长大于波导截止波长时,微波将在波导中由传输状态变成衰减状态(由行波变成衰减波),不论是矩形波导还是圆波导,衰减常数可以表示为

$$\alpha = \frac{\omega}{c}\sqrt{\left(\frac{f_c}{f}\right)^2 - 1} = \frac{2\pi}{\lambda}\sqrt{\left(\frac{\lambda}{\lambda_c}\right)^2 - 1} \quad (8.20)$$

这时，+z 方向的电磁波的表达式成为

$$\boldsymbol{E} = A E(x,y) \mathrm{e}^{\mathrm{j}\omega t} \mathrm{e}^{-\alpha z} \quad (8.21)$$

可见，这时电磁波成为沿 +z 方向按 $\mathrm{e}^{-\alpha z}$ 规律衰减的波，显然，波的衰减量是随着距离 z，即消失模波导的长度的增加而增加的，正是利用截止波导的这一特性，我们可以用它做成衰减器，即截止波导衰减器或消失模波导衰减器。

长度为 l 的消失模衰减器的衰减量 L 可按下式计算，即

$$L = -20 \lg \mathrm{e}^{-\alpha l} = 8.686 \alpha l \, (\mathrm{dB}) \quad (8.22)$$

消失模衰减器具有下述特点：

（1）衰减量 L 与长度 l 成正比，而衰减量 L 中的 α 根据波导尺寸及传输模式、频率可以准确算出，因此无须对衰减量进行校正就可以直接刻度，所以它是一种绝对衰减器，可以作为衰减量的标准。

（2）由于 α 不仅与模式有关，而且与微波频率 f 有关，因此衰减量 L 是频率的函数，从而使得通过消失模衰减器后的微波幅值也成为频率的函数。

（3）当 $\lambda \gg \lambda_c$（$f \ll f_c$）时，衰减常数 α 可以很大，因而在一段不长的长度 l 上，就可以得到很大的衰减量。

（4）由于消失模衰减器是反射式衰减，其输入和输出端都有很大的反射，存在严重的不匹配。

消失模衰减器正是基于特点（1）和（2），利用了它的输出微波幅值与频率的严格准确的关系，进行频率测量的。

2. 消失模衰减器测量方法

(1) 测量框图。

利用消失模衰减器测量高功率微波脉冲频率的系统框图如图 8 – 18 所示，该系统包含一个同轴 – 波导转换接头 1，一个匹配的同轴分支 2，两个宽带同轴固定衰减器 3 和 4，一个圆波导消失模衰减器 5 以及两个宽带同轴微波二极管检波器 6 和 7。消失模衰减器 5 两端是同轴线，中间一段是截止圆波导，同轴线的内导体就作为圆波导的激励和耦合探针，有一端的同轴线内导体伸入圆波导的距离是可调的，调节其伸入距离实际上就是改变了截止圆波导的长度，从而改变了衰减量。

高功率微波源辐射的高功率微波，由放置在远场的接收喇叭接收，成为 TE_{10} 模的小功率微波进入测量系统，并通过同轴 – 波导转换接头转换到同轴线中传输，匹配的同轴分支作为功率分配器将微波功率分成等功率的两路，进入两个测量通道：一个称为宽带通道，以 W 表示，它包括一个固定衰减器和一个检波

器;另一个称为色散通道,以 d 表示,它包括固定衰减器、消失模衰减器和检波器,由于消失模衰减器的衰减量与频率有关,即具有色散特性,所以称该通道为色散通道。两个通道的检波输出分别输入双通道示波器的两个显示通道。

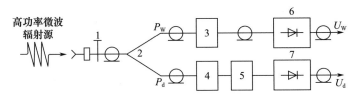

图 8-18 消失模衰减器法测量频率系统框图

1—同轴-波导转换接头;2—同轴分支;3,4—固定衰减器;5—消失模衰减器;6,7—检波器。

(2)测量方法。

测量是用一个虚阴极振荡器进行的,从虚阴极振荡器输出端辐射喇叭到接收喇叭的距离是 3m,接收喇叭的口径是 $10cm \times 10cm$,示波器采样速率 2ns(带宽 500MHz)。

① 测量前,先应该对两个通道的输入功率 P_W、P_d 与检波输出电压 U_W、U_d 之间的关系进行标定,即用标准信号源,在不同的频率下,改变输入功率,即改变 P_W、P_d,测量检波输出电压 U_W、U_d,从而画出 $P_W = F(U_W, f)$ 曲线和 $P_d = F(U_d, f)$ 曲线,俄罗斯学者在他们的实验中测得的校准曲线如图 8-19 所示。在标定过程中,宽带通道中的固定衰减器固定在适当的衰减量上,衰减量的大小以适合检波器允许功率范围为准,色散通道则将消失模衰减器的衰减量调到适当大小,同样以适合检波器允许功率范围为准,在消失模衰减器的衰减量不够时,再用该通道的固定衰减器的衰减量补充。

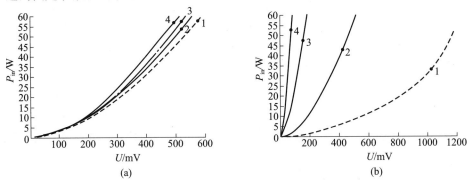

图 8-19 输入功率与检波输出电压关系的校准曲线

(a)宽带通道的校准曲线;(b)色散通道的校准曲线。

参变量 f:曲线 1—3.7GHz;曲线 2—3.4GHz;曲线 3—3.1GHz;曲线 4—2.7GHz。

② 测量高功率微波脉冲信号的包络波形,将高功率微波源接入系统,接收天线接收到的微波信号输入两个通道,两通道的固定衰减器和消失模衰减器的衰减量保持与步骤①的衰减量不变,两个通道的信号经检波后在双通道示波器上显示出宽带通道和色散通道的检波电压 U_w 和 U_d 的包络波形如图 8-20 所示。

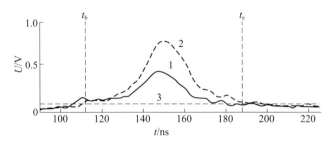

图 8-20 示波器显示的宽带通道和色散通道的检波电压 U_w 和 U_d 的包络波形
曲线 1—U_w;曲线 2—U_d;曲线 3—噪声电压。

③ 为了测定微波信号在脉冲宽度中某一瞬时 t_i 的频率和功率,我们在示波器显示的图 8-20 上,读出对应 t_i 时刻的 U_w 和 U_d 的值,然后在图 8-19 给出的校准曲线上,分别对应该时刻的 U_w 和 U_d 的大小,读出在同一 U_w、U_d 下不同频率的 P_w、P_d 值,画出 P_w 和 P_d 与频率 f 的关系曲线,因为 P_w 和 P_d 是由同轴功分器平分产生的,它们是相等大小的,因此两条曲线的交点就给出了在 t_i 时刻的频率和功率,如图 8-21 所示。

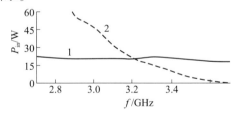

图 8-21 宽带通道和色散通道的输入功率与频率的关系
曲线 1—P_w;曲线 2—P_d。

④ 如果要测定在整个微波脉冲宽度里的瞬时频率,就应该对图 8-20 中每个采样瞬时进行上述测量过程。脉冲宽度以两个通道的检波信号电压都超过噪声电压为条件来确定,即图 8.20 中 t_e 和 t_b 时刻的差值 $\tau = t_e - t_b$ 来确定。

⑤ 测量表明,虚阴极振荡器的总功率为 600MW,脉宽 20ns,工作频率范围为 2.7~3.7GHz,与参考频率计(精度 $\delta = \pm 0.05\%$)比较,频率测量误差小于 1%。

8.4.3 基于微波光子学的高功率微波测量

随着高容量信息技术需求的高速发展,人们意识到将微波与光学两门学科的优势结合起来将为满足这一要求开辟一个新的方向,于是形成了一门新学科——微波光子学,微波可以提供低成本可移动的无线连接方式,而光纤可提供低损耗宽带连接和抗电磁干扰的特性。光纤传输与传统微波传输相比,具有体积小、重量轻、成本低、损耗小、抗电磁干扰、带宽宽、低色散、高容量的特点。

自1993年微波光子学概念提出以来,微波光子技术在微波信号处理领域显现出了巨大的应用价值和广阔的应用前景,其基本出发点都是将微波信号调制到光波频率上进行处理,然后再解调还原出微波信号,并且已经取得了显著的成绩,在雷达、通信、电子对抗及微波测量等各领域开始得到了应用,但是在高功率微波领域,目前还处于探索阶段,还没有得到有效应用,所以我们只能根据已有文献,给出一个概念性介绍。

1. 高功率微波的光子学测量

(1) 基本原理。

测量的基本原理是:超宽带天线接收到频率为f_m的高功率微波信号,输入电光调制器对频率为f_0的激光进行调制,经过调制后,在激光载波上产生频率为$f_0 \pm f_m$的边带,调制后的激光信号传输到光学滤波器中,滤掉载波,保留两个边带或其中一个边带,保留的边带信号由光电探测器检测,利用光电探测器的平方律检波特性,把保留的光边带信号转换为与其功率成正比的电压信号,输入信号处理设备显示微波功率,通过快速傅里叶变换得到频率。

(2) 测量系统。

测量系统主要由超宽带接收天线、电光调制器、光学滤波器、光纤放大器、光电探测器以及信号处理器组成,如图8-22所示。超宽带天线采用抛物面天线,接收高功率微波辐射场;电光调制器将超宽带天线接收的微波信号调制到窄线宽分布式反馈连续波激光器产生的激光上;光学滤波器用于滤除工作带宽外的

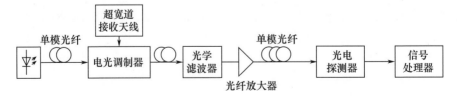

图8-22 高功率微波的光子学测量系统框图

杂散信号,防止造成干涉;光纤放大器用于补偿测量链路损耗;光电检测器将调制光信号解调,恢复成微波信号;信号处理设备可以是频谱仪、示波器或其他信号采集及显示设备。

参考文献[127]提出了上述高功率微波的光子学测量方案,但没有进行实验测试,仅给出了仿真结果。对该结果分析可知,通过选择合适的器件,并合理设置其参数,对比高功率微波输入信号与经光电检测后由光信号恢复的微波信号,可知其信号形式、时域频域波形、信号幅度等特性两者基本一致,再进一步采取一定的补偿措施,可以得到更准确的测量结果。

2. 微波频率的光子学测量

基于光子学的微波信号频率测量在大瞬时带宽、宽频率覆盖以及对电磁干扰的强抗干扰性等方面具有卓越的性能,目前微波光子频率测量技术已提出众多不同方案,主要方案有:

(1) 扫描型测频方案。

① 利用光器件的特性,以时域扫描的方式将微波频率信息显示出来,类似于传统的光谱分析仪。其主要思路是将待测微波信号经过电光调制器调制到光载波上,通过偏置电压的设置,产生需要的 ±1 阶边带,载波与一阶边带的差频即为微波信号频率,通过器件的滤波扫描特性,根据探测到的光功率谱的分布情况,即可分析得出微波信号频率。

② 一个固定波长的激光和一个波长扫描的激光经调制器被待测的微波信号调制,进入色散光纤,调节两激光的波长间隔,探测得到多组微波信号的功率,通过对所得数据的反傅里叶变换,即可得到微波信号的频率值。

(2) 频率-幅度映射型测频方案。

频率-幅度映射型测频方案的物理机制是:将微波信号的频率信息转换成幅度(或功率)信息,根据微波功率与频率的对应关系,通过检测幅度信息间接测量出待测频率。

① 基于微波功率的测量。

将微波频率信息转换成微波功率,探测和对比微波功率值解调得到频率值。

分别采用强度调制器、相位调制器和偏振调制器,引入两个随频率而变化趋势不同的微波功率衰减函数;一旦确定了色散值(衰减随频率变化的数值),通过两者的比值建立起微波功率比值与微波频率的关联,从而求出微波频率。

② 基于光功率的测量。将微波频率信息转换成光功率,以探测光功率的方式分析得到微波频率。

为了避免使用昂贵的光电探测器和微波设备,也可以利用光调制器使已调制的光信号边带的幅度随输入微波信号的频率发生改变,只要确立微波信号频率与系统直流光功率的关系,就可以通过检测光功率,换算出待测微波频率。

(3) 频率-空间映射型测频方案。

在频率-空间映射方案中,微波频率信息被转换成空间位置上的分布或者不同输出端口上的分布,类似8.3节介绍的滤波器测频方法,所以这个方案亦可称为信道化滤波器测频。方案的工作原理大致是:在小信号载波抑制调制下,将微波信号调制到一个连续光源上产生±1阶光边带,光边带与光载波在频域上的距离即为待测频率,检测该距离,即确定光边带落在光滤波器或光滤波器阵列的哪一个通带内(每一个通带对应一个微波频段区域),即可得到微波频率。

(4) 频率-时域映射型测频方案。

根据不同波长的光波通过色散介质(光纤布拉格光栅)时的时延不同,将待测微波信号加载在光波上,建立微波信号频率与时延的关系,通过测定时延即可确定微波频率,该方案相当于光波波段的色散线法。

微波光子学测频还有一些其他方案,比如相移梳状滤波器阵列的数字化频率测量方案等。但是,所有以上介绍的基于光子学的测频方法,目前都还没有在高功率微波频率测量中得到具体应用,虽然从原则上来说,它们应该可以拓展到高功率微波领域,但是这一工作还有待于高功率微波工作者与微波光子学工作者的共同努力。

参考文献

[1] Benford J,Swegle J A,Schamiloglu E. 高功率微波[M]. 2版. 江伟华,张驰,译. 北京:国防工业出版社,2009.

[2] Barker R J,Schamiloglu E. 高功率微波源与技术[M].《高功率微波源与技术》翻译组,译. 北京:清华大学出版社,2005.

[3] Gilmour A S Jr. 速调管、行波管、磁控管、正交场放大器和回旋管[M]. 丁耀根,张兆传,等译. 北京:国防工业出版社,2012.

[4] Granatstein V L,Alexeff I. High – power microwave sources[M]. Boston. London:Artech House,1987.

[5] 王文祥. 微波工程技术[M]. 第二版. 北京:国防工业出版社,2014.

[6] 李镇远,冯进军,梁友焕. 行波管中的微波测量技术[M]. 北京:国防工业出版社,2013.

[7] 董树义. 微波测量[M]. 北京:国防工业出版社,1985.

[8] 张九才. 大功率脉冲微波功率频率计研究[D]. 成都:电子科技大学,2006.

[9] SJ 20769—1999 中华人民共和国电子行业军用标准 脉冲峰值功率测量方法[S].

[10] SJ/T 10182—91 中华人民共和国电子行业军用标准 波导和同轴元件功率测量方法[S].

[11] Билько М И,等. 微波功率测量[M]. 张伦,译. 北京:人民邮电出版社,1979.

[12] 张伦. 微波功率测量评述[J]. 电子管技术,1976(3):1–13.

[13] 路益蕙. 微波功率标准及一种毫瓦级微热量式功率计[J]. 电子学报,1963,试刊(4):114–118.

[14] 方严,吴幼璋. 量热式小功率计自动调节系统[J]. 计量学报,1988,9(3):227–232.

[15] 顾晓明. 功率计与微波功率的测量[J]. 电子技术,2004(1):14–16.

[16] 记亮. 微波功率测量方法[M]. 北京:国防工业出版社,1973.

[17] 汪贵华. 光电子器件[M]. 2版. 北京:国防工业出版社,2014.

[18] Hossian A,Rashid M H. Pyroelectric detectors and their applications[J]. IEEE trans. on Industry Applications,1991,27(5):824–829.

[19] 张克潜,王盾,王震宇. 单脉冲微波功率与能量的量测[J]. 真空电子技术,2003(1):8–11.

[20] 王呈阳,陈志斌,卓家靖,等. 几种常见波段脉冲激光峰值功率综合测试技术研究[J]. 应用光学,2007,28(1):72–76.

[21] Vountesmeri V,Gura K,Chenakin A. An X – band magnetoresistive sensor for active pulse power measurements[C]//27th European Microwave Conference,1997:838–841.

[22] Khanna R K,Sharma P K. Novel technique for investigating high – power microwave pulses using kerr effect[J]. Electronics Letters,1989,25(5):311–312.

[23] 方维海,温鑫,张璐. 大功率微波测量校准技术发展综述[J]. 宇航计测技术,2013,33(3):1–6.

[24] [美]约翰. 克劳斯. 天线(上、下册)[M]. 3版. 章文勋,译. 北京:电子工业出版社,2011.

[25] 陈宇. 远场法高功率微波功率测量中若干问题的研究[D]. 长沙:国防科技大学硕士学位论文,2005.

[26] 舒挺,王勇,李继健,等. 高功率微波的远场测量[J]. 强激光与粒子束,2003,15(5):485-488.
[27] 闫军凯,刘小龙,叶虎,等. X波段高功率微波馈源辐射总功率阵列法测量技术[J]. 强激光与粒子束,2011,23(11):3149-3153.
[28] 屈劲,刘庆想,胡进光,等. 高功率微波辐射场功率密度测量系统[J]. 强激光与粒子束,2004,16(1):77-80.
[29] 谢文楷,钱光弟,蒙林. 三厘米虚阴极振荡器实验测试[C]//高功率微波学术研讨会论文集(HPM'91). 成都:1991:1-9.
[30] 杨建华. 低磁场谐振腔切伦科夫振荡器——锥形放大管的研究[D]. 长沙:国防科技大学,2002.
[31] André A. 电工 电信工程师数学(下册)[M]. 陆志刚,等译,北京:人民邮电出版社,1979.
[32] 《数学手册》编写组. 数学手册[M]. 北京:人民教育出版社,1979.
[33] 陈代兵. 双频磁绝缘线振荡器的理论与试验研究[D]. 绵阳:中国工程物理研究院,2008.
[34] 袁成卫,彭升人,张强. TE_{1n}/TM_{1n}激励圆锥喇叭辐射功率测量方法[J]. 强激光与粒子束,2016,28,(8):64-68.
[35] 陈宇,李志强,马玉中,等. 利用波导截止特性测量微波源辐射功率[J]. 强激光与粒子束,2007,19(6):901-904.
[36] 邵浩. 同轴虚阴极振荡器谐振特性研究[D]. 西安:西北核技术研究所,2006.
[37] 顾茂章,张克潜. 微波技术[M],北京:清华大学出版社,1990.
[38] 胡咏梅. 高功率微波(HPM)功率测量技术研究[D]. 西安:西北核技术研究所,2000.
[39] 刘国治,刘静月,黄文华. 一种简单的高功率微波模式和功率诊断方法[J]. 强激光与粒子束,1998,10(4):606-610.
[40] 刘金亮,钟辉煌,谭启美. 同轴电探针耦合测高功率微波[J]. 微波学报,1997,13(1):83-87.
[41] Ramo S,Whinnery J R. 近代无线电中的场与波[M]. 张世璘,肖笃埠,等译. 北京:人民邮电出版社,1963.
[42] Burkhart S. Coaxial E-field probe for high-power microwave measurement[J]. IEEE Trans. on MTT,1985,33(3):262-265.
[43] 唐敬贤,徐润民,王佑铭,等. 十字形H_{10}-H_{01}模式变换器的设计和研制[J]. 四川大学学报,1980,(4):115-124.
[44] 胡咏梅,刘国治,陈昌华,等. 在线耦合探针测量系统提高功率容量方法的初步研究[C]//全国第五届高功率微波学术研讨会论文集. 珠海:2002:560-565.
[45] 李永忠,张亚洲,赫崇峻. 用于高功率微波测量的电磁探针研究[J]. 国防科技大学学报,1999,21(5):72-74.
[46] Sporleder F,Unger H G. 波导渐变器过渡器和耦合器[M]. 钦耀坤,译. 北京:科学出版社,1984.
[47] 王文祥,徐梅生,余国芬. 一种新型定向耦合器的设计[J]. 电子科技大学学报,1991,20(5):497-502.
[48] Wang W X,Xu M S,Yu G F,et al. The design of a waveguide-coaxial line directional coupler[J]. Int. J. Electronics,1993,74(1):111-120.
[49] Wang W X,Gong Y B,Sun J H,et al. Analysis and design of a waveguide-coaxial line single-hole directional coupler[J]. Int. J. Electronics,1996,81(3):311-319.
[50] Yu C F,Chang T H. High performance circular TE_{01} mode converter[J]. IEEE Trans. on MTT,2005,53(12):3794-3798.

[51] McDermott D B, Song H H, Hirata Y, et al. Design of a W – band TE_{01} mode gyrotron traveling—wave amplifier with high power and broade – band capabilities[J]. TEEE Trans. on PS, 2002, 30(3):894 – 902.

[52] 野田健一. 円形導波管中の各種モード励振器[J]. 研究実用化报告, 1960, 9(9):1065 – 1075.

[53] Thumm M K, Kasparek W. Passive high – power microwave components[J]. IEEE Trans. on PS, 2002, 30(3):755 – 786.

[54] Marie G R P. Mode transforming waveguide transition: U. S. Patent, 2 859 412[P], 1958.

[55] Huting W A, Webb K J. Comparison of mode – matching and differential equation techniques in the analysis of waveguide transitions[J]. IEEE Trans. on MTT, 1991, 39(2):280 – 286.

[56] Stickel H, Jödicke B. Generation of TE_{0n}^O mode by diameter steps in circular waveguides[C]//Conference Digest. 14th Int. Conf. On Infrared and Millimeter Waves, PISA. Wurbarg:[s. n.], 1986:602 – 604.

[57] 黄民智, 赵国庆, 王文祥, 等. 阶梯波导 TE_{01} – TE_{0n} 模式变换器的设计与测试[J]. 真空电子技术, 2004(5):12 – 15.

[58] Mclachlan N W. Bessel function for engineers[M]. Second Edition. Oxford University Press, 1955.

[59] 曾红锦, 吴晓龙, 刘小龙, 等. 真空二极管大功率微波检波器设计[J]. 强激光与粒子束, 2014, 26(9):214 – 217.

[60] 虞惠龙, 胡海鹰. 大功率微波脉冲功率测量[J]. 中国工程物理研究院科技年报, 电子学与光子学, 1998:1 – 2.

[61] 陈代兵, 范植开, 孟凡宝, 等. 一种基于热离子二极管的大功率微波探测器[J]. 强激光与粒子束, 2006, 18(5):871 – 875.

[62] 张兆镗. 微波管高频系统的测量[M]. 北京:国防工业出版社, 1982.

[63] Dagys M, Kancleris Z, et al. Measurement of high pulsed microwave power in free space[J]. IEEE Trans. on MTT, 1995, 43(6):1379 – 1380.

[64] Dagys M, Kancleris Z, et al. Resistive sensor for high power short pulse microwave measurement in waveguide[J]. Electronis Letters, 1995, 31(16):1355 – 1357.

[65] Dagys M, Kancleris Z, et al. High – power microwave pulse measurement using resistive sensors[J]. IEEE Trans. on. Instrumentation and Measurement, 1997, 46(2):499 – 502.

[66] Dagys M, Kancleris Z, et al. Resistive sensor for high power microwave pulse measurement[C]//2011 Int. Conf. on Electronmagnetic in Advanced Applications. Torina:[s. n.], 2011:43 – 46.

[67] Dagys M, Kancleris Z, Simniskis R, et al. The resistive sensor: a device for high power microwave pulsed measurement[J]. IEEE Antennos and Propogation Magazine, 2001, 43(5):64 – 79.

[68] Kancleris Z, Simniskis R, Dagys M, et al. High power millimetre wave pulse sensor for w – band[J]. IET Microw. Antennas Propag., 2007(3):757 – 762.

[69] Ragulis P, Tamosiunas V, Kancleris Z, et al. Optimisation of resistive sensor for ridge waveguide[C]//18th Int. Conf. on Microwave, Radar and Wireless Communication. Vilnius:[s. n.], 2010:1 – 4.

[70] Kancleris Z, Ragulis P, Simniskis R, et al. Resistive sensor for high power microwave pulse measurement in double – ridged waveguide[C]//Ultra – Wideband Short – Pulse Electromagnetics 10. New York:Springer Science + Business Media New York, 2014:369 – 377.

[71] Ragulis P, Simniskis R, Dagys M, et al. Wideband resistive sensor for double – ridged waveguide[J]. IEEE Trans. on Plasma Science, 2017, 45(10):2748 – 2754.

[72] Kancleris Z, Slekas G, Tamosiunas V, et al. Polarisation insensitive in – situ resistive sensor for high – power

microwave pulse measurement in TE$_{11}$ mode circular waveguide[J]. IET Microw. Antennas Propag,2012, 6(1):67-71.

[73] Kancleris Z,Slekas G,Tamosiunas V,et al. Resistive sensor for high power microwave pulse measurement of TE$_{01}$ mode in circular waveguide[C]//Elctromagnetic Wave PIER 92,Progress in electromagneties research,EMW Publishing,Cambridge:[s. n.],2009:267-280.

[74] Kancleris Z,Slekas G,Tamosiunas V,et al. Modelling of resistive sensor for high-power microwave pulsr measurement of TE$_{01}$ wave in circular waveguide[J]. IET Microw. Antennas Propag,2010,4(6): 771-777.

[75] 刘小龙,刘国治,秋实,等. 一种新型高功率微波探测器[J]. 强激光与粒子束,1997,9(4): 585-590.

[76] Wang X F, Wang J G, et al. High-power terahertz pulse sensor with overmoded structure[J]. Chin. Phys. B,2014,23(5):634-638.

[77] 黄文华,刘静月,范菊平,等. 新型高功率微波探测器[J]. 强激光与粒子束,2002,14(3):449-452.

[78] 张黎军,邵浩,宋志敏,等. 高功率微波探测器的性能改进[J]. 核电子学与探测技术,2009,29(4): 876-879.

[79] 陈明,范东远,李岁劳. 声表面波探测器[M]. 西安:西北工业大学出版社,1997.

[80] Zailsev B D,Kuznctsova I E,Joshi S G. Acoustic wave devices for measuring characteristics of single high-power microwave pulses[J]. Ultrasonics,1998,36(1):397-401.

[81] Zailsev B D,Ermolenko A V,Fedorenko V A,et al. An electroacoustic method for measuring the intensity of high-power microwave pulse[J]. IEEE Trans. on Ultrasonics,Ferroelectrics and Frequency control,1996, 43(1):30-35.

[82] W X Wang,L N Yue,G Q Zhao,et al. Discrimination and analysis of microwave modes in high power system [J]. Int. J. of Infrared and Millimeter Waves,2005,26(2):147-161.

[83] 王文祥,徐梅生,余国芬. 波导系统模式的分析与鉴别[J]. 真空电子技术,1993,(1):1-6.

[84] Thumm M. High-power millimeter-wave mode converters in overmoded circular waveguides using periodic wall perturbations[J]. Int. J. Electronics,1984,57(6):1225-1246.

[85] Pereyaslavets M,Idehara T,Ogawa I,et al. Quick estimation of mode content in a submillimeter-wave gyrotron output[J]. Int. J. of Infrared and Millimeter Waves,1999,20(6):1195-1205.

[86] Bratman V L,Denisov G G,Kol'chugin B D,et al. Powerful millimeter-wave generators based on the stimulated cerenkov radiation of relativistic electron beams[J]. Int. J. of Infrared and Millimeter Waves, 1984,5(9):1311-1332.

[87] Kiwamoto Y,Kira F,Saito T,et al. Analysis of multimode microwaves in oversize waveguide using an infrared camera image of radiated power distribution[J]. Rev. Sci. Instrum,1991,62(12):3075-3081.

[88] 黄志雄,姚建明,等. 高功率微波的模式测量[J]. 内燃机与动力装置,2009(B06):31-33.

[89] 张泽湘. 鉴别回旋管输出成分的一种方法[J]. 电子学报,1985,13(5):45-50.

[90] Zhang Z X,Janzen G,Müller G,et al. Mode analysis of gyrotron radiation by far field measurements[C]// Int. Conf. on Infrared and Millimeter Waves. Miami:[s. n.],1983:T4. 3.

[91] Miyake S,Wada O,et al. Focusing of high power millimeter-wave radiation by a guasi-optical antenna system[J]. Int. J. Electronics,1991,70(5):979-988

[92] Idehara T,Ogawa I,Maede S,et al. Observation of mode patterns for high purity mode operation in the sub-

millimeter wave gyrotron FUVA[J]. Int. J. of Infrared and Millimeter Waves,2002,23(9):1287-1295.

[93] Stone D S. Mode analysis in multimode waveguides using voltage traveling wave ratios[J]. IEEE Trans. MTT,1981,29(2):91-95.

[94] Kiwamoto Y,Kira F,Saito T,et al. Microwave-mode analyzer with dispersive reflector antenna [J]. Rev. Sci. Instrument,1992,63(5):3167-3173.

[95] Janzen G,Stickel H. Mode selective directional couplers in overmoded circular waveguides[C]//8th TEEE Int. Conf. on Infrared and Millimeter Waves. Miami:[s. n.],1983:TH4. 6.

[96] Janzen G,Stickel H. Mode selective directional couplers for overmoded waveguide systems[J]. Int. J. of Infrared and Millimeter Waves,1984,5(7):887-917.

[97] Janzen G,Stickel H. Improved directional couplers for overmoded waveguide systems[J]. Int. J. of Infrared and Millimeter Waves,1984,5(10):1405-1417.

[98] Wang W X,Gong Y B,Yu G F,et al. Mode discriminator based on mode-selective coupling[J]. IEEE Trans. on MTT,2003,51(1):55-63.

[99] Wang W X,Yue L N,Jiang P Y,et al. Design of wide-band mode discriminator based on mode-selective coupling[J]. Int. J of Electronics,2008,95(2):99-110.

[100] 王文祥,徐梅生,余国芬,等. 宽带选模定向耦合器的设计[J]. 电子科技大学学报,1993,22(增刊):125-133.

[101] Wang W X,Lawson W,Granatstein V L. The design of a mode selective directional coupler for a high power gyroklystron[J]. Int. J. Electronics,1988,65(3):705-716.

[102] Wang W X. Improved design of a high power mode selective directional coupler[J]. Int. J. Electronics,1994,76(1):131-142.

[103] Yue L N,Wang W X,et al. The calibration of the coupling coefficients of the mode-selective coupler without the need of single mode exciter[J]. Progress in Electromagnetics Research Letters,2019,87:115-121.

[104] Kasparek W,Müller G A. The wavenumber spectrometer-an alternative to the directional coupler for multimode analysis in oversized waveguides[J]. Int. J. Electronics,1988,64(1):5-20.

[105] Barkley H J,Kasparek W,Kumric H,et al. Mode purity measurements on gyrotrons for plasma heating at the stellarator W Ⅶ-AS[J]. Int. J. Electronics,1988,64(1):21-28.

[106] 赵国庆,王文祥. 圆波导壁小孔阵列辐射特性研究[C]//第七届全国激光科学技术青年学术交流会论文集. 哈尔滨:2003:478-481.

[107] 王宏军,黄文华,刘国治. 几种高功率微波频率诊断方法[J]. 微波学报,2001,17(1):36-41.

[108] 刘国治,黄文华,王宏军. 单次短脉冲微波频率分析系统——环流波导色散线[J]. 强激光与粒子束,1999,11(2):234-238.

[109] 刘金亮,张亚洲,陈国强,等. 混频技术测量单次脉冲微波频率的实验研究[J]. 强激光与粒子束,1997,9(4):631-635.

[110] Fazio M V,Freeman B L,et al. A microsecond-pulse-length,frequency-stabilized virtual-cathode oscillator using a resonant cavity[J]. IEEE Trans. on Plasma Science,1992,20(3):305-311.

[111] 胡海鹰,李旭东,陈代兵. X波段渡越管振荡器频谱诊断[J]. 强激光与粒子束,2002,14(3):445-448.

[112] 甘本祓,吴万春. 微波单晶铁氧体磁调滤波器[M]. 北京:科学出版社,1972.

[113] 王光强,王建国,李小泽,等. 0.14THz 高功率太赫兹脉冲的频率测量[J]. 物理学报,2010, 59(12):8459-8464.

[114] 吴须大. 消失模波导滤波器的新结构[J]. 空间电子技术,2003(4):47-51.

[115] 樊桂花,何凤艳. 微波频率的正确测量[J]. 国外电子测量技术,1998(3):15-16.

[116] 张九才,杨显志,王文祥,等. 提高微波频率测量精度的方法[J]. 中国测试技术,2006,32(2):1-4.

[117] 杨国. 微波信号频率检测技术的研究进展[J]. 湖南城市学院学报(自然科学版),2015,24(3):148-149.

[118] 李涛,魏恭,吕涛,等. YIG 调谐滤波器仿真设计[J]. 磁性材料及器件,2013,44(4):53-57.

[119] 张枢. 7~40GHz YIG 调谐带通滤波器[C]//2007 年全国微波毫米波会议论文集. 北京:电子工业出版社,2007:957-959.

[120] 冯辉煜. 数控高扫速 YIG 滤波器技术研究[D]. 成都:电子科技大学,2011.

[121] 赵春生,刘扬英. 2 厘米 YIG 磁调带通滤波器[J]. 电子科学技术,1979(7):35-36.

[122] 燕志刚. 数控高选择低群延迟 YIG 带通滤波器组件工程设计[D]. 成都:电子科技大学,2013.

[123] 葛行军. L 波段可调谐同轴相对论返波振荡器研究[D]. 长沙:国防科技大学,2010.

[124] 樊玉伟. 磁绝缘线振荡器及其相关技术研究[D]. 长沙:国防科技大学,2007.

[125] Babichev D A,Shiyan V P,Mel'nikov G V. An instrument for measuring the frequency content of high-power nanosecond microwave pulse[J]. Instrument and Experimental Techniques,2003,46(3):369-372.

[126] 周波,张汉一,郑小平,等. 微波光子学发展动态[J]. 激光与红外,2006,36(2):81-84.

[127] 李义民,邢建泉,王兰. 基于微波光子学的高功率微波测量[J]. 强激光与粒子束,2016,28(3):142-145.

[128] 邹喜华,卢冰. 基于光子技术的微波频率测量研究进展[J]. 数据采集与处理,2014,29(6):885-894.

[129] 邢俊娜,何红霞,池灏. 基于光子学的微波信号频率测量研究进展[J]. 激光技术,2018,42(3):404-409.

内容简介

本书主要介绍高功率微波的功率、频率和模式测量的测量原理、理论基础、测量方法、应用特点、适用范围及发展动态等。

本书共分8章：第1章是对高功率微波测量的概述，对高功率微波测量的必要性、测量的主要内容及方法给出概要的介绍；考虑到常规回旋管现在一般也被纳入高功率微波的范畴，常规回旋管的功率量级比高功率微波低得多，而且工作方式以连续脉冲或连续波为主，为了兼顾常规回旋管的测量需要，所以在第2章也简单介绍了连续波和连续脉冲的功率测量；第3章至第5章分别介绍了高功率微波功率的辐射场测量方法、耦合场测量方法和利用其他电磁效应的测量方法；第6和第7两章则集中论述了高功率微波模式的两类测量方法，即模式场测量和模式谱测量；最后第8章介绍了高功率微波频率的一些常用的测量方法。

本书读者以从事高功率微波技术、高功率微波源和高功率微波应用研究的学者、研究人员、工程技术人员和从事高功率微波教学、研究的高校教师、研究生为主，其他从事与高功率微波技术及其应用、微波测量等相关工作的人员也都适合阅读本书。

The measurement principle, theoretical foundations, measurement methods, application characteristics and scope as well as development status of the power, frequency and mode measurements for high – power microwaves are described in this book.

This book consists of eight chapters. Chapter 1 is an overview of high – power microwave measurements. It briefly introduces the measurement necessity, main parameters and methods of high – power microwaves. Considering that conventional gyrotrons are now generally included in the category of high – power microwaves, but the power level of this type of gyrotrons is much lower than that of other high – power microwave devices and the operation mode is mainly continuous pulse or continuous wave, in order to take into account the needs of measurement of conventional gyrotrons, Chapter 2 describes the power measurement methods of continuous pulse and continuous waves. Chapter 3 to 5 introduces, respectively, the high – power microwave power measurement methods by measuring radiation field, the coupling field and other electromagnetic effects. Chapters 6 and 7 focus on two types of measurement methods for high – power microwave modes, i. e. mode field measurement and mode spectrum measurements. In the last chapter, chapter 8, some common methods of frequency measurements for high – power microwave are introduced.

This book is mainly for scholars, researchers, engineers, professors and university teachers and graduate students who are engaged in the research of high – power microwave technology, high – power microwave source, and high – power microwave applications. It is also suitable for other readers who are engaging in the related work of high – power microwave technology and its application, microwave measurement and so on.